建筑消防验收常见问题防治指南

陕西省住房和城乡建设厅　组织编写

U0391539

中国建筑工业出版社

图书在版编目（CIP）数据

建筑消防验收常见问题防治指南/陕西省住房和城
乡建设厅组织编写 . —北京：中国建筑工业出版社，
2023.4（2024.11 重印）
ISBN 978-7-112-28716-1

Ⅰ.①建…　Ⅱ.①陕…　Ⅲ.①建筑工程－消防－工程
验收－指南　Ⅳ.① TU892-62

中国国家版本馆 CIP 数据核字（2023）第 081788 号

　　为了最大限度地将消防质量通病化解在施工和设计阶段，陕西省住房和城乡建
设厅建设工程消防监管处、陕西省建设工程消防技术服务中心组织陕西省消防技术
专家委员会专家及设计、施工、安装、监理等单位，结合工作中积累的经验及对规
范的认识，编制了本书，本书内容共 10 章，包括：总平面布局，耐火等级，平面布置，
安全疏散，建筑构造，消防给水和灭火设施，防烟、排烟和通风空调常见问题及防治，
消防电气常见问题及防治，消防产品，消防联动运行常见问题及防治。

　　本书可供各级住建部门消防审查验收工作人员以及建设、设计、施工、监理
单位借鉴参考。希望从源头上消除常见问题，切实提高建设工程的消防安全质量和
水平。

　　责任编辑：王华月　张　磊
　　责任校对：张　颖

建筑消防验收常见问题防治指南
陕西省住房和城乡建设厅　组织编写
*
中国建筑工业出版社出版、发行（北京海淀三里河路9号）
各地新华书店、建筑书店经销
北京科地亚盟排版公司制版
北京中科印刷有限公司印刷
*

开本：787毫米×1092毫米　1/16　印张：21¼　字数：429千字
2023年6月第一版　　2024年11月第三次印刷
定价：**128.00**元
ISBN 978-7-112-28716-1
（40885）

本书编委会

主编单位　　陕西省建设工程消防技术服务中心

　　　　　　中联西北工程设计研究院有限公司

参编单位　　中建八局西北建设有限公司

　　　　　　陕西建工安装集团有限公司

　　　　　　西安高新建设监理有限责任公司

　　　　　　北京市力安达消防安全工程有限公司

主　　编　　张明华　嵇　珂

副 主 编　　李　萍　侯玉成　刘西宝　张　欧　孙建华

　　　　　　于文海　赵光杰

主要编写人员

建 筑 组　　闫小燕　郑　犁　高　峰　张　玥　薛　超

　　　　　　李宝明　袁琦敏　方　晶　陈思成　王文涛

　　　　　　柏　海　宋　鹏

给排水组　　谭旭东　张　军　张　澎　宋　涛　席巧玲

　　　　　　刘慧敏　刘　琛　何　文　郭蓬刚　张继嵩

　　　　　　华　洁

前言 ◄◄◄

2019 年，建设工程消防设计审查验收职责由公安机关消防机构划转住建主管部门。陕西省住房和城乡建设厅高度重视，认真谋划，陕西省消防审验工作从"接的住""全面接"加快迈向高质量发展。消防设计审查验收前端连着工程规划，后面衔接使用管理，是建设工程消防全生命周期管理的重要环节。为从源头上消除常见问题，切实提高建设工程消防施工质量，2022 年陕西省住房和城乡建设厅组织相关单位及陕西省建设工程消防技术专家委员会专家编写了《建筑消防验收常见问题防治指南》。

指南遵循"面向我省，防治结合，以查促改"原则，汇总梳理全省办理的近万个工程建设项目，列出两种类别（违反国家工程建设消防技术标准强制性条文；带有"严禁""必须""应""不应""不得"要求的非强制性条文）常见或典型质量通病，明确规范做法或借鉴实例，将质量通病治在施工中，防在验收前。

本手册为两大部分 10 个章节，主要是：总平面布局，耐火等级，平面布置，安全疏散，建筑构造，消防给水和灭火设施，防烟、排烟和通风空调常见问题及防治，消防电气常见问题及防治、消防产品、消防联动运行常见问题及防治。此次选取的工程项目基本集中在西安，现场拍取照片、选用图片的格式及大小，规格标准按照大小不低于 3.0MB，像素不小于（800px，600px）。针对存在问题，还分析了在消防设计中的原因所在，用图文并茂的形式提出具体的解决方案，以供各级住建部门消防审查验收工作人员以及建设、设计、施工、监理和消防审验技术服务单位借鉴参考。

本手册已根据《消防设施通用规范》GB 55036—2022、《建筑防火通用规范》GB 55037—2022 作了调整，但由于编者水平有限，书中疏漏和错误之处难免，恳请读者批评指正并提出宝贵意见。相关意见发送至 sxxffwzx@163.com 或来信请寄至陕西省建设工程消防技术服务中心（地址：西安市新城区东新街 258 号皇城大厦（海航大厦）16 楼北区，邮政编码：710004，电话：029-87311355）。

目录 ◀◀◀

第一部分
建筑防火常见问题及防治

第1章

总平面布局

1.1 消防车道、消防车登高操作场地与建筑之间设有 影响救援的障碍物

检查部位

消防车道、消防车登高操作场地。

检查要点

1）消防车道、消防车登高操作场地与建筑之间有无障碍物；

2）消防车道与消防车登高操作场地是否连通；

3）消防车登高操作场地是否完整。

1.1.1 问题描述

（1）消防车道、消防车登高操作场地与建筑外墙之间设有高大树木、景观沟渠等障碍物，影响消防救援（图1.1-1、图1.1-2）。

图1.1-1

图1.1-2

（2）消防车道与消防车登高操作场地未连通：利用城市道路设置环形消防车道，城市道路与操作场地之间设置隔离墩，致使消防车无法到达操作场地（图1.1-3、图1.1-4）。

（3）消防车登高操作场地被凸出物、运动设施、景观等占用（图1.1-5～图1.1-8）。

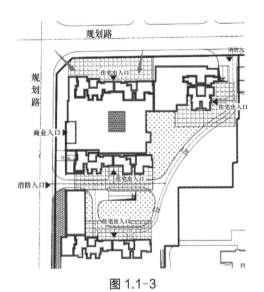

图1.1-3

图1.1-4

图1.1-5

图1.1-6

图1.1-7

图1.1-8

1.1.2 原因分析

（1）规范依据：

《建筑设计防火规范》GB 50016—2014（2018 年版）第 7.1.8 条第 3 款，第 7.2.2 条第 1 款、第 4 款。

> 7.1.8 消防车道应符合下列要求：
>
> 3 消防车道与建筑之间不应设置妨碍消防车操作的树木、架空管线等障碍物……
>
> 7.2.2 消防车登高操作场地应符合下列规定：
>
> 1 场地与厂房、仓库、民用建筑之间不应设置妨碍消防车操作的树木、架空管线等障碍物和车库出入口……
>
> 4 场地应与消防车道连通，场地靠建筑外墙一侧的边缘距离建筑外墙不宜小于 5m，且不应大于 10m，场地的坡度不宜大于 3%。

⊙ 条文说明

> 7.1.8 ……根据实际灭火情况，除高层建筑需要设置灭火救援操作场地外，一般建筑均可直接利用消防车道展开灭火救援行动，因此，消防车道与建筑间要保持足够的距离和净空，避免高大树木、架空高压电力线、架空管廊等影响灭火救援作业。（注：第 3 款与《建筑防火通用规范》GB 55037—2022 基本一致。）
>
> 7.2.2 ……本条总结和吸取了相关实战的经验、教训，根据实战需要规定了消防车登高操作场地的基本要求。实践中，有的建筑没有设计供消防车停靠、消防员登高操作和灭火救援的场地，从而延误战机。……

（2）分析点评：

根据上述条文及条文说明规定，图 1.1-1、图 1.1-2 中的多层建筑不设消防车登高操作场地时，消防车道就兼有了消防车停靠救援的功能。当消防车道距离建筑外墙太远，或者消防车道与建筑外墙之间设有高大树木、景观沟渠等障碍物时，消防车将无法靠近救援；当消防车道紧贴建筑外墙时，也不利于消防车在空中操作；当建筑外围一个长边设有符合距离要求的消防车道时，其他边的消防车道也不能仅供通行。《建筑设计防火规范》GB 50016—2014 第 7.1.2 条【条文说明】：沿建筑物设置环形消防车道或沿建筑物的两个长边设置消防车道，有利于在不同风向条件下快速调整灭火救援场地和实施灭火。对于大型建筑，更有利于众多消防车辆到场后展开救援行动和调度。本条规定要求建筑物周围具有能满足基本灭火需要的消防车道。因此，消防车道距建筑外墙太远、太近，或与建筑外墙之间有障碍物时，均违反了《建筑设计防火规范》

GB 50016—2014（2018 年版）第 7.1.2 条、第 7.1.8 条的规定。

消防车登高操作场地是为了满足消防车到达火场后，供消防车停靠和从建筑外部实施灭火救援行动的场所，主要供扑救高层建筑火灾和人员救助的登高消防车使用。因此，救援场地与建筑外墙之间不应有任何可能影响上述操作和行动的障碍物。例如：高大的乔木、高压电线、架空管线、突出建筑外墙超过 4m 的裙楼、场地有较大坡度或位于场地内有地下车库出入口等。

利用城市道路设置环形消防车道，尤其在临城市道路一侧设置消防车登高操作场地时，应充分考虑市政道路与场地的连接，避免因路障、道牙高度等问题致使消防车无法到达救援场地，如图 1.1-4 所示。

小区物业管理不力，消防车登高操作场地被大量机动车、固定运动设施占用，且场地不平整，如图 1.1-5、图 1.1-6 所示。这种情形都会影响消防车迅速展开救援行动。

还有一种情形，就是只注重景观环境，忽视消防车登高操作场地的设置，如图 1.1-7、图 1.1-8 所示，在消防验收阶段要坚决杜绝，后期使用管理中也要避免被改造占用。

1.1.3　整改方案

上述问题，在消防验收中经常会遇到，究其原因，一是由于景观设计图纸不经任何审查程序，景观设计单位对原总图设计的消防车道、消防车登高操作场地的意图理解不透，只追求景观效果和节约施工成本，导致消防车登高操作场地被占用，消防车道与建筑外墙之间设有高大树木；二是在后期使用管理中，在消防车登高操作场地内划车位，搭建临时自行车棚，设置电动自行车固定充电设施和固定运动设施，导致紧急情况下消防车无法靠近和展开救援操作。对于上述问题，在验收阶段，应严格依据经审批过的总平面布置图进行验收，与图纸和规范要求不符的，应督促予以整改。

（1）对于消防车道与建筑外墙之间的高大树木等障碍物，应移除，此处可用草坪、低矮灌木进行绿化。

（2）对于市政道路进入消防车登高操作场地处的固定隔离墩，应拆除，或做成升降隔离墩。

（3）对于占用消防车登高操作场地的车位、景观，应恢复为原设计要求，采用硬质铺装地面；在场地范围内，可适当布置羽毛球、乒乓球场地，紧急情况下能够迅速移走；确需进行绿化时，应按照《陕西省建筑防火设计、审查、验收疑难问题技术指南》第 2.2.3 条的要求，对小于 100m 的高层建筑，设置基层可承载消防车重量的植草砖（格），但植草砖（格）铺装应均匀铺设且总面积不应大于消防车登高操作场地面积的 1/2，并应具有明显标志；植草格基层可采用 200mm 厚钢筋混凝土板或 500mm 厚级配砂石，种植土厚度不超过 100mm。

1.2 应设而未设环形消防车道或未沿建筑二个长边设置消防车道

检查部位

环形消防车道或沿建筑两个长边设置的消防车道。

检查要点

消防车道的设置形式是否满足要求。

1.2.1 问题描述

未按设计要求设置环形消防车道，分为以下几种情况：

（1）利用项目周边的市政道路与内部消防车道共同形成项目的环形消防车道，但因周围市政道路未实施，造成消防车道无法成环（图1.2-1、图1.2-2）。

（2）项目统一设计、审批，但分期建设，部分环形消防车道为一、二期共用，造成先行实施的一期建筑在消防验收时，消防车道无法成环，如图1.2-3～图1.2-5所示。

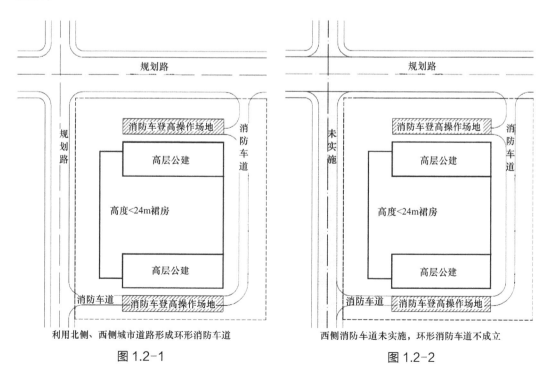

利用北侧、西侧城市道路形成环形消防车道

图1.2-1

西侧消防车道未实施，环形消防车道不成立

图1.2-2

图 1.2-3

图 1.2-4

图 1.2-5

1.2.2　原因分析

（1）规范依据：

《建筑设计防火规范》GB 50016—2014（2018 年版）第 7.1.2 条。

> 7.1.2　高层民用建筑，超过 3000 个座位的体育馆，超过 2000 个座位的会堂，占地面积大于 3000m² 的商店建筑、展览建筑等单、多层公共建筑应设置环形消防车道，确有困难时，可沿建筑的两个长边设置消防车道；对于高层住宅建筑和山坡地或河道边临空建造的高层民用建筑，可沿建筑的一个长边设置消防车道，但该长边所在建筑立面应为消防车登高操作面。

⊚ 条文说明

……沿建筑物设置环形消防车道或沿建筑物的两个长边设置消防车道，有利于在不同风向条件下快速调整灭火救援场地和实施灭火。对于大型建筑，更有利于众多消防车辆到场后展开救援行动和调度。本条规定要求建筑物周围具有能满足基本灭火需要的消防车道。

对于一些超大体量或超长建筑物，一般均有较大的间距和开阔地带。这些建筑只要在平面布局上能保证灭火救援需要，在设置穿过建筑物的消防车道的确困难时，也可设置环行消防车道。但根据灭火救援实际，建筑物的进深最好控制在 50m 以内。少数建筑，受山地或河道等地理条件限制时，允许沿建筑的一个长边设置消防车道，但需结合消防车登高操作场地设置。

（2）分析点评：

根据上述条文及条文说明规定，要求设置环形消防车道的建筑，为人员密集或建筑占地面积、建筑体量较大，或火灾危险性较大的建筑。设计为环形消防车道的项目，不应因条件的限制擅自改变或取消环形消防车道。图 1.2-2 的情况为消防验收时用地西侧市政道路尚未实施，造成项目无法形成环形消防车道；图 1.2-3～图 1.2-5 是由于项目在施工的过程中划分为一、二期，而两期共用的消防车道被划入二期，造成一期项目在验收时消防车道无法成环，均违反了《建筑设计防火规范》GB 50016—2014（2018 年版）第 7.1.2 条的规定。

在项目设计、实施时，应充分了解项目相关市政条件及各种制约因素，避免在项目验收及使用时带来安全隐患。

1.2.3 整改方案

如市政道路无法实施，应在保证火灾时满足消防灭火救援的前提下，在用地红线内增设消防车道，使其成环如图 1.2-6 所示；或在高层建筑两个长边的消防车道尽端设置回车场，如图 1.2-7 所示。

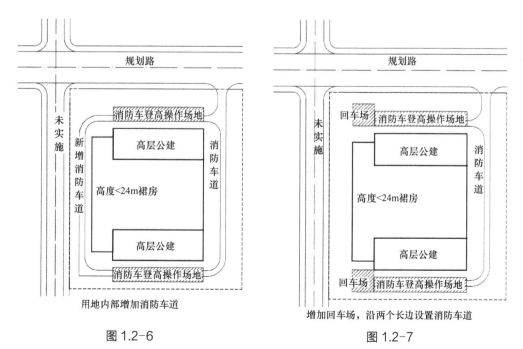

图 1.2-6　　　　　　　　　　　　　　　图 1.2-7

1.3 消防车道、消防车出入口净宽度不足

检查部位

消防车道、消防车出入口。

检查要点

1）消防车道的净宽是否满足要求；

2）消防车道的上空是否有障碍物影响净空高度。

图 1.3-1

1.3.1 问题描述

消防车道净宽度或高度不足 4m，供消防车通行的出入口大门净宽不足 4m。如以下几种情形：

（1）消防车道的路面被占用作为侧位停车，致使消防车道的净宽度不足 4m（图 1.3-1）；

（2）消防车道上方有障碍物，如：建筑出挑的雨棚使消防车通行时净高度无法达到 4m 的要求（图 1.3-2）；

（3）消防车道出入口处设收费岗亭及车行闸口，缩小了通行宽度（图 1.3-3）。

1.3.2 原因分析

（1）规范依据：

《建筑设计防火规范》GB 50016—2014（2018 年版）第 7.1.8 条第 1 款。

> 7.1.8 消防车道应符合下列要求：
>
> 1 车道的净宽度和净空高度均不应小于 4.0m；

条文说明

……本条为保证消防车道能够满足消防车通行和扑救建筑火灾的需要，根据目前国内在役各种消防车辆的外形尺寸，按照单车道并考虑消防车快速通行的需要，确定了消防车道的最小净宽度、净空高度……

图 1.3-2　　　　　　　　　　　　　　图 1.3-3

（2）分析点评：

消防车道是在火灾时仅供消防救援车辆通行或停靠的机动车道路，因此消防车道必须满足消防车在火灾时的快速、安全通行与停靠的需要，道路的净宽度、净空高度应符合相应救援车辆的行驶要求。图 1.3-1 的情况为消防车道在后期使用时，物业部门管理不力，部分车辆在消防车道上停靠，导致道路净宽不足 4m，影响了消防车的通行。图 1.3-2 的问题为建筑出挑的部分占用了消防车道上空范围，出挑部分的底面至消防车道路面的净高度不足 4m。图 1.3-3 为连通市政道路宽度为 8m 的消防双车道，中间设置收费岗亭及道闸后，单车道的净宽无法符合 4m 的净宽要求。这几种情况均违反了《建筑设计防火规范》GB 50016—2014（2018 年版）第 7.1.8 条第 1 款的规定。

整改方案

（1）对于设置侧车位占用消防车道宽度的问题，应取消侧位停车位，恢复原车道。

（2）图 1.3-2 的整改方式：因建筑二层悬挑下部无法满足净高要求，只能将消防车道向外延伸，避开建筑悬挑部分；

（3）对于闸机、岗亭占用消防车道宽度的问题，应将岗亭、闸机外移，不占用通行宽度，并至少留足 4m 宽的消防车道。

1.4 建筑物之间防火间距不足

检查部位

建筑物之间的防火间距。

检查要点

1）建筑之间（包括室外疏散楼梯、外挂楼梯等）的防火间距；

2）场地是否有老旧建筑或临时建筑未拆除，导致防火间距不足；

3）出挑阳台、开敞式外廊、飘窗是否已计入建筑间距；

4）查看预装式变电站与建筑物之间的防火间距。

1.4.1 问题描述

（1）阳台、开敞式外廊、飘窗未计入建筑间距，实测时不满足建筑防火间距的要求（图 1.4-1、图 1.4-2）。

（2）用地内临时建筑尚未拆除，且相邻建筑均开有门、窗洞口，建筑之间的防火间距不足。（图 1.4-3）。

（3）民用建筑与 10kV 以下的预装式变电站的距离不满足防火间距的要求（图 1.4-4）。

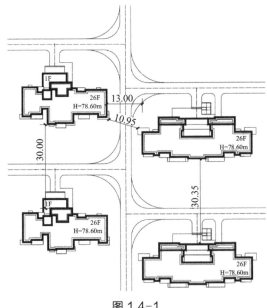

图 1.4-1

图 1.4-2

图 1.4-3

1.4.2 原因分析

（1）规范依据：

《建筑设计防火规范》GB 50016—2014（2018 年版）第 5.2.2 条、条文说明及附录 B。

5.2.2 民用建筑之间的防火间距不应小于表 5.2.2 的规定，与其他建筑的防火间距，除应符合本节规定外，尚应符合本规范其他章的有关规定。

民用建筑之间的防火间距（m） 表 5.2.2

建筑类别		高层民用建筑	裙房和其他民用建筑		
		一、二级	一、二级	三级	四级
高层民用建筑	一、二级	13	9	11	14
裙房和其他民用建筑	一、二级	9	6	7	9
	三级	11	7	8	10
	四级	14	9	10	12

注：1 相邻两座单、多层建筑，当相邻外墙为不燃性墙体且无外露的可燃性屋檐，每面外墙上无防火保护的门、窗、洞口不正对开设且该门、窗、洞口的面积之和不大于外墙面积的 5% 时，其防火间距可按本表的规定减少 25%。

2 两座建筑相邻较高一面外墙为防火墙，或高出相邻较低一座一、二级耐火等级建筑的屋面 15m及以下范围内的外墙为防火墙时，其防火间距不限。

3 相邻两座高度相同的一、二级耐火等级建筑中相邻任一侧外墙为防火墙，屋顶的耐火极限不低于1.00h 时，其防火间距不限。

4 相邻两座建筑中较低一座建筑的耐火等级不低于二级，相邻较低一面外墙为防火墙且屋顶无天窗，屋顶的耐火极限不低于 1.00h 时，其防火间距不应小于 3.5m；对于高层建筑，不应小于 4m。

5 相邻两座建筑中较低一座建筑的耐火等级不低于二级且屋顶无天窗，相邻较高一面外墙高出较低一座建筑的屋面 15m 及以下范围内的开口部位设置甲级防火门、窗，或设置符合现行国家标准《自动喷水灭火系统设计规范》GB 50084 规定的防火分隔水幕或本规范第 6.5.3 条规定的防火卷帘时，其防火间距不应小于 3.5m；对于高层建筑，不应小于 4m。

⊙ 条文说明

……本条综合考虑灭火救援需要，防止火势向邻近建筑蔓延以及节约用地等因素，规定了民用建筑之间的防火间距要求。

（1）根据建筑的实际情形，将一、二级耐火等级多层建筑之间的防火间距定为6m。考虑到扑救高层建筑需要使用曲臂车、云梯登高消防车等车辆，为满足消防车辆通行、停靠、操作的需要，结合实践经验，规定一、二级耐火等级高层建筑之间的防火间距不应小于13m。其他三、四级耐火等级的民用建筑之间的防火间距，因耐火等级低，受热辐射作用易着火而致火势蔓延，其防火间距在一、二级耐火等级建筑的要求基础上有所增加。

（2）表5.2.2注1：主要考虑了有的建筑物防火间距不足，而全部不开设门窗洞口又有困难的情况。因此，允许每一面外墙开设门窗洞口面积之和不大于该外墙全部面积的5%时，防火间距可缩小25%。考虑到门窗洞口的面积仍然较大，故要求门窗洞口应错开、不应正对，以防止火灾通过开口蔓延至对面建筑。

（3）表5.2.2注2～注5：考虑到建筑在改建和扩建过程中，不可避免地会遇到一些诸如用地限制等具体困难，对两座建筑物之间的防火间距作了有条件的调整。当两座建筑，较高一面的外墙为防火墙，或超出高度较高时，应主要考虑较低一面对较高一面的影响。当两座建筑高度相同时，如果贴邻建造，防火墙的构造应符合《建筑设计防火规范》GB 50016—2014（2018年版）第6.1.1条的规定。当较低一座建筑的耐火等级不低于二级，较低一面的外墙为防火墙，且屋顶承重构件和屋面板的耐火极限不低于1.00h，防火间距允许减少到3.5m，但如果相邻建筑中有一座为高层建筑或两座均为高层建筑时，该间距允许减少到4m。火灾通常都是从下向上蔓延，考虑较低的建筑物着火时，火势容易蔓延到较高的建筑物，有必要采取防火墙和耐火屋盖，故规定屋顶承重构件和屋面板的耐火极限不应低于1.00h。

两座相邻建筑，当较高建筑高出较低建筑的部位着火时，对较低建筑的影响较小，而相邻建筑正对部位着火时，则容易相互影响。故要求较高建筑在一定高度范围内通过设置防火门、窗或卷帘和水幕等防火分隔设施，来满足防火间距调整的要求。有关防火分隔水幕和防护冷却水幕的设计要求应符合现行国家标准《自动喷水灭火系统设计规范》GB 50084的规定。

最小防火间距确定为3.5m，主要为保证消防车通行的最小宽度；对于相邻建筑中存在高层建筑的情况，则要增加到4m。

本条注4和注5中的"高层建筑"，是指在相邻的两座建筑中有一座为高层民用建筑或相邻两座建筑均为高层民用建筑。

附录 B 中 B.0.1 建筑物之间的防火间距应按相邻建筑外墙的最近水平距离计算，当外墙有凸出的可燃或难燃构件时，应从其凸出部分外缘算起。

（2）分析点评：

防火间距的确定，综合考虑了灭火救援的需要，防止火势向邻近建筑蔓延以及节约用地等因素。而最小间距的定义在《建筑设计防火规范》GB 50016—2014（2018 年版）附录 B 中已有描述，设计师应正确理解。值得注意的是，设计师往往认定的防火间距是建筑物主体的外墙，忽视了外墙上的突出物，诸如阳台、凸窗、室外楼梯等，这不符合附录 B 的规定，值得特别注意的是室外楼梯的外边缘才是防火间距的计算点。

图 1.4-3 的情况为照片左侧用地内原有一层建筑，报建时标注为应拆除建筑，但消防验收时仍未拆除，且未拆除建筑的门窗与新建建筑的开窗相对应，现场实测间距仅为 3.9m，相对应范围内的门窗均未做防火门窗。

1.4.3　整改方案

（1）图 1.4-1 相邻两座建筑在不影响使用的情况下其飘窗的一侧均可做成甲级防火窗；图 1.4-2 中将多层建筑山墙上的外窗改为甲级防火窗。

（2）图 1.4-3 照片左侧的一层建筑应及时拆除，保证满足防火间距要求。

1.5　高层单元式住宅楼端部住户未在消防车登高操作场地正对范围之内

🔧 检查部位

消防车登高操作场地。

🏛 检查要点

1）消防车登高操作场地设置位置、距建筑外墙尺寸、救援场地尺寸；

2）消防车登高操作场地与楼正对范围是否包含了端部住户；

3）消防车登高操作场地一侧的建筑出入口。

1.5.1　问题描述

高层住宅底部设有裙房，住宅嵌入到裙房中，且裙房宽度超过 5m，嵌入裙房的端部各层住户，消防车登高操作场地保护不到。

1.5.2 原因分析

（1）规范依据：

《建筑设计防火规范》GB 50016—2014（2018 年版）第 7.2.1 条～第 7.2.3 条。

> 7.2.1 高层建筑应至少沿一个长边或周边长度的 1/4 且不小于一个长边长度的底边连续布置消防车登高操作场地，该范围内的裙房进深不应大于 4m……
>
> 7.2.2 消防车登高操作场地应符合下列规定：
>
> 2 场地的长度和宽度分别不应小于 15m 和 10m。对于建筑高度大于 50m 的建筑，场地的长度和宽度分别不应小于 20m 和 10m……
>
> 4 场地应与消防车道连通，场地靠建筑外墙一侧的边缘距离建筑外墙不宜小于 5m，且不应大于 10m，场地的坡度不宜大于 3%。
>
> 7.2.3 建筑物与消防车登高操作场地相对应的范围内，应设置直通室外的楼梯或直通楼梯间的入口。

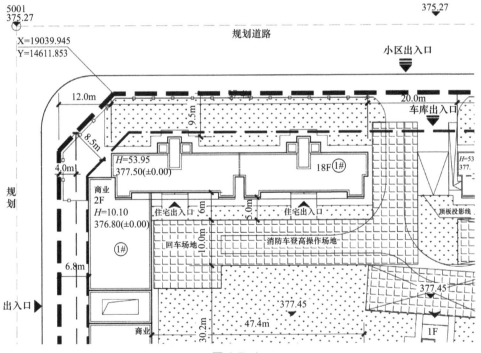

图 1.5-1

《陕西省建筑防火设计、审查、验收疑难问题技术指南》第2.2.6条。

2.2.6　建筑端头底部设置商业设施的住宅建筑，当商业设施与住宅的搭接部位长度不大于5m，消防车登高操作场地连续设置且建筑端户的外窗位于消防车登高操作范围内时，该住宅的消防车登高操作场地可视为符合规范要求。

（2）分析点评：

实际项目中，设计人员往往不能充分理解消防车登高操作场地的设置目的，而片面理解《建筑设计防火规范》GB 50016—2014（2018年版）第7.2.1条，造成沿长边无法设置的情况下，就L形设置，貌似满足规范，但从图1.5-1可以看到所设置的消防车登高操作场地，对于住宅建筑来说有效救援的就是东户，西户是不能有效救援的。对于这种嵌套式住宅与商业的设计形式，在《陕西省建筑防火设计、审查、验收疑难问题技术指南》第2.2.6条中已有明确规定，应严格遵守。

整改方案

在设计中应避免此类情形，在验收阶段已经既成事实的情况下，应在住宅北边增设消防车登高操作场地，至少应保证消防车登高操作场地对楼梯间进行覆盖。

1.6　裙房屋面采光天窗与主体建筑防火间距不足

检查部位

裙房屋面采光天窗。

检查要点

1）主体建筑外墙到裙房屋面采光天窗的水平距离是否达到6m；

2）主体建筑外窗与裙房屋面采光天窗的水平距离不足6m时是否采用防火窗。

1.6.1　问题描述

裙房采光顶边缘与主体建筑开窗距离不足6m，且主体建筑未设置防火墙或外窗未采用甲级防火窗（图1.6-1）。

图1.6-1

1.6.2 原因分析

（1）规范依据：

《建筑设计防火规范》GB 50016—2014（2018 年版）第 6.3.7 条。

> 6.3.7 建筑屋顶上的开口与邻近建筑或设施之间，应采取防止火灾蔓延的措施。

◎ 条文说明

> 本条规定主要是为防止通过屋顶开口造成火灾蔓延。当建筑的辅助建筑屋顶有开口时，如果该开口与主体之间距离过小，火灾就能通过该开口蔓延至上部建筑。因此，要采取一定的防火保护措施，如将开口布置在距离建筑高度较高部分较远的地方，一般不宜小于 6m，或采取设置防火采光顶、邻近开口一侧的建筑外墙采用防火墙等措施。

《陕西省建筑防火设计、审查、验收疑难问题技术指南》第 6.0.3 条。

> 6.0.3 ……高层建筑的裙房屋顶，当开设有中庭的天窗时，该开口与上部建筑开口之间的水平距离应不小于 6m……

（2）分析点评：

图 1.6-1 的情况为裙房的屋顶设置了采光天窗，天窗与主体建筑窗之间的水平距离小于 6m。建筑屋顶上的开口主要有为满足采光和通风要求的高侧窗、天窗或老虎窗，中庭的玻璃顶等，当这些开口面向或邻近主体建筑时，应采取防止火灾蔓延的措施。基本措施之一就是保持足够的间距。

▤ 整改方案

（1）裙房的天窗采用防火窗，且满足 1h 耐火完整性的要求。

（2）将主体建筑面向裙房天窗且高出天窗 6m 范围内的建筑外墙改为防火墙或采用甲级防火门、窗。高出天窗 15m 范围内的建筑外墙改为防火墙或采用甲级防火门、窗时，距离不限。

1.7 超高层建筑消防车道转弯半径不足

⚙ 检查部位

消防车道的转弯半径。

🏛 **检查要点**

消防车道的转弯半径、坡度、净宽、净高是否满足要求。

1.7.1　问题描述

消防车道与市政道路连通口处转弯半径不足 9m、12m（图 1.7-2），超高层建筑消防车道转弯半径不足 18m（图 1.7-1）。

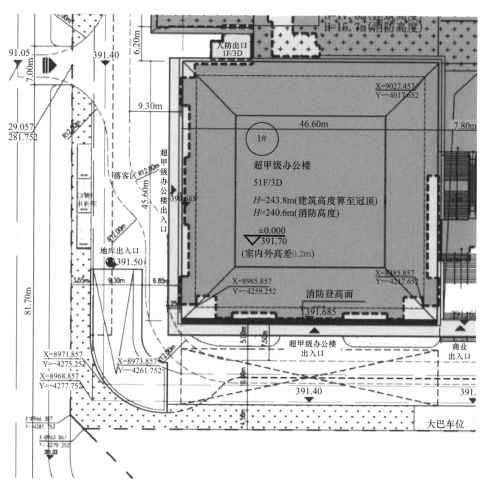

图 1.7-1

1.7.2　原因分析

（1）规范依据：

《建筑设计防火规范》GB 50016—2014（2018 年版）第 7.1.8 条、第 7.1.9 条、第 7.2.2 条。

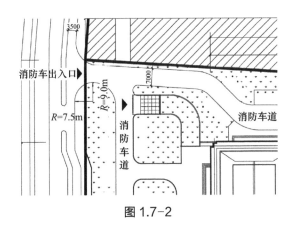

图 1.7-2

7.1.8 消防车道应符合下列要求：

1 车道的净宽度和净空高度均不应小于4.0m；

2 转弯半径应满足消防车转弯的要求；

3 消防车道与建筑之间不应设置妨碍消防车操作的树木、架空管线等障碍物；

4 消防车道靠建筑外墙一侧的边缘距离建筑外墙不宜小于5m；

5 消防车道的坡度不宜大于8%。

◎ 条文说明

……本条为保证消防车道满足消防车通行和扑救建筑火灾的需要，根据目前国内在役各种消防车辆的外形尺寸，按照单车道并考虑消防车快速通行的需要，确定了消防车道的最小净宽度、净空高度，并对转弯半径提出了要求。对于需要通行特种消防车辆的建筑物、道路桥梁，还应根据消防车的实际情况增加消防车道的净宽度与净空高度。由于当前在城市或某些区域内的消防车道，大多数需要利用城市道路或居住小区内的公共道路，而消防车的转弯半径一般均较大，通常为9m～12m。因此，无论是专用消防车道还是兼作消防车道的其他道路或公路，均应满足消防车的转弯半径要求，该转弯半径可以结合当地消防车的配置情况和区域内的建筑物建设与规划情况综合考虑确定。……（注：本条第2、3款与《建筑防火通用规范》GB 55037—2022 基本一致。）

7.1.9 环形消防车道至少应有两处与其他车道连通。……

消防车道可利用城乡、厂区道路等，但该道路应满足消防车通行、转弯和停靠的要求。

◎ 条文说明

7.1.9 目前，我国普通消防车的转弯半径为9m，登高车的转弯半径为12m，一些特种车辆的转弯半径为16m～20m。……

条文说明

7.2.2 ……对于建筑高度超过100m的建筑，需考虑大型消防车辆灭火救援作业的需求。如对于举升高度112m、车长19m、展开支腿跨度8m、车重75t的消防车，一般情况下，灭火救援场地的平面尺寸不小于20m×10m，场地的承载力不小于$10kg/cm^2$，转弯半径不小于18m。

（2）分析点评：

超高层在总平面设计时，往往不注意消防车转弯半径的设置要求，常常只满足12m的转弯半径，忽略了超高层的特殊要求。对超高层的救援行动所使用的重型消防车和特种消防车，车身长度已有17m左右。在《建筑设计防火规范》GB 50016—2014（2018年版）第7.2.2条的条文说明中，明确提出超过100m的建筑，消防车道转弯半径不小于18m，因此要特别注意。

对于与市政道路的连通口，设计人员往往不清楚消防车的类型、尺寸，如：图1.7-2，由于市政道路有隔离带，只从辅道开口就无法满足消防车的转弯要求。

整改方案

图1.7-1 调整总平面布置，加大转弯半径，使消防车道转弯半径至少达到18m；

图1.7-2 调整连通口位置，或与市政协商，打开隔离带，确保消防车道转弯半径要求。

1.8 消防车道、消防车登高操作场地承载能力不满足消防车荷载要求

检查部位

消防车道的路面、消防车登高操作场地的承载能力。

检查要点

消防车道的路面、消防车登高操作场地及其地下面的管道和暗沟等，能否承受当地主战消防车或特种消防车的荷载。

1.8.1 问题描述

消防车登高操作场地无法承载主战消防车的荷载；后期增设的消防车道不满足消

图 1.8-1

图 1.8-2

图 1.8-3

防车荷载的要求。

（1）因设计图纸错误，场地尺寸、距建筑物距离均不满足消防车登高操作场地的要求。变更操作场地时，仅将部分绿化铲除，直接覆盖水泥砂浆面层，对结构基层不做加固处理，无法满足消防车荷载的要求（图 1.8-1～图 1.8-3）。

（2）在城改项目的消防验收中，存在此类问题的较多。由于前期建审、图审手续不完备，很多项目存在先建后审的情况，在消防施工图审查时，要求改变消防车道的位置或增加消防车道、消防车登高操作场地等，但施工图未按照消防车荷载的要求设计，造成现场虽做了消防车道及救援场地，但荷载不满足要求。

1.8.2　原因分析

（1）规范依据：

《建筑设计防火规范》GB 50016—2014（2018 年版）第 7.1.9 条、第 7.2.2 条第 3 款。

> 7.1.9　……消防车道的路面、救援操作场地、消防车道和救援操作场地下面的管道和暗沟等，应能承受重型消防车的压力。
>
> 消防车道可利用城乡、厂区道路等，但该道路应满足消防车通行、转弯和停靠的要求。

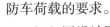 **条文说明**

> 7.1.9　……在设置消防车道和灭火救援操作场地时，如果考虑不周，也会发生路面或场地的设计承受荷载过小，道路下面管道埋深过浅，沟渠选用轻型盖板等情况，从而不能承受重型消防车的通行荷载。特别是，有些情况需要利用裙房屋

顶或高架桥等作为灭火救援场地或消防车通行时，更要认真核算相应的设计承载力。……（注：本条在《建筑防火通用规范》GB 55037—2022 中为强制性条文。）

7.2.2　消防车登高操作场地应符合下列规定：

……

3 场地及其下面的建筑结构、管道和暗沟等，应能承受重型消防车的压力。

⊙ 条文说明

……本条总结和吸取了相关实战的经验、教训，根据实战需要规定了消防车登高操作场地的基本要求。实践中，有的建筑没有设计供消防车停靠、消防员登高操作和灭火救援的场地……

（2）分析点评

根据上述正文及条文说明，消防车道及消防车登高操作场地以及其下的建筑结构、管道和暗沟等的承载力，均应满足消防车的荷载要求。如只是改变面层做法，场地基层不做处理或道路设计时未按照消防车的荷载要求进行设计，均违反《建筑设计防火规范》GB 50016—2014（2018 年版）第 7.1.9 条、第 7.2.2 条的规定，存在严重安全隐患。

基层承载力不足，可能导致消防车救援操作时，路面塌陷，车辆倾斜，对高空操作的消防员和被救人员造成伤害。目前城市消防站的车辆配备中，总重量超过 40t 的消防车占有一定比例，如表 1.8-1 所示。

全市消防车主战车型一览表（调查数据）　　　　　表 1.8-1

车型	登高平台消防车（DG）				云梯消防车（YT）			举高喷射消防车（JP）				
车长	10785	9420	13430	16300	12700	12900	13930	95200	10210	12000	12840	136500
最大举高	25	32	53	101	32	53	60	16	18	50	56	72
空载吨位	11950	24650	32750	65000	31500	30500	29850	21000	27030	37300	36500	45960
满载吨位	20700	24650	32750	65000	33500	32000	30000	33000	40030	40450	41700	52860

所以，对于 100m 以下的建筑，要求消防车道和消防车登高操作场地承载力满足 40t 消防车荷载已是基本要求；对于建筑高度超过 100m 的超高层建筑，要求消防车道和消防车登高操作场地达到 70t，也是必要的（图 1.8-4～图 1.8-6）。

1.8.3　整改方案

1）消防车道及消防车登高操作场地的做法，必须经过设计与核算，实施中应严格按照设计要求实施。

图 1.8-4

图 1.8-5

图 1.8-6

2）对于消防验收中发现消防车道与消防车登高操作场地设置不符合要求，需要增加道路与场地时，应按照消防车道的荷载要求重新设计施工，如增加的消防车道、消防车登高操作场地下部有管道、暗沟或地下室，应复核其是否能承受消防车的荷载，如不满足要求应采取置换管道，管沟及地下建筑加固等措施。

1.9 夹角大于 90°的 L 形建筑、异形建筑救援场地设置

检查部位

建筑长边的认定。

检查要点

夹角大于 90°的 L 形建筑、折边异形建筑救援场地的长边设置。

1.9.1 问题描述

1）夹角大于 90°的 L 形建筑救援场地设置未沿折边设置；

2）异形削角建筑救援场地设置长度不足。

上述建筑长边认定有争议，影响到消防车登高操作场地的设置（图 1.9-1、图 1.9-2）。

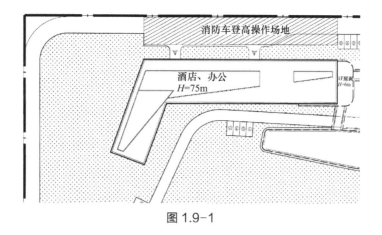

图 1.9-1

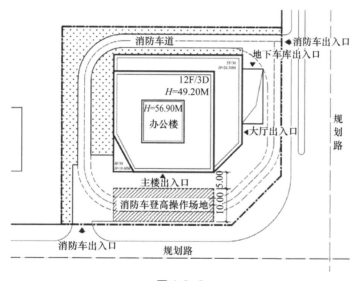

图 1.9-2

1.9.2　原因分析

（1）规范依据：

《建筑防火设计规范》GB 50016—2014（2018 年版）第 7.2.1 条。

> 7.2.1　高层建筑应至少沿一个长边或周边长度的 1/4 且不小于一个长边长度的底边连续布置消防车登高操作场地，……

（2）分析点评：

实际工程中往往对异形轮廓线的建筑长边认定存在争议，导致项目验收卡壳，造成不必要的损失。如图 1.9-1 就是钝角建筑，该类建筑的消防车登高操作场地设置又分为设置在内边或外边的情况，但无论何种情况，均应在能连续设置救援场地的条件下应全部设置,而不是只沿一个折边设置救援场地。

图 1.9-2 是建筑削角造型所设置的消防车登高操作场地,导致消防车登高操作场地的长度不满足要求且切角处无法救援。以上两种情况均属于设计人员未从消防救援行动中理解问题所造成。

1.9.3　整改方案

图 1.9-1 应沿折边补齐救援场地,如图 1.9-3 所示;或至少应满足图 1.9-4 的救援场地设置要求。

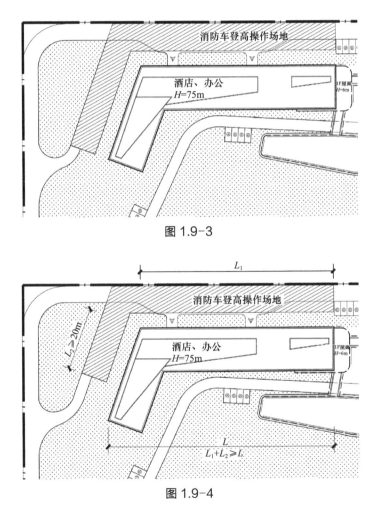

图 1.9-3

图 1.9-4

图 1.9-2 建筑师在方案阶段就应考虑如何设置救援场地的问题,按图 1.9-5 中补齐折边的救援场地时,还要注意控制裙房凸出主体建筑的距离不得大于 4m。由于主体办公楼高度小于 50m,也可如图 1.9-6 的方式间隔设置救援场地。

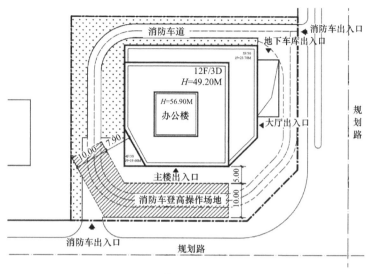

图 1.9-5

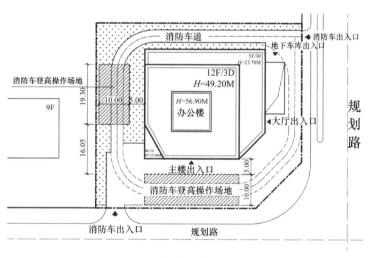

图 1.9-6

1.10　消防车登高操作场地与建筑外墙距离大于 10m

检查部位

消防车登高操作场地。

检查要点

消防车登高操作场地与建筑外墙的距离是否满足要求。

1.10.1 问题描述

消防车登高操作场地边沿距离建筑外墙小于 5m 或大于 10m。平面凹凸较大的建筑，容易出现凹入部分的建筑外墙与扑救场地距离大于 10m 的情况。

1.10.2 原因分析

（1）规范依据：

《建筑设计防火规范》GB 50016—2014（2018 年版）第 7.2.2 条第 4 款。

> 7.2.2　消防车登高操作场地应符合下列规定：
>
> 4 场地应与消防车道连通，场地靠建筑外墙一侧的边缘距离建筑外墙不宜小于 5m，且不应大于 10m，场地的坡度不宜大于 3%。

（2）分析点评

本项目为平面凹凸较大的住宅，救援场地与建筑凸部位符合规范≥5m、<10m 的距离要求，但在凹处则会出现距离大于 10m 的情况，违反了《建筑设计防火规范》GB 50016—2014（2018 年版）第 7.2.2 条的规定。设计人员应特别注意此类住宅建筑救援场地的设置（图 1.10-1）。

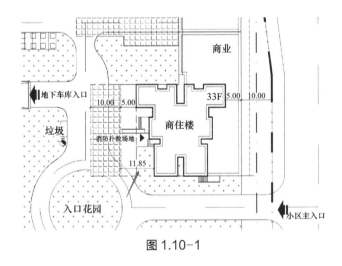

图 1.10-1

1.10.3 整改方案

在救援场地与建筑外墙的距离大于 10m 的部分增加消防车登高操作场地，如图 1.10-2。但应注意，增加的消防车登高操作场地的长度一般应大于 20m；对于建筑高度小于 50m 的建筑，增加的操作场地长度应大于 15m。

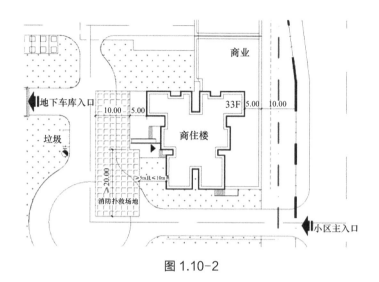

图 1.10-2

1.11 超高层建筑避难区（间）与消防车登高操作场地的设置关系

检查部位

超高层建筑避难层。

检查要点

超高层建筑避难层内避难区位置与消防车登高操作场地是否对应。

1.11.1 问题描述

超高层建筑消防车登高操作场地位置未与避难层的避难区位置对应（图 1.11-1、图 1.11-2）。

1.11.2 原因分析

（1）规范依据

《建筑设计防火规范》GB 50016—2014（2018 年版）第 5.5.23 条、第 7.2.4 条、第 7.2.5 条。

5.5.23　建筑高度大于 100m 的公共建筑，应设置避难层（间）。避难层（间）应符合下列规定：

1 第一个避难层（间）的楼地面至灭火救援场地地面的高度不应大于50m，两
个避难层（间）之间的高度不宜大于50m……

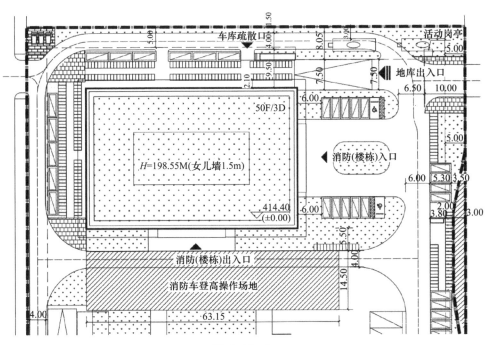

图 1.11-1

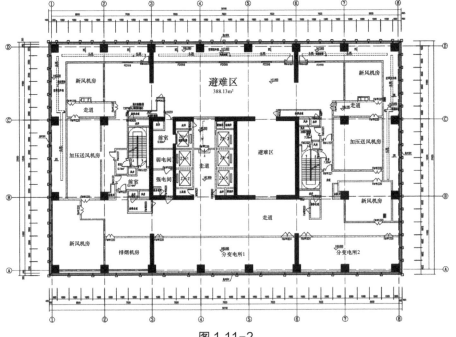

图 1.11-2

条文说明

……建筑高度大于100m的建筑，使用人员多、竖向疏散距离长，因而人员的疏散时间长。

根据目前国内主战举高消防车——50m高云梯车的操作要求，规定从首层到第一个避难层之间的高度不应大于50m，以便火灾时不能经楼梯疏散而要停留在避难层的人员可采用云梯车救援下来。……

7.2.4　厂房、仓库、公共建筑的外墙应在每层的适当位置设置可供消防救援人员进入的窗口。

条文说明

……本条是根据近些年我国建筑发展的形态和实际灭火中总结的经验教训确定的。

过去，绝大部分建筑均开设有外窗。而现在，不仅仓库、洁净厂房无外窗或外窗开设少，而且一些大型公共建筑，如商场、商业综合体、设置玻璃幕墙或金属幕墙的建筑等，在外墙上均很少设置可直接开向室外并可供人员进入的外窗。而在实际火灾事故中，大部分建筑的火灾在消防队到达时均已发展到比较大的规模，从楼梯间进入有时难以直接接近火源，但灭火时只有将灭火剂直接作用于火源或燃烧的可燃物，才能有效灭火。因此，在建筑的外墙设置可供专业消防人员使用的入口，对于方便消防员灭火救援十分必要。救援窗口的设置既要结合楼层走道在外墙上的开口、还要结合避难层、避难间以及救援场地，在外墙上选择合适的位置进行设置。

7.2.5　供消防救援人员进入的窗口的净高度和净宽度均不应小于1.0m，下沿距室内地面不宜大于1.2m，间距不宜大于20m且每个防火分区不应少于2个，设置位置应与消防车登高操作场地相对应。窗口的玻璃应易于破碎，并应设置可在室外易于识别的明显标志。

条文说明

本条确定的救援口大小是满足一个消防员背负基本救援装备进入建筑的基本尺寸。为方便实际使用，不仅该开口的大小要在本条规定的基础上适当增大，而且其位置、标志设置也要便于消防员快速识别和利用。

（2）分析点评：

超高层建筑使用人员多，竖向疏散距离长，根据普通人爬楼梯的体力消耗，可以使人员选择继续通过疏散楼梯疏散还是前往避难区域避难或是为火灾时不能经楼梯疏散至地面的人员而设置避难层，并可将停留在避难层中避难区的人员采用云梯车解救下来。因此，根据目前国内主战举高消防车——50m 高云梯车的操作要求，消防车登高操作场地至少与第一个避难层中避难区的位置相对应。

出现此种情况是设计人员并未理解救援场地与避难层设置的基本概念，未理解《建筑设计防火规范》GB 50016—2014（2018 年版）第 5.5.23 条、第 7.2.4 条的规定所致。

1.11.3 整改方案

调整避难区的位置，使其二者在同一侧相互对应。在消防验收阶段，若避难区无法整体改至消防车登高操作场地一侧时，至少应有连接通道接至消防车登高操作场地对应的外墙处，且连接通道应按避难区要求设置（图 1.11-3）。

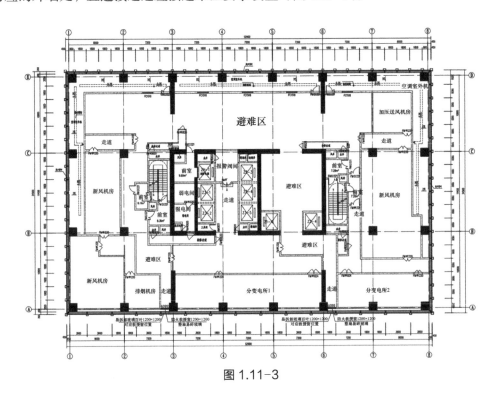

图 1.11-3

1.12 消防车登高操作场地与建筑首层出入口或楼梯间出入口不对应

检查部位

建筑出入口或楼梯间出入口、消防车登高操作场地。

🔥 检查要点

消防车登高操作场地是否设有直通建筑首层的出入口或楼梯间出入口。

1.12.1 问题描述

消防车登高操作场地一侧未设置建筑物的出入口或楼梯间的出入口（图 1.12-1、图 1.12-2）。

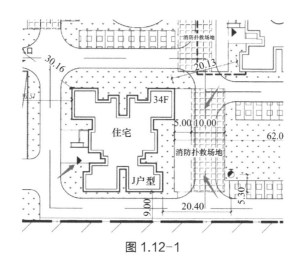

图 1.12-1

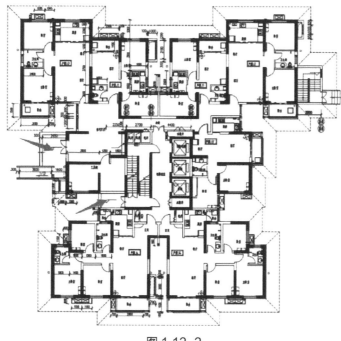

图 1.12-2

（1）规范依据：

《建筑设计防火规范》GB 50016—2014（2018年版）第7.2.3条、第7.3.5条第1款；

7.2.3　建筑物与消防车登高操作场地相对应的范围内，应设置直通室外的楼梯或直通楼梯间的入口。

◎ 条文说明

……为使消防员能尽快安全到达着火层，在建筑与消防车登高操作场地相对应的范围内设置直通室外的楼梯或直通楼梯间的入口十分必要，特别是高层建筑和地下建筑。

灭火救援时，消防员一般要通过建筑物直通室外的楼梯间或出入口，从楼梯间进入着火层对该层及其上、下部楼层进行内攻灭火和搜索救人。对于埋深较深或地下面积大的地下建筑，还有必要结合消防电梯的设置，在设计中考虑设置供专业消防人员出入火场的专用出入口。

7.3.5　除设置在仓库连廊、冷库穿堂或谷物筒仓工作塔内的消防电梯外，消防电梯应设置前室，并应符合下列规定：

1 前室宜靠外墙设置，并应在首层直通室外或经过长度不大于30m的通道通向室外；

《陕西省建筑设计、审查、验收疑难问题技术指南》2.2.6条。

2.2.6　建筑物与消防车登高操作场地相对应的范围内，应设置直通室外的楼梯或直通楼梯间的入口，入口可为通往楼梯间的门厅、走道。

（2）分析点评：

项目未正确理解设置消防车登高操作场地与建筑连通口的关系，仅考虑设置消防车登高操作场地的要求，同时也不熟悉消防电梯与救援场地的设置要求，忽视了消防员灭火救援的通道，导致救援场地与建筑出入口分置，违反了《建筑设计防火规范》GB 50016—2014（2018年版）第7.2.3条的规定。

1.12.2　整改方案

调整建筑出入口的位置，或修改消防车登高操作场地的位置，使消防车登高操作场地与建筑出入口在同一侧。

第 2 章

耐 火 等 级

2.1 室内钢结构未做防火涂料保护，或者防火涂料厚度不足

检查部位

室内钢结构柱、梁、板。

检查要点

1）钢结构的防火性能；

2）钢结构防火涂料厚度；

3）压型钢板组合楼板的防火保护。

2.1.1 问题描述

室内钢结构部分未做防火涂料保护或者防火涂料厚度不足（图2.1-1、图2.1-2）。

图2.1-1

图2.1-2

2.1.2　原因分析

（1）规范依据：

《建筑防火设计规范》GB 50016—2014（2018 年版）第 5.1.2 条、第 5.1.3 条。

5.1.2　民用建筑的耐火等级可分为一、二、三、四级。除本规范另有规定外，不同耐火等级建筑相应构件的燃烧性能和耐火极限不应低于表 5.1.2 的规定。

不同耐火等级建筑相应构件的燃烧性能和耐火极限（h）　　　表 5.1.2

构件名称		耐火等级			
		一级	二级	三级	四级
墙	防火墙	不燃性 3.00	不燃性 3.00	不燃性 3.00	不燃性 3.00
	承重墙	不燃性 3.00	不燃性 2.50	不燃性 2.00	难燃性 0.50
	非承重外墙	不燃性 1.00	不燃性 1.00	不燃性 0.50	可燃性
	楼梯间和前室的墙电梯井的墙住宅建筑单元之间的墙和分户墙	不燃性 2.00	不燃性 2.00	不燃性 1.50	难燃性 0.50
	疏散走道两侧的隔墙	不燃性 1.00	不燃性 1.00	不燃性 0.50	难燃性 0.25
	房间隔墙	不燃性 0.75	不燃性 0.50	难燃性 0.50	难燃性 0.25
柱		不燃性 3.00	不燃性 2.50	不燃性 2.00	难燃性 0.50
梁		不燃性 2.00	不燃性 1.50	不燃性 1.00	难燃性 0.50
楼板		不燃性 1.50	不燃性 1.00	不燃性 0.50	可燃性
屋顶承重构件		不燃性 1.50	不燃性 1.00	可燃性 0.50	可燃性
疏散楼梯		不燃性 1.50	不燃性 1.00	不燃性 0.50	可燃性
吊顶（包括吊顶搁栅）		不燃性 0.25	难燃性 0.25	难燃性 0.15	可燃性

5.1.3　民用建筑的耐火等级应根据其建筑高度、使用功能、重要性和火灾扑救难度等确定，并应符合下列规定：

1 地下或半地下建筑（室）和一类高层建筑的耐火等级不应低于一级；

2 单、多层重要公共建筑和二类高层建筑的耐火等级不应低于二级。

（2）分析点评：

图 2.1-1、图 2.1-2 为室内压型钢板组合楼板。压型钢板组合楼板是建筑钢结构中常见的楼板形式，一般分为两种：一是压型钢板只作为混凝土的施工模板，在使用阶段不考虑压型钢板的受力作用；二是压型钢板除了作为施工模板外，还与混凝土板形

成组合楼板共同受力。压型钢板在作为施工模板使用时不需要进行防火保护，但作为组合楼板的受力结构使用时，由于火灾高温对压型钢板的承载力会有较大影响，因此需要进行防火保护，其耐火极限需满足相应耐火等级要求。当压型钢板作为受力结构的楼板使用时，在一级耐火等级的建筑中，其耐火极限应达到 1.5h，在二级耐火等级的建筑中，其耐火极限应达到 1.00h。

2.1.3 整改方案

对室内作为受力结构的压型钢板外露部位采用喷涂防火涂料的方式，提高其耐火极限；对于耐火极限不超过 1.50h 的压型钢板，可采用膨胀型防火涂料。防火涂料的厚度、施工工艺，应根据该产品的说明和相关检验报告，在施工前进行设计，施工中严格按照设计要求，分层涂刷，达到设计的厚度要求。

2.2 会展中心、体育馆、超高层等建筑钢结构防火涂料选型错误、厚度不足、施工资料不全

检查部位

钢结构建筑的钢柱、柱间支撑、楼面梁、楼面桁架、楼盖支撑、楼板、系杆、楼梯等。

检查要点

1）建筑耐火等级及钢结构耐火极限设计要求；
2）不同部位（包含隐蔽、外露部位）钢结构防火涂料选型、厚度；
3）防火涂料产品说明、检验报告、施工工艺、施工质量抽检记录表等。

2.2.1 问题描述

（1）钢柱、柱间支撑等耐火极限超过 1.5h 的钢构件，未选用非膨胀型防火涂料，如图 2.2-1 所示；
（2）室内隐蔽钢构件，未选用非膨胀型防火涂料；
（3）室内钢楼梯未进行耐火处理，如图 2.2-2 所示；
（4）防火涂料的实际厚度，达不到施工工艺方案和检验报告的厚度要求，且施工过程质量控制资料不全。

图 2.2-1   图 2.2-2

2.2.2　原因分析

（1）规范依据：

《建筑钢结构防火技术规范》GB 51249—2017 第 3.1.1 条、第 4.1.3 条、第 4.2.1 条。

3.1.1　钢结构构件的设计耐火极限应根据建筑的耐火等级，按现行国家标准《建筑设计防火规范》GB 50016 的规定确定。柱间支撑的设计耐火极限应与柱相同，楼盖支撑的设计耐火极限应与梁相同，屋盖支撑和系杆的设计耐火极限应与屋顶承重构件相同。

◎ 条文说明

3.1.1　本条规定了钢结构构件的设计耐火极限确定依据。表 1 列出了现行国家标准《建筑设计防火规范》GB 50016—2014 对各类结构构件的最低耐火极限要求，并结合钢结构特点，补充增加了柱间支撑、楼盖支撑、屋盖支撑等的规定。钢结构构件的设计耐火极限能否达到要求，是关系到建筑结构安全的重要指标。本条所引用的现行国家标准《建筑设计防火规范》GB 50016—2014 对各类结构构件设计耐火极限的规定，必须严格执行。

4.1.3　钢结构采用喷涂防火涂料保护时，应符合下列规定：

1 室内隐蔽构件，宜选用非膨胀型防火涂料；

2 设计耐火极限大于 1.50h 的构件，不宜选用膨胀型防火涂料；

3 室外、半室外钢结构采用膨胀型防火涂料时，应选用符合环境对其性能要求的产品；

构件的设计耐火极限（h） 表1

构件类型	建筑耐火等级						
	一级	二级	三级		四级		
柱、柱间支撑	3.00	2.50	2.00		0.50		
楼面梁、楼面桁架、楼盖支撑	2.00	1.50	1.00		0.50		
楼板	1.50	1.00	厂房、仓库	民用建筑	厂房、仓库	民用建筑	
			0.75	0.50	0.50	不要求	
屋顶承重构件、屋盖支撑、系杆	1.50	1.00	厂房、仓库	民用建筑	不要求		
			0.50	不要求			
上人平屋面板	1.50	1.00	不要求		不要求		

4 非膨胀型防火涂料涂层的厚度不应小于 10mm；

5 防火涂料与防腐涂料应相容、匹配。

4.2.1 钢结构采用喷涂非膨胀型防火涂料保护时，其防火保护构造宜按图 4.2.1 选用。有下列情况之一时，宜在涂层内设置与钢构件相连接的镀锌铁丝网或玻璃纤维布：

1 构件承受冲击、振动荷载；

2 防火涂料的黏结强度不大于 0.05MPa；

3 构件的腹板高度大于 500mm 且涂层厚度不小于 30mm；

4 构件的腹板高度大于 500mm 且涂层长期暴露在室外。

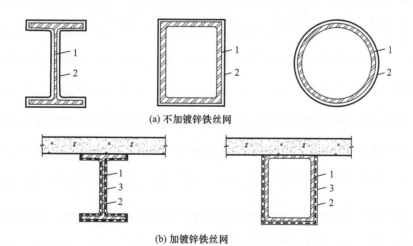

(a) 不加镀锌铁丝网

(b) 加镀锌铁丝网

图 4.2.1 防火涂料保护构造图

1—钢构件；2—防火涂料；3—锌铁丝网

《钢结构防火涂料应用技术规程》T/CECS 24—2020 第 3.2.3 条、第 3.2.4 条。

> 3.2.3 设计耐火极限大于 1.50h 的全钢结构建筑，宜选用非膨胀型钢结构防火涂料或环氧类膨胀型钢结构防火涂料。
>
> 3.2.4 除钢管混凝土柱外，设计耐火极限大于 2.00h 的构件，应选用非膨胀型钢结构防火涂料或环氧类膨胀型钢结构防火涂料。

（2）分析点评：

会展中心、体育馆、航站楼、高铁站等高大空间以及超高层建筑等，均会采用大量的钢结构；其他民用建筑也会局部或全部采用钢结构。可以说，钢结构在民用建筑中的使用越来越广泛。但钢结构一般情况下的耐火极限仅为 0.25h，难以满足建筑耐火等级的要求，因此，对钢构件喷涂防火涂料，使其达到相应耐火极限，成为施工中最常见的措施。

在钢结构防火涂料的施工过程中，由于多数钢结构会被装饰板、吊顶等隐蔽起来，消防验收过程中验证难度较大；一些施工单位不制定施工方案（施工工艺），只凭防火涂料的产品说明书，随意选用膨胀型防火涂料；有些制定了施工方案，但在施工中，不按施工工艺要求，只喷涂料一两遍，把钢结构盖住即可。在消防验收中，经常出现建筑钢结构防火涂料选型错误；如钢柱及支撑，一般耐火极限为 3.0h 或 2.5h，应选用非膨胀型，但实际却采用了膨胀型，如图 2.2-1 所示。不论是非膨胀型防火涂料还是膨胀型防火涂料，均存在厚度不足的现象。有些室内钢楼梯，未喷涂料防火涂料，有些只在钢楼梯梯段的下部喷涂料防火涂料，上部面板未喷涂料。有些在隐蔽部位，未采用非膨胀型防火涂料。有些施工单位提供的防火涂料施工过程资料不全，有些只提供一个防火涂料的型式检验报告，无施工方案、无产品说明书、无施工后的抽检记录和厚度测量记录表。

2.2.3 整改方案

（1）钢柱、柱间支撑等钢构件未选用非膨胀型防火涂料时，应将原膨胀型防火涂料清除干净后，重新喷涂非膨胀型防火涂料。钢柱、柱间支撑耐火极限一般在达到2.5h，一级耐火等级的建筑要达到 3.0h，必须采用非膨胀型防火涂料；涂层的厚度，应根据产品说明书和防火涂料检验报告的结论来确定，一般为 30～50mm。

（2）隐蔽部位的钢构件，未选用非膨胀型防火涂料时，应将原防火涂料清除干净，重新喷涂膨胀型防火涂料。

（3）室内钢楼梯的承重结构、钢梯段均应喷涂防火涂料，对于一级耐火等级的建筑，耐火极限须达到 1.5h；对于二级耐火等级的建筑，其耐火极限须达到 1.0h。梯段的上面及下面均应喷涂防火涂料，且上表面应有防护层，以避免踩踏导致防火涂料脱落。

（4）钢结构防火涂料施工多为隐蔽工程且工程量一般较大，其施工过程质量控制资料应齐全。资料应包括：施工方案（包括施工工艺，应根据设计要求，明确各部位钢构件）、产品说明书、产品型式检验报告、施工过程质量抽检记录［根据《建筑钢结构防火技术规范》GB 51249—2017 附录 F.0.2（图 2.2-3）进行制作］、施工完成后的厚度测量记录表。

钢结构防火涂料保护检验批质量验收记录 表 F.0.2

单位（子单位）工程名称			分部（子分部）工程名称		分项工程名称	
施工单位			项目负责人		检验批容量	
分包单位			分包单位项目负责人		检验批部位	
施工依据				验收依据		
验收项目			设计要求及规范规定	最小／实际抽样数量	检查记录	检查结果
主控项目	1	材料产品进场	第 9.2.1 条			
	2	隔热性能试验	第 9.2.2 条			
	3	黏结强度试验	第 9.2.3 条			
	4	涂装环境条件	第 9.3.1 条			
	5	保护层厚度	第 9.3.2 条			
	6	表面裂纹	第 9.3.3 条			
	7					
一般项目	1	产品进场	第 9.2.6 条			
	2	涂装基层表观	第 9.3.4 条			
	3	涂层表面质量	第 9.3.5 条			
	4					
施工单位检查结果			专业工长：项目专业质量检查员：　　　年 月 日			
监理单位验收结论			专业监理工程师：　　　年 月 日			

图 2.2-3

第 3 章

平 面 布 置

3.1 用于分隔防火分区的防火卷帘长度超长

检查部位

防火墙，防火卷帘。

检查要点

1）相邻两防火分区分隔部位的总长度；

2）在分隔部位的防火卷帘的累计长度。

3.1.1 问题描述

采用防火卷帘分隔防火分区，当防火分隔部位不大于 30m 时，防火卷帘长度大于 10m；

当防火分隔部位长度大于 30m 时，防火卷帘长度超过防火分区分隔部位总长度的三分之一或大于 20m（图 3.1-1）。

图 3.1-1

3.1.2 原因分析

（1）规范依据：

《建筑设计防火规范》GB 50016—2014（2018 年版）第 6.5.3 条。

> 6.5.3 除中庭外，当防火分隔部位的宽度不大于30m 时，防火卷帘的宽度不应大于10m；当防火分隔部位的宽度大于30m 时，防火卷帘的宽度不应大于该部位宽度的1/3，且不应大于20m……

⊙ **条文说明**

……防火卷帘主要用于需要进行防火分隔的需通行部位，特别是防火墙、防火隔墙上因生产、使用等需要开设较大开口而又无法设置防火门时的防火分隔。在实际使用过程中，防火卷帘存在着防烟效果差、可靠性低等问题……易造成火灾蔓延扩大。……

（2）分析点评：

设置防火卷帘的位置往往是平时贯通需求较大的部位，因具有火灾时能自动关闭和相应的信号反馈功能，防火卷帘具有类似于常开防火门的功能与性能，这一点在公共建筑特别是大中型商业服务类项目中得到体现。但防火卷帘在使用中的可靠性一直受到关注，过去对防火卷帘长度未做限制，有些防火分区分隔部位大量采用防火卷帘，火灾情况下因个别防火卷帘未完全降落，导致火灾蔓延扩大。因此，盲目在防火分区防火墙上增大开口宽度的做法是错误的。为了尽可能提高防火卷帘的防火可靠性，除中庭部位外，应限制防火卷帘的设置宽度，并应采用在火灾或失电情况下能靠自重或其他机构垂直降落关闭的防火卷帘，不允许采用侧向水平等方式的防火卷帘。在中庭使用防火卷帘长度不受限制，但设置的部位应在中庭结构板开洞的边缘处。

3.1.3 整改方案

（1）根据原设计要求，将累计长度超出要求的卷帘改用防火墙进行封堵（图 3.1-2）。

（2）在满足设计要求的前提下，结合日常需求可适当将卷帘与防火墙的位置关系进行调整，但应落实好周边管线穿越防火墙的相关封堵措施。

（3）针对上述整改方案，如日常确需连

图 3.1-2

通，在防火墙累计卷帘长度不超过规范要求的前提下，可灵活采用防火墙、防火卷帘及甲级防火门组合搭配的调整方案。

3.2 中庭划分独立防火单元时，分隔墙上门窗耐火极限不足

检查部位

与中庭相连通的门、窗。

检查要点

门、窗防火性能是否达到要求。

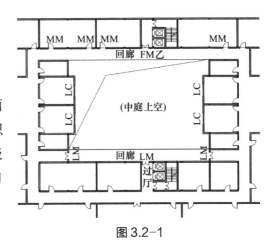

图 3.2-1

3.2.1 问题描述

中庭部位上下空间贯通，上下层建筑面积叠加计算超过防火分区最大允许建筑面积时，中庭与周边其他空间相连通处未按甲级防火门窗设置，或采用未加封堵措施的洞口连接（图 3.2-1）。

3.2.2 原因分析

（1）规范依据：

《建筑设计防火规范》GB 50016—2014（2018 年版）第 5.3.2 条第 1 款。

> 5.3.2 建筑内设置自动扶梯、敞开楼梯等上、下层相连通的开口时，其防火分区的建筑面积应按上、下层相连通的建筑面积叠加计算；当叠加计算后的建筑面积大于本规范第 5.3.1 条的规定时，应划分防火分区。
>
> 建筑内设置中庭时，其防火分区的建筑面积应按上、下层相连通的建筑面积叠加计算；当叠加计算后的建筑面积大于本规范第 5.3.1 条的规定时，应符合下列规定：
>
> 1 与周围连通空间应进行防火分隔：采用防火隔墙时，其耐火极限不应低于1.00h……与中庭相连通的门、窗，应采用火灾时能自行关闭的甲级防火门、窗；

⊙ **条文说明**

……对于中庭，考虑到建筑内部形态多样，结合建筑功能需求和防火安全要求，本条对几种不同的防火分隔物提出了一些具体要求。在采取了能防止火灾和烟气蔓延的措施后，一般将中庭单独作为一个独立的防火单元。……

（2）分析点评：

中庭是在建筑内部贯穿多个楼层的室内空间，是建筑室内空间构成的核心部位，视线及流线贯通是功能使用中的一贯需求。在很多设有中庭的室内，人们只重视功能要求而忽略对中庭防火保护，往往出现交通流线很通畅但防火分隔不足的问题。

当建筑面积大于防火分区最大允许面积时，在采取了能防止火灾和烟气蔓延的分隔措施后，一般会将中庭单独作为一个独立的防火单元。在《建筑设计防火规范》GB 50016—2014（2018年版）第5.3.2条中，提出了五种分隔方式，这其中就包括其他空间与中庭相连通的门、窗应采用火灾时能自行关闭的甲级防火门、窗。很多时候，中庭防火分隔的设计很严谨，但在施工过程中，在中庭部位的防火（隔）墙上的门窗改成了普通门、普通窗，或干脆留出一个无分隔的门洞，使用起来方便了，但防火分隔的可靠性却被破坏了（图3.2-1）。

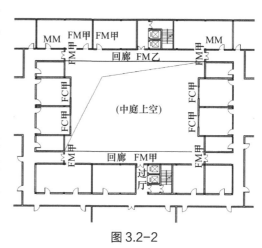

图3.2-2

3.2.3 整改方案

消防验收中发现上述问题，应依据原设计图纸进行整改。在上述中庭周边部位开设的普通窗，应更换为固定甲级防火窗（或具备火灾时能自行关闭的功能），开设的疏散门，应更换为闭门器、顺序器齐全的甲级防火门（图3.2-2）。

3.3 防火墙两侧及防火墙处于内转角时两侧外窗的距离不足

⚙ **检查部位**

防火墙两侧的外窗。

🏛 **检查要点**

  1）防火墙两侧外窗距离是否满足 2m；

  2）防火墙处于内转角处时两侧外窗的距离是否满足 4m；

  3）当防火墙两侧外窗小于上述尺寸时，两侧外窗的防火性能是否同时能满足要求。

3.3.1　问题描述

  （1）防火墙两侧均采用普通外窗时，其窗间距达不到 2m（图 3.3-1）。

  （2）防火墙处于内转角处时两侧外窗的距离达不到 4m（图 3.3-2）。

  （3）当处于上述部位时，虽采用乙级防火窗，但未采用固定乙级防火窗或火灾时可自动关闭的乙级防火窗。

图 3.3-1

图 3.3-2

3.3.2　原因分析

  （1）规范依据：

  《建筑设计防火规范》GB 50016—2014（2018 年版）第 6.1.3 条、第 6.1.4 条。

  6.1.3　……建筑外墙为不燃性墙体时，……紧靠防火墙两侧的门、窗、洞口之间最近边缘的水平距离不应小于 2.0m；采取设置乙级防火窗等防止火灾水平蔓延的措施时，该距离不限。

  6.1.4　……确需设置时，内转角两侧墙上的门、窗、洞口之间最近边缘的水平距离不应小于 4.0m；采取设置乙级防火窗等防止火灾水平蔓延的措施时，该距离不限。

⏺ **条文说明**

  6.1.3　防火墙两侧的门窗洞口最近的水平距离规定不应小于 2.0m。根据火场调查，2.0m 的间距能在一定程度上阻止火势蔓延，但也存在个别蔓延现象。

6.1.4 火灾事故表明，防火墙设在建筑物的转角处且防火墙两侧开设门窗等洞口时，如门窗洞口采取防火措施，则能有效防止火势蔓延。设置不可开启窗扇的乙级防火窗、火灾时可自动关闭的乙级防火窗、防火卷帘或防火分隔水幕等，均可视为能防止火灾水平蔓延的措施。

（2）分析点评：

火灾不仅在室内蔓延，当外墙材料选用不当或窗间距离不足时也容易引起火灾通过门、窗洞口经室外蔓延至室内。当外墙均为不燃烧材料时，控制防火墙两侧开窗水平间距是防范火灾蔓延的关键因素，特别是当防火墙处于内转角时，会使得两侧外墙外窗的水平距离缩短且火灾蔓延危险性增大。因此规范要求，防火墙两侧开窗距离不应小于 2.0m；当防火墙处于内转角时，两侧开窗边缘水平距离不应小于4.0m；当防火墙两侧均设置乙级防火窗（固定或自动关闭的乙级防火窗）时距离可不限。

在项目验收时，这是一个常见问题，特别是住宅与非住宅功能组合建设时，处于防火墙两侧的住宅与非住宅之间的窗间距常常达不到规范要求的距离，也未采用相关防火措施，带来不必要的整改费用。

3.3.3 整改方案

（1）对于外墙上处于防火墙两侧且间距不足的两组外窗，应采用增大窗间距的办法整改；或对于距离不足的两组外窗可采用不同程度的局部封堵措施以增大防火墙两侧外窗的间距（封堵材料应采用耐火极限不小于 1.0h 的不燃烧材料），整体构造措施应与建筑外墙体系相适。

（2）对于无法增大窗间距的两组外窗，应在防火墙两侧 2m 范围内同时更换不可开启窗扇的乙级防火窗，或火灾时可自动关闭的乙级防火窗。

（3）当条件允许时，处于防火墙两侧的窗也可根据需要采用防火卷帘或防火分隔水幕作为整改措施。

3.4 室内步行街两侧商铺改造致商铺面积超规

⚙ **检查部位**

室内步行街，利用步行街疏散的商铺。

🏛 **检查要点**

1）装修改造后的商铺面积。

2）商铺面向步行街一侧的防火分隔措施。

3.4.1 问题描述

室内步行街两侧商铺，原设计商铺面积小于300m²，且商铺可通过室内步行街进行疏散（图3.4-1）；在招商和二次装修改造后，部分商铺面积超过300m²（图3.4-2）。

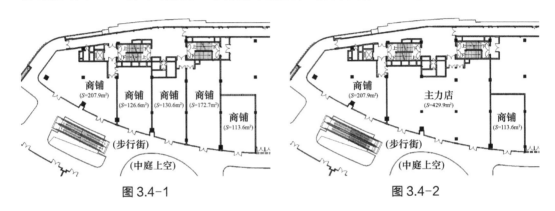

图3.4-1　　　　　　　　　　　　　图3.4-2

3.4.2 原因分析

（1）规范依据：

《建筑设计防火规范》GB 50016—2014（2018年版）第5.3.6条第3款、第4款；《关于加强超大城市综合体消防安全工作的指导意见》（公消【2016】113号）第（三）条。

> 5.3.6　餐饮、商店等商业设施利用步行街进行安全疏散时，应符合下列规定：
>
> 3 步行街两侧建筑的商铺之间应设置耐火极限不低于2.00h的防火隔墙，每间商铺的建筑面积不宜大于300m²；
>
> 4……相邻商铺之间面向步行街一侧应设置宽度不小于1.0m、耐火极限不低于1.00h的实体墙。……

🔘 **条文说明**

5.3.6　本条确定的有顶棚的商业步行街……步行街两侧均为建筑面积较小的商铺，一般不大于300m²。……为阻止步行街两侧商铺发生的火灾在步行街内沿水平方向或竖向蔓延，……要求规定了……两商铺之间的距离……

《关于加强超大城市综合体消防安全工作的指导意见》（公消【2016】113 号）第
（三）条。

> ……步行街两侧的主力店应采用防火墙与步行街之间进行分隔，连通步行街的
> 开口部位宽度不应大于 9m，主力店应设置独立的疏散设施，不允许借用连通步行街
> 的开口。

（2）分析点评：

室内步行街设计中，规范规定的比较宽松，前提就是对商铺面积进行限制，由于
300m² 的商铺面积不大，如发生火灾时人员可通过室内步行街进行疏散，按规范要求，
室内步行街是自然排烟，故其安全性至关重要。为确保室内步行街的安全，《建筑设计
防火规范》GB 50016—2014 对室内步行街两侧商铺提出了明确的防火分隔措施，目的
是要将火灾控制在着火房间内。

但对大于 300m² 的商铺，在公消【2016】113 号文中则定义为主力店，由于主力店
面积大，发生火灾时控制难度大，因而对主力店的消防措施要求明显严于商铺。如：
应采用防火墙与步行街之间进行分隔、应有独立疏散条件、只能开设不大于 9m 的开口
部位提供与步行街必需的交通联系，以及采用大型商业相关的其他消防措施。故单个
商铺面积是否大于 300m²，已成为空间消防定性的重要指标。本着这个思路，在设置
室内步行街的大型商业综合体项目装修改造时，要特别注意商铺面积问题，应力求避
免随意改变原设计商铺的面积规模，而且在项目验收时理应作为重点查验内容。

3.4.3 整改方案

步行街两侧商铺，如改造后的商铺面积大于 300m² 时，应按原设计要求恢复商铺
的面积划分，确保每间商铺面积不大于 300m²（图 3.4-1）。

如果装修设计中已经重新划分了商铺分
隔部位，且商铺面积大于 300m² 已不可避免
时，应按照公消【2016】113 号文中对主力
店的要求，完善消防设计内容。

对于大于 300m² 的商铺，其与室内步行
街之间应采用防火墙＋甲级防火门（＋防火
卷帘）的分隔方式，面向步行街的开口总宽
度不得大于 9m；该商铺应具有独立的安全
疏散条件（图 3.4-3）。

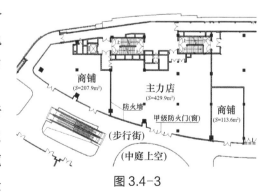

图 3.4-3

3.5 建筑内部装修调整平面布置或使用功能发生变化引起的疏散问题

⚙ 检查部位

因装修改造，平面布置发生重大变化的功能区域。

⚖ 检查要点

1）结合改造后的空间及功能，疏散路径要求是否改变，并且是否得到满足；

2）改造后增设的疏散走道及宽度、走道两侧的防火隔墙，是否符合规定要求。

3.5.1 问题描述

（1）建筑内部由原设计的大空间（图3.5-1）通过再次分隔改造成若干小空间的组合（图3.5-2）时，导致疏散距离超过规范要求。

（2）高层建筑地上或地下原商业空间改变为其他使用功能时，导致已有防火分区面积、疏散距离均超过规范对新使用功能的要求。

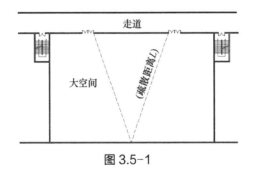

图3.5-1

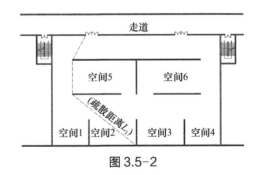

图3.5-2

3.5.2 原因分析

（1）规范依据：

《建筑设计防火规范》GB 50016—2014（2018年版）第5.3.4条、第5.5.17条。

5.3.4 ……建筑内的商店营业厅、展览厅，当设置自动灭火系统和火灾自动报警系统并采用不燃或难燃装修材料时，其每个防火分区的最大允许建筑面积应符合下列规定：

1 设置在高层建筑内时，不应大于4000m²；

2 设置在单层建筑或仅设置在多层建筑的首层内时，不应大于10000m²；

3 设置在地下或半地下时，不应大于2000m²。

⊙ **条文说明**

5.3.4 ……当营业厅、展览厅仅设置在多层建筑（包括与高层建筑主体采用防火墙分隔的裙房）的首层，其他楼层用于火灾危险性较营业厅或展览厅小的其他用途，或所在建筑本身为单层建筑时，……将防火分区的建筑面积调整为10000m²。……但疏散距离仍应满足本规范第5.5.17条的规定。……当营业厅内设置餐饮场所时，防火分区的建筑面积需要按照民用建筑的其他功能的防火分区要求划分，并要与其他商业营业厅进行防火分隔。（注：本条与《建筑防火通用规范》GB 55037—2022一致。）

5.5.17 公共建筑的安全疏散距离应符合下列规定：

1 直通疏散走道的房间疏散门至最近安全出口的直线距离不应大于表5.5.17的规定。

直通疏散走道的房间疏散门至最近安全出口的直线距离（m）　　　表5.5.17

名称		位于两个安全出口之间的疏散门			位于袋形走道两侧或尽端的疏散门		
		一、二级	三级	四级	一、二级	三级	四级
托儿所、幼儿园老年人照料设施		25	20	15	20	15	10
歌舞娱乐放映游艺场所		25	20	15	9	—	—
医疗建筑	单、多层	35	30	25	20	15	10
	高层 病房部分	24	—	—	12	—	—
	高层 其他部分	30	—	—	15	—	—
教学建筑	单、多层	35	30	25	22	20	10
	高层	30	—	—	15	—	—
高层旅馆、展览建筑		30	—	—	15	—	—
其他建筑	单、多层	40	35	25	22	20	15
	高层	40	—	—	20	—	—

注：1 建筑内开向敞开式外廊的房间疏散门至最近安全出口的直线距离可按本表的规定增加5m。

2 直通疏散走道的房间疏散门至最近敞开楼梯间的直线距离，当房间位于两个楼梯间之间时，应按本表的规定减少5m；当房间位于袋形走道两侧或尽端时，应按本表的规定减少2m。

3 建筑物内全部设置自动喷水灭火系统时，其安全疏散距离可按本表的规定增加25%。

2 楼梯间应在首层直通室外，确有困难时，可在首层采用扩大的封闭楼梯间或防烟楼梯间前室。当层数不超过 4 层且未采用扩大的封闭楼梯间或防烟楼梯间前室时，可将直通室外的门设置在离楼梯间不大于 15m 处。

3 房间内任一点至房间直通疏散走道的疏散门的直线距离，不应大于表 5.5.17 规定的袋形走道两侧或尽端的疏散门至最近安全出口的直线距离。

4 一、二级耐火等级建筑内疏散门或安全出口不少于 2 个的观众厅、展览厅、多功能厅、餐厅、营业厅等，其室内任一点至最近疏散门或安全出口的直线距离不应大于 30m；当疏散门不能直通室外地面或疏散楼梯间时，应采用长度不大于 10m 的疏散走道通至最近的安全出口。当该场所设置自动喷水灭火系统时，室内任一点至最近安全出口的安全疏散距离可分别增加 25%。

（2）分析点评：

在检查室内装修改造项目时，经常发现原有防火分区及疏散条件不能适应新改造的功能需要。它既体现在虽然改造后空间的消防定性未发生改变，但空间划分导致疏散距离超出规定要求；也体现在改造后空间因功能发生改变而带来防火分区面积及疏散距离长度等规定前后存在差异。

如图 3.5-1 所示，原功能大空间室内疏散按 30m（当设有自动喷淋灭火系统时，按 30m×1.25）控制，但在新改造空间中，由于重新划分了空间，使新功能的疏散距离明显超过规范规定的距离，如图 3.5-2 所示。有时，将原来的大空间分隔后形成了内走道，疏散关系也会发生重大变化，有的部位疏散路径只能向一个方向，就不能按大空间两个疏散口夹角不得小于 45° 的理念进行疏散。而且往往这些分隔（隔墙或玻璃隔断）只通至吊顶部位而未通至顶板，不能形成内走道的疏散方式。所以，此类改造时，必须理清疏散方式。如果将大空间改造成疏散走道的疏散方式，形成内走道两侧的隔墙耐火极限不应低于 1.0h，隔墙应通至顶板，商铺之间的隔墙耐火极限不应低于 0.75h，也应通至结构顶板。（但应特别注意的是：如是室内步行街的商铺改造，商铺间的隔墙应为 2.0h 的防火隔墙）。商铺内的疏散距离不应超过袋形走道疏散距离要求，从商铺门口至安全出口的疏散距离按照《建筑设计防火规范》GB 50016—2014（2018 年版）中表 5.5.17 中的其他建筑的要求来控制。

又如，原功能为地下商业空间，规范要求按不大于 30m（当设有自动喷淋灭火系统时按 37.5m）进行疏散，防火分区按不大于 2000m² 划分。但当功能改变为除观众厅、展厅、多功能厅、餐厅及营业厅外的其他功能后，规范对疏散距离要求也随之改为 22m（当设有自动喷淋灭火系统时按 27.5m），对防火分区规模的限制也由 2000m² 变为 1000m²。这是大空间改造时常遇到的问题。类似的其他问题也在验收时很常见。

3.5.3　整改方案

（1）对于原设计的商业大空间，装修分隔为若干个小商铺，出现疏散距离超长的问题时，应督促按照设计图纸施工，并恢复原设计要求；对于按图施工，但图纸设计的疏散思路不清晰的，先督促设计单位全面梳理图纸，理清疏散方式，按照相关规定核查疏散距离，对不满足疏散距离要求的部位，进行调整，现场根据调整后的图纸再做相应的改动。

（2）由于对场所消防定性把握不准，导致原商业大空间功能改变而防火分区划分未做相应调整的原因多数出自装修设计环节。此类情形往往由于设计图纸未进行消防设计审查就擅自施工，甚至竣工投入使用时还未办理消防设计审查手续。出现此问题后，应督促装修设计单位按相应规范要求重新划分防火分区，重新梳理疏散方式及疏散距离，经审查合格后，现场再按设计进行调整改动。

第4章

安 全 疏 散

4.1 疏散楼梯或安全出口、房间疏散门数量不足

检查部位

1）房间的疏散门；

2）防火分区的安全出口。

检查要点

1）房间疏散门的数量；

2）每个防火分区安全出口的数量。

4.1.1 问题描述

（1）原设计的室外钢楼梯未施工，导致商铺疏散门数量不足（图4.1-1）。

（2）各自面积不超过1000m²的两个防火分区安全出口（楼梯）分别仅有一个，把通向相邻防火分区的甲级防火门作为各自的第二疏散口（图4.1-2）。

（3）地下汽车库的三个防火分区各自仅有一个安全出口（楼梯）时，将处于三个防火分区交界处的楼梯供三个防火分区疏散共用（图4.1-3）。

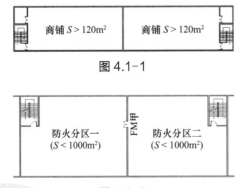

图4.1-1

图4.1-2

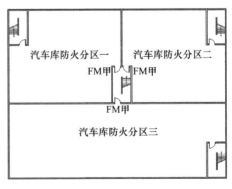

图4.1-3

4.1.2 原因分析

（1）规范依据：《建筑设计防火规范》GB 50016—2014（2018 年版）第 5.5.8 条，第 5.5.9 条，第 5.5.15 条。

> 5.5.8 公共建筑内每个防火分区或一个防火分区的每个楼层，其安全出口的数量应经计算确定，且不应少于 2 个。……
>
> 5.5.9 ……公共建筑内的安全出口全部直通室外确有困难的防火分区，可利用通向相邻防火分区的甲级防火门作为安全出口，……
>
> 5.5.15 公共建筑内房间的疏散门数量应经计算确定且不少于 2 个。……

《汽车库、修车库、停车场设计防火规范》GB 50067—2014 第 6.0.2 条。

> 6.0.2 除室内无车道且无人员停留的机械式汽车库，汽车库、修车库内每个防火分区的人员安全出口不应少于 2 个，……

《陕西省消防设计、审查、验收疑难问题技术指南》第 5.0.3 条。

> 5.0.3 ……当人员安全出口位于两个防火分区交界处时，可共用（仅限于两个防火分区），但共用安全出口的每个防火分区还应有各自独立的安全出口，……

◎ 条文说明

> 5.5.8 ……本条规定了公共建筑设置安全出口的基本要求，包括地下建筑和半地下建筑或建筑的地下室。
>
> 5.5.9 ……楼层内个别防火分区直通室外的安全出口的疏散宽度不足或其中局部区域的安全疏散距离过长时，也可将通向相邻防火分区的甲级防火门作为安全出口，……
>
> 5.5.15 ……疏散门的设置原则与安全出口的设置原则基本一致，……
>
> 6.0.2 ……汽车库人员疏散出口的数量，一般都应设置两个，目的是可以进行双向疏散，一旦一个出口被火封死，另一个出口还可以进行疏散。……

（2）分析点评：

图 4.1-1 中的建筑功能为住宅小区多层配套商业，这类商业用房由于面积不大，故往往不注意安全疏散条件，施工环节经常漏掉设计图中原有的室外钢楼梯。导致不能满足《建筑设计防火规范》GB 50017—2014（2018 年版）第 5.5.15 条中，关于公共建筑每个房间面积大于 120m² 时房间疏散门的出口不应少于两个的要求。

参照倪照鹏主编的《建筑设计防火规范实施指南》第238页，"（3）……对于相邻被借用安全出口的防火分区，则应具备至少两个直通室外的安全出口，不允许连环借用，……"。图4.1-2两个防火分区相互借用，意味着防火分区被放大了一倍，特别是在控制面积较小的地下室防火分区里时则问题更为突出。值得注意的是借用相邻防火分区的安全出口，被借用方必须具备完善的安全疏散条件才可以被借用。

根据《陕西省消防设计、审查、验收疑难问题技术指南》第5.0.3条，地下车库防火分区之间利用位于防火分区之间防火墙上的楼梯（安全出口），只允许两个防火分区之间共用安全出口，不允许三个防火分区共用同一个安全出口，故图4.1-3的做法是不允许的。

4.1.3 整改方案

（1）对于遗漏未施工的室外钢制楼梯应及时完善到位，同时应检查室外钢梯与建筑外墙门窗洞口的距离应符合规范中的要求（图4.1-4）。或当相邻两铺属同一产权方时，也可打通隔墙提供连通条件，按同一个空间满足二个安全出口的疏散要求，但要复核疏散距离、疏散宽度是否满足规范要求（图4.1-5）。

（2）对于安全出口不足的防火分区，应结合功能需求，选择在合适的防火分区增加安全出口（图4.1-6）。

图4.1-4

（3）对于汽车库三个防火分区共用楼梯间（安全出口），应结合现场情况，增加安全出口，禁止三个防火分区共用楼梯（图4.1-7）。

图4.1-5

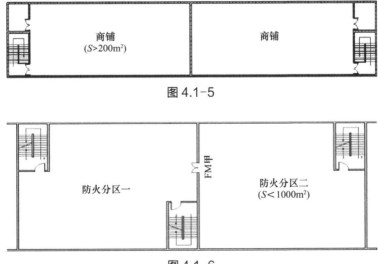

图4.1-6

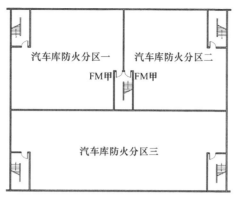

图 4.1-7

4.2 疏散门最小净宽度不足或人员密集场所有效疏散净宽度不足

检查部位

1）楼梯间在首层通向室外的疏散外门；

2）人员密集场所通向安全出口的通道和疏散门；

3）疏散楼梯的数量和位置。

检查要点

1）楼梯间在首层通向室外疏散外门的净宽度是否满足最小净宽度要求，是否大于等于设计最小净宽度；

2）人员密集场所通向安全出口的通道净宽是否大于等于楼梯宽度，楼梯间及其前室的疏散门是否大于等于楼梯宽度；

3）商店建筑楼梯疏散宽度、位置、数量是否与设计文件一致。

4.2.1 问题描述

（1）楼梯在首层通向室外的疏散外门采用地弹簧门，导致有效疏散宽度不足（图 4.2-1）；

（2）人员密集场所通向楼梯间的通道宽度小于

图 4.2-1

楼梯宽度，或通道上其他房间门向走道开启后影响通道疏散宽度（图4.2-2）；

（3）其他已有高层建筑改为医疗建筑时，原有楼梯宽度不满足规范对医疗建筑楼梯疏散宽度的要求；

（4）对于商店建筑，楼梯间疏散门净宽小于楼梯净宽度（图4.2-3）；

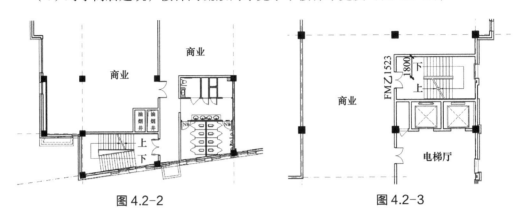

图4.2-2   图4.2-3

4.2.2 原因分析

（1）规范依据：

《建筑设计防火规范》GB 50016—2014（2018年版）第5.5.18条、第5.5.21条、第5.5.30条。

> 5.5.18 ……公共建筑内疏散门和安全出口的净宽度不应小于0.90m……高层公共建筑内楼梯间的首层疏散门、首层疏散外门、疏散走道和疏散楼梯的最小净宽度应符合表5.5.18的规定。
>
> 5.5.21 ……其房间疏散门、安全出口、疏散走道和疏散楼梯的各自总净宽度，应符合下列规定：
>
> 1 每层的房间疏散门、安全出口、疏散走道和疏散楼梯的各自总净宽度，应根据疏散人数按每100人的最小疏散净宽度不小于表5.5.21-1的规定计算确定……
>
> 5.5.30 ……首层疏散外门的净宽度不应小于1.10m。……

⟳ 条文说明

> 5.5.18 ……本条根据人员疏散的基本需要，确定了民用建筑中疏散门、安全出口与疏散走道和疏散楼梯的最小净宽度。……设计应注意门宽与走道、楼梯宽度的匹配。一般走道的宽度较宽，因此当以门宽为计算宽度时，楼梯的宽度不应小于门的宽度，当以楼梯的宽度为计算宽度时，门的宽度不应小于楼梯的宽度。
>
> 5.5.21 ……疏散人数的确定是建筑疏散设计的基础参数之一，不能准确计算建

筑内的疏散人数，就无法合理确定建筑中各区域疏散门或安全出口和建筑内疏散楼梯所需要的有效宽度，……

1……对此，各层楼梯的总宽度可按该层或该层以上人数最多的一层分段计算确定，……如：一座二级耐火等级的六层民用建筑，……计算该建筑的疏散楼梯总宽度时，根据楼梯宽度指标1.0m/百人的规定，……

5.5.30　……住宅建筑相对于公共建筑，同一空间内或楼层的使用人数较少，一般情况下1.1m的最小净宽可以满足大多数住宅建筑的使用功能需要，……

（2）分析点评：

楼梯间首层（或走道、门厅）疏散外门净宽不满足规范要求已是一个常见问题，在住宅、各类公建中时有发生。其中的一个原因是建设单位随意选用地弹簧门（图4.2-1），导致门配件占用较多门洞宽度，使外门疏散净宽度受到挤压甚至达不到最低要求。

应注意：规范对疏散外门净宽度要求为最低标准；净宽是门在完全开启后满足疏散状态的净宽度。

住宅不应小于1.1m；高层公共建筑和高层医疗建筑时分别不应小于1.2m和1.3m。

人员密集场所疏散走道净宽度是否满足要求是验收检查的重点，特别是商店建筑、托幼建筑等，因主要功能房间人员较多，房门必须向疏散方向开启，但如不注意容易出现房门挡走道，进而火灾时会发生疏散滞阻或无法疏散的情况（图4.2-2）。

在既有建筑改造中，经常会遇到高层建筑全部或局部楼层改为康复医疗或月子中心等功能，往往改造完成后才发现建筑的楼梯宽度不能满足规范对医疗建筑的要求，使项目验收受阻。

商业建筑验收时，核对疏散楼梯总宽度是必须检查的内容。有些问题是由于疏散宽度往往按楼梯宽度计算，当楼梯间疏散门宽度不足时则限制了楼梯疏散能力；有些则是疏散楼梯在设计之初就未能准确执行《建筑设计防火规范》GB 50017—2014（2018年版）第5.5.21条第1款的要求，未能将楼梯百人最小疏散净宽度按总层数对应指标采用，给安全疏散带来很大影响。比如：一座4层或4层以上的商业建筑，每层建筑面积4000m²，第二层的疏散宽度应为17.2m（4000×0.43×1.0/100=17.2m）；但如果是一栋总层数为2层的商业建筑，每层建筑面积也是4000m²，第二层所需的疏散宽度为11.18m（4000×0.43×0.65/100=11.18m），很明显，同为第二层时，如百人最小疏散净宽度指标选错，两者宽度差异是很大的。最为常见的一种情形是设计时门洞宽度与楼梯宽度一样，但施工时当门洞内安装完疏散门后，净宽度自然要变窄。按上述情形，对于商店建筑中一个楼梯间的疏散门，当扣除门框、门扇厚度后的净宽度，其净宽如小于楼梯净宽度，对于整楼层中多个楼梯，楼梯间疏散门总净宽度比设计需求就要少很多。

4.2.3　整改方案

（1）对于首层采用地弹簧门做疏散外门时，应保证其疏散净宽度满足设计要求，对于住宅不能小于 1.1m，对于高层公共建筑不能小于 1.2m，对于高层医疗建筑不能小于 1.3m。

（2）人员密集场所，如疏散通道受其他房间开门的影响，应合理调整房间开门位置，让门扇不得突出走道隔墙的轮廓线（图 4.2-4），确保走道疏散净宽。

（3）对于商店建筑，楼梯间疏散门净宽小于楼梯宽度的问题，首先应全面核算本层设计疏散总宽度，与所有楼梯间疏散门总净宽度对比，如果本层设计疏散总宽度小于楼梯间疏散门总净宽度，说明楼梯间总宽度有富余，可以不再进行整改；如果对比后，设计疏散总宽度大于楼梯间疏散门总净宽度，则应根据净宽度的缺失程度，对楼梯间门洞进行拓宽且对疏散门进行更换。一般来讲，因楼梯宽度已计入需要的总疏散宽度中，故应按楼梯间疏散门净宽不应小于楼梯疏散净宽的原则进行整改。

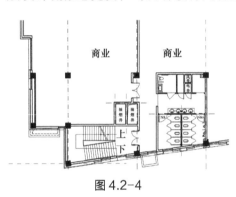

图 4.2-4

4.3　2 个安全出口或 2 个疏散门之间的水平距离不足 5m

⚙ 检查部位

1）每部疏散楼梯的位置、相互之间的最近距离；
2）房间两个疏散门的位置、相互之间的最近距离。

🏛 检查要点

1）两个安全出口最近边缘之间的水平距离；
2）两个疏散门最近边缘之间的水平距离。

4.3.1　问题描述

（1）疏散走道上两个安全出口的水平距离不足 5m；

（2）房间的两个疏散门之间最近边缘水平距离不足 5m。

4.3.2 原因分析

（1）规范依据：

《建筑设计防火规范》GB 50016—2014（2018 年版）第 5.5.2 条、第 5.5.17 条。

5.5.2 建筑内的安全出口和疏散门应分散布置，且建筑内每个防火分区或一个防火分区的每个楼层、每个住宅单元每层相邻两个安全出口以及每个房间相邻两个疏散门最近边缘之间的水平距离不应小于 5m。

5.5.17 公共建筑的安全疏散距离应符合下列规定：

1 直通疏散走道的房间疏散门至最近安全出口的直线距离不应大于表 5.5.17 的规定……

◎ 条文说明

5.5.2 ……如果两个疏散出口之间距离太近，在火灾中实际上只能起到 1 个出口的作用。

5.5.17 本条规定了公共建筑内安全疏散距离的基本要求，安全疏散距离是控制安全疏散设计的基本要素，疏散距离越短，人员的疏散过程越安全。……

（2）分析点评：

安全出口是针对建筑内的防火分区，或者只有一个防火分区的房间或楼层而言，疏散门是针对一个防火分区内的不同房间或场所而言。安全出口和疏散门是火灾时保证人员安全疏散的基本设施。对于要求设置不少于两个安全出口或两个疏散门的场所，两个安全出口或疏散门的最近边缘水平距离不应小于 5m，是避免被火势或烟气阻挡时这些出口都不能有效发挥作用。这些问题经常在标准层面积较小的项目中反映较为突出。距离不应小于 5m 的规定是规范中的最低要求，在实际设计工作中应尽量提供人员在紧急情况下可向不同方向疏散的条件，使疏散门或安全出口布置更加合理，这是安全疏散中一个重要内容。

4.3.3 整改方案

（1）当疏散走道与楼梯的距离过近时，如条件允许，可通过调整交通流线的办法来增大两个楼梯间距，或另外考虑增加疏散楼梯。

（2）对于同处一道直线墙上的房间两个疏散门，可通过土建调整移位达到水平距离不小于 5m 的要求；对于房间内分处折线墙上的两个疏散门呈 90° 角布置，通过土建调整移位达到折线距离之和不小于 5m 的要求（图 4.3-1，$A+B \geqslant 5m$）；对于房间内呈 90° 阴角布置的两个疏散门，直线距离应不小于 5m（图 4.3-2，$A \geqslant 5m$）。

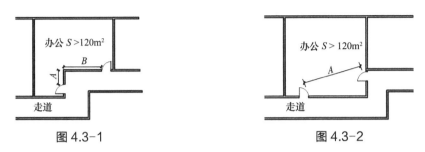

图 4.3-1   图 4.3-2

4.4 住宅建筑地下室与地下车库的关系

检查部位

住宅正下方投影范围内的地下室空间。

检查要点

住宅正下方投影范围内地下室空间的防火分区归属及疏散路线设置。

4.4.1 问题描述

住宅正下方投影范围内地下室空间的疏散门仅开向车库，防火分区从属车库，并利用地下车库作为其唯一疏散通道（图 4.4-1）。

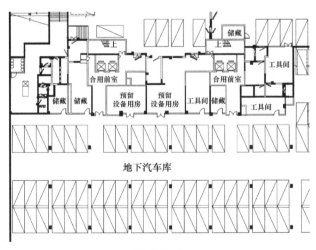

图 4.4-1

4.4.2　原因分析

（1）规范依据：

《汽车库、修车库、停车场设计防火规范》GB 50067—2014 第 5.1.9 条、第 6.0.7 条；

5.1.9　附设在汽车库、修车库内的消防控制室、自动灭火系统的设备室、消防水泵房和排烟、通风空气调节机房等，应采用防火隔墙和耐火极限不低于 1.50h 的不燃性楼板相互隔开或与相邻部位分隔。

◎ 条文说明

……附设在汽车库、修车库内的且为汽车库、修车库服务的变配电室、柴油发电机房等常见的设备用房也应按照本条的规定采取相应的防火分隔措施。

《陕西省消防设计、审查、验收疑难问题技术指南》第 5.0.17 条。

5.0.17　当住宅地下室防火分区的建筑面积不大于 500m², 且仅有一个安全出口时，可利用通向相邻汽车库防火分区的甲级防火门作为安全出口，……

（2）分析点评：

住宅下方的地下空间，除用作电气间、抄表间、风机房使用外，一般不能作为其他振动较大设备用房使用，最合适的使用定性为储藏间或类似功能。《汽车库、修车库、停车场设计防火规范》GB 50067—2014 第 6.0.7 条的条文解释中提到"……考虑到汽车库与住宅地下室之间分别属于不同防火分区……"，结合《陕西省消防设计、审查、验收疑难问题技术指南》，住宅正下方地下室作为储藏间或类似功能时，应属于非车库防火分区且具有独立疏散条件，在一定条件下可借用汽车库疏散，但不能只利用汽车库做唯一疏散条件，也不能与汽车库合并为一个防火分区。

4.4.3　整改方案

应将住宅正下方地下室储藏间的开门调整至朝向非车库一侧，并将储藏间区域划分为一个独立的防火分区。或将储藏间区域的房间隔墙全部取消，将空间转换为朝向车库的开敞空间，将功能转变为停车区（停车位），这样与车库就可以合为一个防火分区了（图 4.4-2），但应注意分隔住宅与车库的首层楼板，其耐火极限应符合《建筑设计防火规范》GB 50016—2014（2018 年版）第 5.4.10 条。

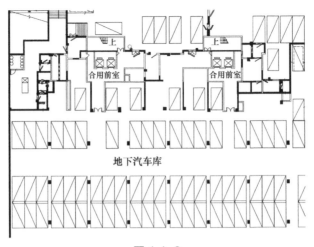

图 4.4-2

4.5 高层建筑首层安全出口上方的防护挑檐

检查部位

高层建筑首层安全出口直通室外处。

检查要点

安全出口上方是否设有防护挑檐，防护挑檐的长度、宽度及材料。

4.5.1 问题描述

高层建筑首层安全出口上方未设置防护挑檐（图 4.5-1、图 4.5-2）。

图 4.5-1   图 4.5-2

4.5.2 原因分析

（1）规范依据：

《建筑设计防火规范》GB 50016—2014（2018 年版）第 5.5.7 条。

> 5.5.7 高层建筑直通室外的安全出口上方，应设置挑出宽度不小于 1.0m 的防护挑檐。

⊙ 条文说明

> 5.5.7 本条规定的防护挑檐，主要为防止建筑上部坠落物对人体产生伤害，保护从首层出口疏散出来的人员安全……

（2）分析点评：

防护挑檐的作用是为防止火灾时建筑上部坠落物对疏散或救援人员产生伤害。防护挑檐长度算法是从高层建筑外墙装饰面算起不小于 1.0m，宽度不小于门洞宽度，一般设置在建筑首层安全出口的正上方。在验收时经常发现，高层建筑首层安全出口上方遗漏防护挑檐的现象比较普遍。一般情况下，高层住宅建筑首层对外都有两个方向的出口，其中大堂、门厅作主出口均会有比较大的室外防护挑檐；但第二出口一般很小，出口上方未设防护挑檐的情况比较多。还有一些公共建筑，在主体验收时往往不做防护挑檐，理由是等装修阶段再根据设计风格做防护挑檐，造成主体验收时存在问题。

图 4.5-3

对于有特殊需求的高层公共建筑，在临消防登高救援场地一侧设置防火挑檐时，其出挑长度（含裙房进深）不得大于 4.0m。

4.5.3 整改方案

对于防护挑檐缺失的项目，整改时可选用钢筋混凝土雨篷（图 4.5-3）或钢结构雨篷等施工方案。如顶板选用透明玻璃材料时，应选用夹层玻璃（胶片厚度不小于 0.76mm）。

4.6 楼梯间与相邻房间之间的外窗距离不足1m

⚙ **检查部位**

楼梯间外窗及相邻两侧其他房间的门窗洞口。

🏛 **检查要点**

楼梯间外窗及两侧其他房间门窗洞口之间的距离。

图 4.6-1

4.6.1 问题描述

楼梯外窗与相邻两侧其他房间的门窗洞口距离小于1.0m（图4.6-1）。

4.6.2 原因分析

（1）规范依据：

《建筑设计防火规范》GB 50016—2014（2018年版）第6.4.1条。

> 6.4.1 疏散楼梯间应符合下列规定：
>
> 1……靠外墙设置时，楼梯间、前室及合用前室外墙上的窗口与两侧门、窗、洞口最近边缘的水平距离不应小于1.0m……

⊙ **条文说明**

> 6.4.1 ……建筑发生火灾后，楼梯间任一侧的火灾及其烟气可能会通过楼梯间外墙上的开口蔓延至楼梯间内……

（2）分析点评：

这是消防验收中的常见问题。疏散楼梯是建筑内人员逃生的重要疏散通道，因此要求火灾时不受周围其他房间烟火威胁。故保证楼梯间外窗与周边房间开窗间距达到1.0m的水平距离（或水平折线距离）是楼梯安全使用的基本保证。当建筑采用幕墙体系时，往往发现楼梯间与相邻空间之间仅有一道垂直墙体分隔，窗间距也仅有一墙厚度，显然不满足规范要求；采用实体外墙的建筑也往往出现窗间墙宽度不足的问题，这些都应加以重视。由于不可分隔的关系，楼梯间与其前室之间外窗间距不做要求，但楼梯间与前室之间墙体的缝隙必须封堵严密。一些大型商店建筑中，当承担独立疏散的几个楼梯间贴邻布置时，分属不同楼梯（包含前室）的外窗之间也应保证不小于1.0m 的距离要求。

4.6.3 整改方案

（1）如条件允许，通过土建移位等措施重新调整窗间距，达到楼梯间与其他房间的外窗窗间距不小于 1.0m 的要求。

（2）对于距离不足的两个外窗也可采用不同程度的局部封堵措施，封堵材料采用耐火极限不小于 1.0h 的不燃烧材料，整体构造措施应与建筑外墙体系相适，最终达到增大楼梯间与周边房间外窗窗间距的目的。

4.7 楼梯间在首层不能直通室外

检查部位
封闭楼梯间和防烟楼梯间的首层部位。

检查要点
封闭楼梯间及防烟楼梯间在首层是否可直通室外。

4.7.1 问题描述

（1）层数不超过 4 层的多层建筑，封闭楼梯间在首层通过走道直通室外的距离超过 15m（图 4.7-1）。

（2）高层公共建筑防烟楼梯间在首层不能直通室外（图 4.7-2）。

4.7.2 原因分析

（1）规范依据：

《建筑设计防火规范》GB 50016—2014（2018 年版）第 5.5.17 条第 2 款、第 6.4.2 条、第 6.4.3 条。

　　5.5.17　公共建筑的安全疏散距离应符合下列规定：

2 楼梯间应在首层直通室外，确有困难时，可在首层采用扩大的封闭楼梯间或防烟楼梯间前室。当层数不超过 4 层且未采用扩大的封闭楼梯间或防烟楼梯间前室时，可将直通室外的门设置在离楼梯间不大于 15m 处；

6.4.2 ……4 楼梯间的首层可将走道和门厅等包含在楼梯间内形成扩大的封闭楼梯间，但应采用乙级防火门等与其他走道和房间分隔。

6.4.3 ……6 楼梯间的首层可将走道和门厅等包含在楼梯间前，室内形成扩大的前室，但应采用乙级防火门等与其他走道和房间分隔。

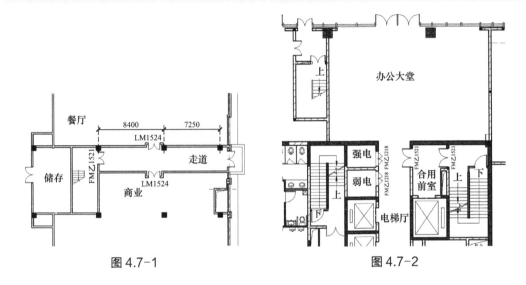

图 4.7-1   图 4.7-2

⊙ 条文说明

5.5.17 对于建筑首层为火灾危险性小的大厅，该大厅与周围办公、辅助商业等其他区域进行了防火分隔时，可以在首层将该大厅扩大为楼梯间的一部分。考虑到建筑层数不大于 4 层的建筑内部垂直疏散距离相对较短，当楼层数不大于 4 层时，楼梯间到达首层后可通过 15m 的疏散走道到达直通室外的安全出口。

《陕西省消防设计、审查、验收疑难问题技术指南》第 5.0.10 条。

5.0.10 ……当首层采用扩大封闭楼梯间或防烟楼梯间前室时，楼梯间出入口处至室外疏散门的直线距离不应大于 30m。

（2）分析点评：

疏散楼梯在首层直通室外是保障建筑室内人员安全疏散的基本要求，体现了人员在疏散全过程始终从较低安全等级空间疏散到较高安全等级空间直至室外安全区的渐进式疏散原则，特别是对于功能复杂、人员众多的场所要坚决执行。但对于建筑层数不大于 4 层的多层建筑，由于垂直疏散距离不长，可不强求采用扩大封闭楼梯间，但应保证楼梯间距离室外出口不大于 15m，且此通道应按疏散走道设置；其他建筑当采用扩大封闭楼梯间或扩大前室时，楼梯间距室外安全出口距离不应大于 30m。在以上情况下，此过道或门厅不应兼有其他功能，顶棚、墙面和地面装修材料均为 A 级材料。即使建筑内全部设置自动灭火系统时，以上疏散距离也不能再增加。从分析可知，规范和规定在楼梯布放位置要求上已有很大放宽，可是在实际验收中仍有很多项目达不到要求而被迫进行整改。

4.7.3　整改方案

（1）根据规范对扩大前室的规定，对于未直通室外的防烟楼梯间，通过取消前室的门，同样可保证防烟楼梯间直通室外（图 4.7-3）。但应注意：位于首层扩大前室内管井门应按乙级防火门设置，普通电梯应按消防电梯相关要求设置，并满足《陕西省消防设计、审查、验收疑难问题技术指南》第 2.3.2 条要求。

（2）建筑虽为不超过 4 层，但封闭楼梯间距室外的距离大于 15m 时，则不符合规范要求。对于这种情况，可采用将室外安全出口向室内平移，保证封闭楼梯间距室外的距离不大于 15m 即可（图 4.7-4）；也可采

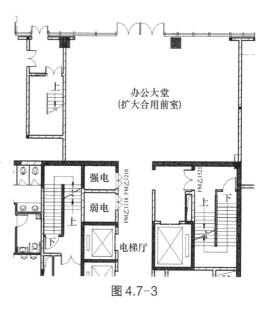

图 4.7-3

用扩大封闭楼梯间形式，但应将周边其他房间的门改为防火乙级门，并保证楼梯间直通至室外疏散门的距离不超过 30m（图 4.7-5）。如建筑层数超过 4 层，当封闭楼梯间未能直通室外，则只能采用图 4.7-5 所示方法，按扩大封闭楼梯间进行整改。

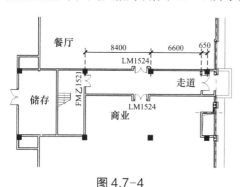

图 4.7-4

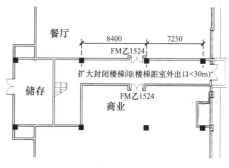

图 4.7-5

4.8 一类高层住宅建筑三合一前室短边宽度不足

⚙ 检查部位

一类高层住宅建筑三合一前室。

🏛 检查要点

一类高层住宅建筑三合一前室短边净宽应不小于2.4m。

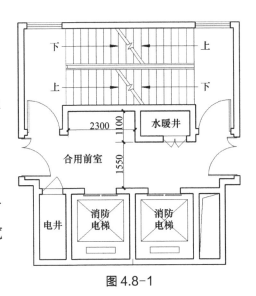

图 4.8-1

4.8.1 问题描述

一类高层住宅建筑三合一前室由于设置了管道井，导致非消防电梯对应部分的短边净宽度不足2.4m（图4.8-1）。

4.8.2 原因分析

（1）规范依据：

《建筑设计防火规范》GB 50016—2014（2018年版）第5.5.28条，第7.3.5条第2款。

> 5.5.28 住宅单元的疏散楼梯……可采用剪刀楼梯间，但应符合下列规定：
>
> 4 楼梯间的前室或共用前室不宜与消防电梯的前室合用；楼梯间的共用前室与消防电梯的前室合用时，合用前室的使用面积不应小于12.0m²，且短边不应小于2.4m。
>
> 7.3.5 ……消防电梯应设置前室，并应符合下列规定：
>
> 2 ……前室的短边不应小于2.4m……

◎ 条文说明

> 7.3.5 ……在消防电梯间（井）前设置具有防烟性能的前室，对于保证消防电梯的安全运行和消防员的行动安全十分重要。……本条根据为满足一个消防战斗班配备装备后使用电梯以及救助老年人、病人等人员的需要，规定了消防电梯前室的面积及尺寸。

（2）分析点评：

对于楼层面积比较小的高层建筑，采用剪刀梯楼梯间是在难以按规范要求间隔 5m 设置两个安全出口时的变通措施。由两部剪刀梯共用前室并与消防电梯前室合用而构成的三合一前室则是高层住宅特有的一种形式。根据《建筑设计防火规范》GB 50016—2014（2018 年版）第 5.5.28 条的规定三合一前室的短边净宽不应小于 2.4m。

此种情况的发生主要是只片面考虑消防电梯前的局部短边尺寸，忽视了普通电梯与消防电梯共处同一前室时的情况（图 4.8-2）。

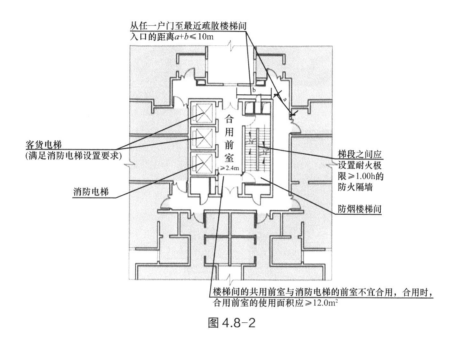

图 4.8-2

4.8.3　整改方案

此种情况积弊到验收阶段，已无法整改，故提醒设计师在设计中应避免。

4.9　人员密集的公共场所、观众厅疏散门内外的台阶

检查部位

人员密集的公共场所、观众厅的疏散门。

检查要点

疏散门内外 1.4m 范围内是否有门槛或台阶。

4.9.1 问题描述

多功能厅、观众厅、体育场馆、展览厅、营业厅等均是人员密集的公共场所，其疏散门 1.4m 范围内设置了踏步（图 4.9-1~图 4.9-3）。

图 4.9-1

图 4.9-2

图 4.9-3

4.9.2 原因分析

（1）规范依据：

《建筑设计防火规范》GB 50016—2014（2018 年版）第 5.5.19 条。

> 5.5.19 人员密集的公共场所、观众厅的疏散门不应设置门槛，……且紧靠门口内外各 1.40m 范围内不应设置踏步。

⊙ **条文说明**

> 5.5.19 观众厅等人员比较集中且数量多的场所，疏散时在门口附近往往会发生拥堵现象，如果设计采用带门槛的疏散门等，紧急情况下人流往外拥挤时很容易被绊倒，影响人员安全疏散，甚至造成伤亡。……本条规定的紧靠门口内外各 1.40m 范围内不应设置踏步，主要指正对门的内外 1.40m 范围，门两侧 1.40m 范围内尽量不要设置台阶……

（2）分析点评：

人员密集的公共场所主要指礼堂、体育馆的观众厅、商店、营业厅、展览厅、图书馆的阅览室、医院的门诊大厅、影剧院的观众厅、学校的多功能厅等，这些场所的共同特点是房间面积较大、同一时间内使用人数较多，当遇到紧急情况时疏散门口会出现拥挤等情况，严重时会发生绊倒、踏空、或踩踏等意外，故要求不应在疏散门的内外各 1.4m 范围内设置台阶和门槛。

实际项目验收时，往往中小学的多功能厅、风雨操场等场所台阶设置位置不合适的现象较为常见。这类场所应更加关注，避免因踏步设置不当而出现踩踏事件。

4.9.3　整改方案

应该按照规范要求重新调整疏散门或踏步台阶位置，确保 1.4m 范围内无门槛或踏步。

4.10　坡地建筑地下车库人员通往安全出口的疏散条件

检查部位

坡地建筑的地下车库，同一防火分区不同区域之间有较大高差的部位。

检查要点

地下车库同一防火分区的不同区域之间有高差时，通往安全出口的通道通畅性。

4.10.1　问题描述

地下车库同一防火分区内室内地面高差较大，因未设置台阶通道，使不同标高区域之间的连通不畅，并使疏散距离被拉长且超过规范的允许限值（图 4.10-1）。

4.10.2　原因分析

（1）规范依据：

《汽车库、修车库、停车场设计防火规范》（GB 50067—2014）第 6.0.6 条。

6.0.6　汽车库室内任一点至最近人员安全出口的疏散距离不应大于 45m，当设置自动灭火系统时，其距离不应大于 60m……

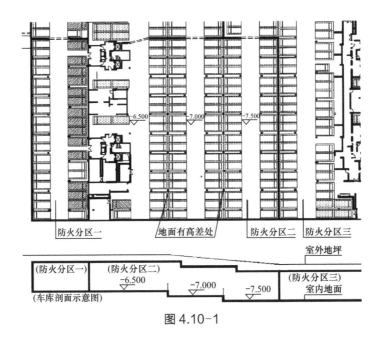

图 4.10-1

（2）分析点评：

地下车库地面高差较大，同一防火分区中存在多个标高层，但现场仅考虑了车辆通行时安全防护需求，在如何保证疏散畅通并缩短疏散长度等方面考虑不够全面（图 4.10-1），造成疏散不便，疏散距离超过 60m。

4.10.3 整改方案

整改措施应本着快速疏散的原则，重新选择疏散路径，在有高差处设置台阶，并应有明显疏散指示标志（图 4.10-2）。

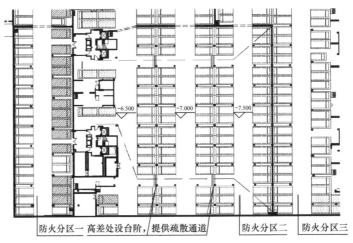

图 4.10-2

4.11 地下车库人员安全出口是否通畅

检查部位

汽车库人员安全出口。

检查要点

汽车库人员安全出口前是否有阻碍人员疏散的停车位。

4.11.1 问题描述

汽车库安全出口前设置停车位，影响人员疏散通行（图 4.11-1～图 4.11-3）。

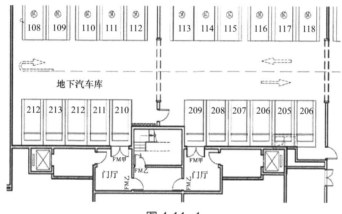

图 4.11-1

图 4.11-2

图 4.11-3

4.11.2 原因分析

（1）规范依据：

《建筑设计防火规范》GB 50016—2014（2018 年版）第 5.5.18 条。

5.5.18 ……公共建筑内疏散门和安全出口的净宽不应小于0.9m，疏散走道和疏散楼梯的净宽度不应小于1.1m。

◎ 条文说明

5.5.18 ……根据人员疏散的基本需要，确定了民用建筑中疏散门安全出口与疏散走道和疏散楼梯的最小净宽度，……并根据通行人流股数进行核实和调整……

（2）分析点评：

本着对地下空间利用率提高的目的，地下车库中车位数布置的压力十分凸显，以致车位堵在安全出口前的现象时有发生。当出现火灾时，车库中人员会快速向安全出口汇集，此时安全出口门前的疏散宽度不应小于最小疏散走道的宽度。根据《建筑设计防火规范》GB 50016—2014（2018年版）第5.5.18条，无论公建或住宅项目的汽车库最小疏散走道宽度均不应小于1.1m（双股人流宽度）。

验收中还发现采用机械停车的汽车库，为了避免机械车位在移动时对周边行人带来影响而在相邻的人员通行走道侧设置金属隔离网，但由此也侵占了疏散通道的宽度，使净宽度达不到1.1m的要求。

在一般车库中，考虑到设计疏散距离往往小于实际行走距离，故更应在安全出口门前，保证疏散最小净宽，满足疏散时人员快速进入安全出口的要求。

4.11.3 整改方案

应取消安全出口前的车位（图4.11-4），或保证安全出口前的疏散通道净宽不低于1.1m（图4.11-5、图4.11-6），满足最低两股人流的通行需求。

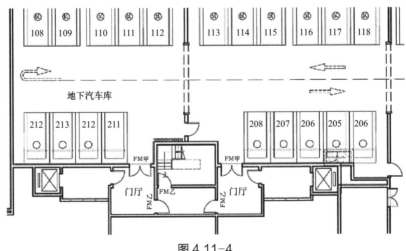

图 4.11-4

图 4.11-5   图 4.11-6

4.12　多单元组合的二类高层住宅建筑屋面疏散条件

⚙ 检查部位

单元出屋面楼梯及通过屋面相互联通的通道。

🏛 检查要点

屋面疏散通道是否受障碍物影响。

4.12.1　问题描述

（1）连通各单元屋面楼梯的通道被管道等障碍物阻挡，影响紧急疏散（图 4.12-1）。

（2）屋面楼梯间门外两侧受周边突出物影响，通道净宽达不到 1.1m，进出楼梯间不畅（图 4.12-2）。

图 4.12-1   图 4.12-2

4.12.2 原因分析

（1）规范依据：

《建筑设计防火规范》GB 50016—2014（2018年版）第5.5.26条。

> 5.5.26 建筑高度大于27m，但不大于54m的住宅建筑，每个单元设置一座疏散楼梯时，疏散楼梯应通至屋面，且单元之间的疏散楼梯应能通过屋面联通，……

⊙ 条文说明

> 5.5.26 ……而建筑高度大于27m，但小于等于54m的住宅建筑……每个单元可以设置一个安全出口时，可以通过将楼梯间通至屋面，并在屋面将各单元联通来满足2个不同疏散方向的要求，便于人员疏散……

（2）分析点评：

二类高层住宅因公摊面积小（允许采用一部疏散楼梯）深受人们喜爱，楼梯虽少但通过增加一系列措施，其安全疏散依然有保障。《建筑设计防火规范》GB 50016—2014（2018年版）第5.5.26条对高度不超过54m的住宅（27m<h≤54m），当每单元仅设一部疏散楼梯的住宅多单元组合建设时，要求通过屋面将各楼梯之间连通。一旦出现火情，可引导住户通过屋顶向其他单元楼梯疏散逃生。故，屋面疏散通道上不得有任何阻碍人员疏散或减少疏散宽度的障碍物，这些障碍物包括：屋面敷设的管道和其他构筑物（图4.12-1、图4.12-2）。

在验收现场，往往会发现屋面上均不同程度存在水平敷设的水管、风管，特别是当动力设备集中设于屋面时，会明显挤压屋面疏散通道宽度。

图 4.12-3

4.12.3 整改方案

（1）对于不能调整的靠近屋面敷设的低位水平管道，应设置可跨越管道的台阶设施（图4.12-3）；对于不能通过的管道障碍区，应提高管道的设置高度，保证管道下不低于2.0m的净高供人员疏散穿行。如实在无法按上述要求进行整改的，可采用调整疏散路径等方法，最终目的都是能保证屋面上楼梯间之间疏散通道能通畅。

（2）对于屋面楼梯间门外两侧或疏散通道受周边突出物影响，通道净宽达不到1.1m的部位，应进行清理或对疏散路径进行改道。

4.13 柴油发电机房储油间的容量

检查部位

柴油发电机房的储油间。

检查要点

储油间中存放的燃油储量。

4.13.1 问题描述

柴油发电机房储油间内柴油储油量大于 $1m^3$（图4.13-1）。

4.13.2 原因分析

（1）规范依据：

《建筑设计防火规范》GB 50016—2014（2018年版）第5.4.13条第4款。

> 5.4.13 布置在民用建筑内的柴油发电机房应符合下列规定……
>
> 4 机房内设置储油间时，其总储存量不应大于 $1m^3$……

条文说明

> 5.4.13 ……柴油发电机是建筑内的备用电源，柴油发电机房需要具有较高的防火性能，使之能在应急情况下保证发电。同时，柴油发电机本身及其储油设施也具有一定的火灾危险性……

（2）分析点评：

对于一般规模建筑，储油间内柴油储量不会超过 $1m^3$，但对于规模较大或行业有特殊要求的建筑，经常出现机房有多台发电机和总储油量大于 $1m^3$ 的情况，这时就应该采取措施，避免柴油集中存放在同一个储油间内。

4.13.3 整改方案

对于总储量大于 1m³ 的 2 个油箱,应按均不大于 1m³ 的原则分设在不同的储油间内(图 4.13-2)。

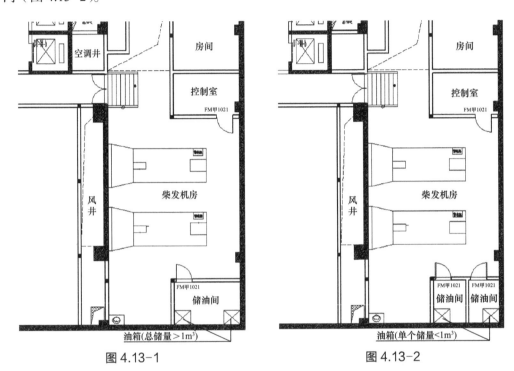

图 4.13-1   图 4.13-2

4.14 中小学教学楼与地下车库疏散楼梯的关系

🛠 检查部位

教学楼建筑中的地下汽车库疏散楼梯。

🏛 检查要点

地下汽车库及地上教学楼的疏散楼梯是否在首层共用,是否满足不小于 5m 的室外距离要求。

4.14.1 问题描述

分属地上教学楼和地下汽车库的疏散楼梯在首层虽未共用,但距离不足 5m(图 4.14-1),不满足规定要求。

图 4.14-1

4.14.2 原因分析

（1）规范依据：

《汽车库、修车库、停车场设计防火规范》GB 50067—2014 第 4.1.4 条第 2 款。

4.1.4 汽车库不应与托儿所、幼儿园，老年人建筑，中小学校的教学楼，病房楼等组合建造。当符合下列要求时，汽车库可设置在……地下部分……

2 汽车库与托儿所、幼儿园，老年人建筑，中小学校的教学楼，病房楼等的安全出口和疏散楼梯应分别独立设置。

⊙ 条文说明

4.1.4 幼儿、老人、中小学生、病人疏散能力差……规范对此类情况作出了相关的要求。……

《陕西省消防设计、审查、验收疑难问题技术指南》第 2.1.2 条。

2.1.2 汽车库与托儿所、幼儿园，老年人建筑，中小学校的教学楼，病房楼等的安全出口和疏散楼梯应分别独立设置。其安全出口最近边缘水平距离不小于 5m。

（2）分析点评：

分属地下车库与地上教学楼的疏散楼梯在首层贴邻或共用，这种情况时有发生。按规范要求，上述建筑中使用的人员多为弱势群体，当与地下车库组合建造时会给安全疏散带来极大危害，规范对此也做出了专门规定。

随着中小学教育及管理理念的不断更新，学校功能配置及交通流线越来越复杂，特别是家长在地下车库接送学生这种管理方式的陆续推出，使地上教学建筑与地下车库空间的联系愈加频繁，但安全隐患也愈加增多。

4.14.3　整改方案

对于分属地上教学楼和地下汽车库的疏散楼梯，通过设置砌体防火隔墙（图 4.14-2），使两楼梯的间距大于 5m，满足基本的分置要求。

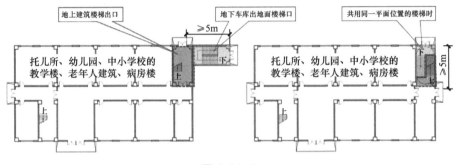

图 4.14-2

第 5 章

建 筑 构 造

5.1 疏散走道使用玻璃隔断时的耐火极限要求

检查部位

公共建筑中的疏散走道。

检查要点

公共建筑中的疏散走道使用玻璃隔断是否封至梁、板底。

疏散走道使用玻璃隔断是否满足耐火极限要求。

5.1.1 问题描述

（1）公共建筑的疏散走道原设计为隔墙，装修时将疏散走道两侧墙体改为玻璃隔断，玻璃的耐火极限不足 1.0h，有些玻璃隔断也未通至板底。

（2）面向室内步行街一侧的商铺围护墙体，用防火玻璃墙和其他部位进行防火分隔时，采用非耐火隔热性防火玻璃墙，且未设置闭式自动喷水灭火系统保护措施。

（3）用防火玻璃和其他部位进行防火分隔时，未采用满足耐火隔热性要求的玻璃墙，且未设置闭式自动喷水灭火系统保护措施（图 5.1-1～图 5.1-3）。

5.1.2 原因分析

（1）规范依据：

《建筑设计防火规范》GB 50016—2014（2018 年版）（以下简称《规范》）第 5.1.2 条、第 5.3.6 条。

> 5.1.2 民用建筑的耐火等级可分为一、二、三、四级。除本规范另有规定外，不同耐火等级建筑相应构件的燃烧性能和耐火极限不应低于表 5.1.2 的规定。

图 5.1-1

图 5.1-2

图 5.1-3

不同耐火等级建筑相应构件的燃烧性能和耐火极限（h）　　　　表 5.1.2

构件名称		耐火等级			
		一级	二级	三级	四级
墙	防火墙	不燃性 3.00	不燃性 3.00	不燃性 3.00	不燃性 3.00
	承重墙	不燃性 3.00	不燃性 2.50	不燃性 2.00	难燃性 0.50
	非承重外墙	不燃性 1.00	不燃性 1.00	不燃性 0.50	可燃性
	楼梯间和前室的墙电梯井的墙住宅建筑单元之间的墙和分户墙	不燃性 2.00	不燃性 2.00	不燃性 1.50	难燃性 0.50
	疏散走道两侧的隔墙	不燃性 1.00	不燃性 1.00	不燃性 0.50	难燃性 0.25
	房间隔墙	不燃性 0.75	不燃性 0.50	难燃性 0.50	难燃性 0.25
柱		不燃性 3.00	不燃性 2.50	不燃性 2.00	难燃性 0.50
梁		不燃性 2.00	不燃性 1.50	不燃性 1.00	难燃性 0.50
楼板		不燃性 1.50	不燃性 1.00	不燃性 0.50	可燃性
屋顶承重构件		不燃性 1.50	不燃性 1.00	可燃性 0.50	可燃性
疏散楼梯		不燃性 1.50	不燃性 1.00	不燃性 0.50	可燃性
吊顶（包括吊顶搁栅）		不燃性 0.25	难燃性 0.25	难燃性 0.15	可燃性

注：1 除本规范另有规定外，以木柱承重且墙体采用不燃材料的建筑，其耐火等级应按四级确定。

　　2 住宅建筑构件的耐火极限和燃烧性能可按现行国家标准《住宅建筑规范》GB 50368 的规定执行。

5.3.6 ……步行街两侧建筑的商铺，其面向步行街一侧的围护构件采用防火玻璃墙（包括门、窗），其耐火隔热性和耐火完整性不应低于1.00h；当采用耐火完整性不低于1.00h的非隔热性防火玻璃墙（包括门、窗），应设置闭式自动喷水灭火系统进行保护。

（2）分析点评：

验收中对疏散走道的隔墙当采用玻璃隔断时，其耐火极限是必查项。

疏散走道分隔墙，往往原设计是实体墙，装修时改成玻璃隔断。设计人员对《规范》中表5.1.2中疏散走道两侧的隔墙耐火极限1.0h理解错误，造成使用仅满足耐火完整性1.0h的C类防火玻璃，而忽视隔热性要求所致。有些直接使用普通钢化玻璃。

单层面积较大且为长方形建筑时，房间疏散门至安全出口的距离按《规范》的第5.5.17条直通疏散走道的房间门至最近的安全出口的直线距离控制时，其走道两侧的隔墙应满足1.0h耐火极限要求。值得注意的是：耐火极限应是耐火完整性和隔热性两个指标的要求。

作为外廊式中小学、幼儿园等场所疏散走道的隔墙，由于按使用性质及教育部对普通中小学教室的建设标准有自然通风的卫生要求，其具有很好排烟效果的外廊疏散走道隔墙上所开设的窗可以是普通窗。内廊式教学楼内走道隔墙上所开的普通窗，其下缘应距地不应小于1.8m，保证人员疏散时的相对安全（图5.1-4）。

在商业室内设置玻璃隔断时，也是往往认为只属于分隔墙，而忽略了耐火极限的要求。验收时发现，很多项目采用了不满足耐火隔热性要求的玻璃，而又没有设置自动喷水灭火系统保护。

5.1.3 整改方案

（1）疏散走道的普通玻璃隔墙应更换为耐火极限1.0h的A类防火玻璃墙，并应通

图5.1-4

图 5.1-5

至顶板。若仅到顶棚，隔墙上部还应采用其他满足耐火极限的材料封堵。

（2）当疏散走道的玻璃隔墙仅满足 1.0h 耐火完整性要求而隔热性不满足时，应增设自动喷淋系统对玻璃进行冷却保护（图 5.1-5）。

国家标准《建筑用安全玻璃 第 1 部分：防火玻璃》GB 15763.1—2009 将防火玻璃按照耐火性能分为 A、C 两类，其中 A 类防火玻璃能够同时满足标准有关耐火完整性和耐火隔热性的要求，C 类防火玻璃仅能满足耐火完整性的要求。火势通过窗口蔓延时需经过外部卷吸后作用到窗玻璃上，且火焰需突破着火房间的窗户经室外再蔓延到其他房间，满足耐火完整性的 C 类防火玻璃，可基本防止火势通过窗口蔓延。

5.2　嵌入式消火栓的设置要求

⚙ 检查部位

嵌入式消火栓。

🏛 检查要点

嵌入式消火栓背板是否裸露，防火保护措施是否满足所处部位的耐火极限要求。

5.2.1　问题描述

防火墙或防火隔墙上，设有嵌入式消火栓，消火栓箱穿透墙体，而此处墙体未采取其他保护措施，导致墙体耐火极限不满足设计要求（图 5.2-1）。

5.2.2　原因分析

（1）规范依据：

《建筑设计防火规范》GB 50016—2014（2018 年版）第 5.1.2 条。

5.1.2　民用建筑的耐火等级可分为一、二、三、四级。除本规范另有规定外，不同耐火等级建筑相应构件的燃烧性能和耐火极限不应低于表5.1.2的规定。（表5.1.2见本书5.1）

（2）分析点评：

此种情况比较容易忽略的是楼梯间和前室的隔墙，此处墙体是防火隔墙，其耐火极限是2.0h（其他墙可按相应规范条文要求）。设计时对如何处理未做交代，施工时也不清楚应如何做。

5.2.3　整改方案

对由于暗装消防箱，造成防火墙或防火隔墙耐火极限不够的问题，在满足耐火极限的前提下，可采取以下措施：

（1）在消火栓背面挂钢板网，水泥砂浆抹灰（一般厚2.0cm的抹灰，耐火极限0.5h左右）。

（2）在消火栓箱体后背板加衬钢板，涂刷满足耐火极限要求的防火涂料。

（3）在箱体背板后衬满足耐火极限要求的防火板。

（4）砌筑一定厚度的墙体。应注意的是：砌筑墙体保护不应因凸出楼梯间或其他场所而影响疏散宽度（图5.2-2）。

图5.2-1

图5.2-2

5.3 风管穿越防火墙、防火隔墙的设置要求

⚙ **检查部位**

防火墙、防火隔墙处风管穿越部位。

🏛 **检查要点**

风管穿过防火隔墙、楼板和防火墙时，防火阀、排烟防火阀两侧各 2m 范围的风管是否做防火保护措施。

5.3.1 问题描述

通风空调风管等穿越防火墙时，或排烟管道穿越防火隔墙时，防火阀、排烟防火阀两侧各 2m 范围的风管未做保护，或保护耐火时间达不到墙体耐火时间要求。风管上方的防火墙或防火隔墙未砌筑到结构梁底，仅砌筑到风管下方（图 5.3-1～图 5.3-3）。

图 5.3-1

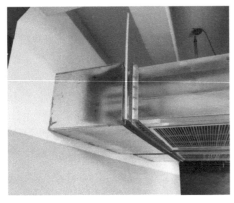

图 5.3-2

图 5.3-3

5.3.2 原因分析

（1）规范依据：

《建筑设计防火规范》GB 50016—2014（2018 年版）第 6.1.6 条、第 6.3.5 条。

6.1.6 除本规范第 6.1.5 条规定外的其他管道不宜穿过防火墙，确需穿过时，应采用防火封堵材料将墙与管道之间的空隙紧密填实，穿过防火墙处的管道保温材料，应采用不燃材料；当管道为难燃及可燃材料时，应在防火墙两侧的管道上采取防火措施。

6.3.5 防烟、排烟、供暖、通风和空气调节系统中的管道及建筑内的其他管道，在穿越防火隔墙、楼板和防火墙处的孔隙应采用防火封堵材料封堵。

风管穿过防火隔墙、楼板和防火墙时，穿越处风管上的防火阀、排烟防火阀两侧各 2.0m 范围内的风管应采用耐火风管或风管外壁应采取防火保护措施，且耐火极限不应低于该防火分隔体的耐火极限。

（2）分析点评：

在设计时，建筑专业部分内容的条文里，因为风管不属于土建内容，往往被建筑专业忽略。发生火灾时，管道穿防火墙位置，对建筑构造而言，形成薄弱环节。在阀门之间的管道采取防火保护措施，可保证管道不会因受热变形而破坏整个分隔的有效性和完整性。

5.3.3 整改方案

（1）首先在设计时，各专业管道尽量少穿越防火墙。施工单位应严格做好防火封堵。在防火阀、排烟防火阀两侧各 2m 范围内，采用耐火风管或其外壁采用不燃材料包裹，并注意此保护措施的耐火极限不应低于分隔墙或楼板的耐火极限。可参见国家建筑标准设计图集《〈建筑设计防火规范〉图示》18J811-1 的 P171 图示（图 5.3-4）。

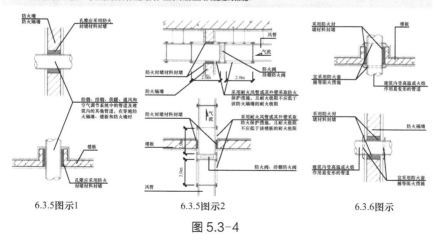

图 5.3-4

（2）对防火墙或防火隔墙在风管穿墙部位未砌筑到结构梁底、板底的问题，应砌筑至梁底、板底，形成有效分隔。

5.4 防火卷帘的安装与封堵

检查部位

防火分区分隔处的防火卷帘。

检查要点

管道穿过防火卷帘处的封堵；
防火卷帘导轨处的防火封堵。

5.4.1 问题描述

（1）防火卷帘导轨与墙体及柱（墙）体之间未封堵；
（2）防火卷帘顶部多个管道穿过，封堵做法不规范，导致耐火极限不足；
（3）双轨防火卷帘一侧未封堵到顶，形成单轨卷帘（图 5.4-1～图 5.4-4）。

图 5.4-1

图 5.4-2

5.4.2 原因分析

（1）规范依据：
《建筑设计防火规范》GB 50016—2014（2018 年版）第 6.5.3 条第 3、4 款。

图 5.4-3	图 5.4-4

6.5.3 防火分隔部位设置防火卷帘时，应符合下列规定：

3 除本规范另有规定外，防火卷帘的耐火极限不应低于本规范对所设置部位墙体的耐火极限要求。

4 防火卷帘应具有防烟性能，与楼板、梁、墙、柱之间的空隙应采用防火封堵材料封堵。……

（2）分析点评：

施工单位安装完卷帘，疏忽了卷帘四边的封堵。现在防火卷帘，往往采用双轨双帘无机特级防火卷帘，两道卷帘加在一起才能满足耐火极限的要求。除了顶部封堵疏漏外，对卷帘侧边导轨也往往疏忽。因特级防火卷帘是起到防火分区分隔的作用，故其耐火极限要求与防火墙 3.0h 一致。导轨不进行防火保护是达不到耐火极限要求的。

还有些订购的防火卷帘选型错误，只满足耐火完整性要求而不满足隔热性要求。

5.4.3 整改方案

（1）首先在设计时，各专业管道尽量避免在防火卷帘上部穿越管道，建议从旁边的侧墙上穿越。

（2）若只能从卷帘上方穿越，建议在卷帘盒上部采用钢筋混凝土结构吊板，方便后期封堵。施工单位，应严格做好封堵。并注意防火卷帘的四周均要满足耐火极限的要求（图 5.4-5）。

（3）注意卷帘侧边的防火封堵处理，补充完善（图 5.4-6）。

图 5.4-5   图 5.4-6

5.5 管道井内缆线穿越楼板的防火封堵

检查部位

建筑内管井中的电缆井。

检查要点

电缆井桥架内外的防火封堵是否满足规范要求。

5.5.1 问题描述

管井内缆线穿楼板，未按同样耐火极限材料封堵到位或封堵不严（图 5.5-1、图 5.5-2）。

图 5.5-1   图 5.5-2

5.5.2　原因分析

（1）规范依据：

《建筑设计防火规范》GB 50016—2014（2018 年版）第 6.2.9 条第 3 款。

6.2.9　建筑内的电梯井等竖井应符合下列规定：

3　建筑内的电缆井、管道井应在每层楼板处采用不低于楼板耐火极限的不燃材料或防火封堵材料封堵。建筑内的电缆井、管道井与房间、走道等相连通的孔隙应采用防火封堵材料封堵。

（2）分析点评：

管井是管道和缆线集中穿越楼板的位置，管井往往空间狭小，缆线又多，给施工带来很大困难。而网线又是在交付时根据客户需要随时穿线安装，造成重复施工，反复拆改。

施工时未按规范要求进行，缺少托架，阻火包坠落，形同虚设。

施工精度不够，造成穿楼板管道四周缝隙大，施工容易封堵不到位。

5.5.3　整改方案

建议施工时，在管道穿楼板部位，各专业应相互协调，规范施工。比如电气专业的国家建筑标准设计图集《电缆防火阻燃设计与施工》06D105 里面就给出了防火板、无机堵料、阻火包等多种封堵做法（图 5.5-3～图 5.5-9）。

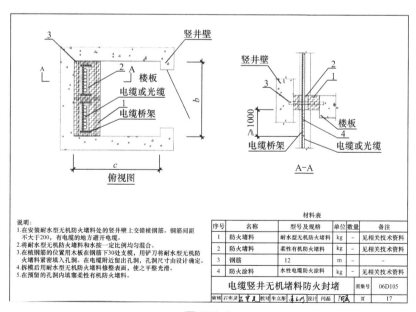

图 5.5-3

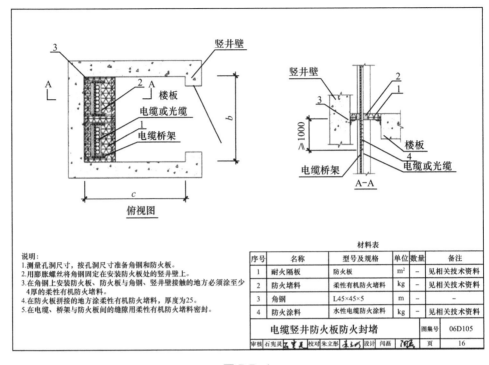

材料表

序号	名称	型号及规格	单位	数量	备注
1	耐火隔板	防火板	m²	–	见相关技术资料
2	防火堵料	柔性有机防火堵料	kg	–	见相关技术资料
3	角钢	L45×45×5	m	–	–
4	防火涂料	水性电缆防火涂料	kg	–	见相关技术资料

说明：
1.测量孔洞尺寸，按孔洞尺寸准备角钢和防火板。
2.用膨胀螺丝将角钢固定在安装防火板处的竖井壁上。
3.在角钢上安装防火板、防火板与角钢、竖井壁接触的地方必须涂至少4厚的柔性有机防火堵料。
4.在防火板拼接的地方涂柔性有机防火堵料，厚度为25。
5.在电缆、桥架与防火板间的缝隙用柔性有机防火堵料密封。

电缆竖井防火板防火封堵　图集号 06D105

审核 石宪灵　校对 朱立彤　设计 闫磊　页 16

图 5.5-4

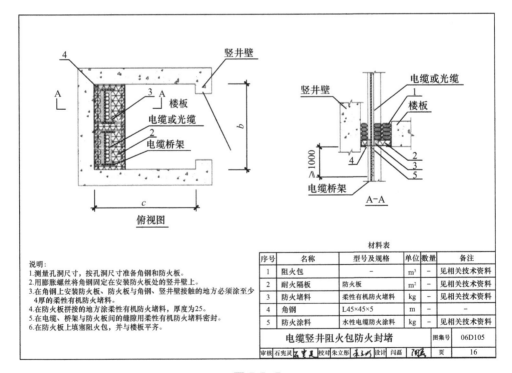

材料表

序号	名称	型号及规格	单位	数量	备注
1	阻火包		m³	–	见相关技术资料
2	耐火隔板	防火板	m²	–	见相关技术资料
3	防火堵料	柔性有机防火堵料	kg	–	见相关技术资料
4	角钢	L45×45×5	m	–	–
5	防火涂料	水性电缆防火涂料	kg	–	见相关技术资料

说明：
1.测量孔洞尺寸，按孔洞尺寸准备角钢和防火板。
2.用膨胀螺丝将角钢固定在安装防火板处的竖井壁上。
3.在角钢上安装防火板、防火板与角钢、竖井壁接触的地方必须涂至少4厚的柔性有机防火堵料。
4.在防火板拼接的地方涂柔性有机防火堵料，厚度为25。
5.在电缆、桥架与防火板间的缝隙用柔性有机防火堵料密封。
6.在防火板上填塞阻火包，并与楼板平齐。

电缆竖井阻火包防火封堵　图集号 06D105

审核 石宪灵　校对 朱立彤　设计 闫磊　页 16

图 5.5-5

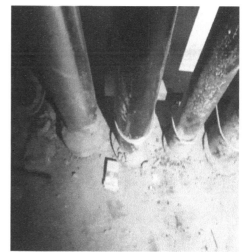

图 5.5-6   图 5.5-7

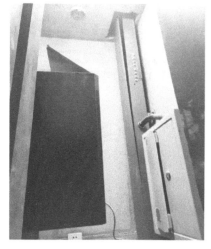
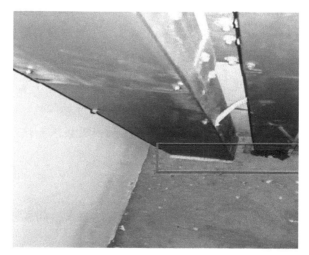

图 5.5-8   图 5.5-9

5.6 住宅建筑窗槛墙高度、窗间墙宽度

检查部位

建筑外立面每层窗间上下左右窗槛墙高度、窗间墙宽度。

检查要点

实测窗槛墙高度、窗间墙宽度是否满足规范要求。

5.6.1 问题描述

住宅建筑采用落地窗，造成窗槛墙不满足 1.2m 要求；住宅建筑户与户之间的窗间墙宽度不足 1.0m。

5.6.2 原因分析：

（1）规范依据：

《建筑设计防火规范》GB 50016—2014（2018 年版）第 6.2.5 条。

> 6.2.5 除本规范另有规定外，建筑外墙上、下层开口之间应设置高度不小于 1.2m 的实体墙或挑出宽度不小于 1.0m、长度不小于开口宽度的防火挑檐；当室内设置自动喷水灭火系统时，上、下层开口之间的实体墙高度不应小于 0.8m。当上、下层开口之间设置实体墙确有困难时，可设置防火玻璃墙，但高层建筑的防火玻璃墙的耐火完整性不应低于 1.00h，多层建筑的防火玻璃墙的耐火完整性不应低于 0.50h。外窗的耐火完整性不应低于防火玻璃墙的耐火完整性要求。
>
> 住宅建筑外墙上相邻户开口之间的墙体宽度不应小于 1.0m；小于 1.0m 时，应在开口之间设置突出外墙不小于 0.6m 的隔板。
>
> 实体墙、防火挑檐和隔板的耐火极限和燃烧性能，均不应低于相应耐火等级建筑外墙的要求。

（2）分析点评：

对公共建筑，往往基本能满足要求，问题主要出现在住宅建筑的封闭阳台和客厅中。

封闭阳台有两种情况：

当阳台与卧室、起居厅之间有墙体和门不改变阳台使用性质时，对窗槛墙高度可不要求 1.2m；

当阳台与卧室、起居厅连通在一个空间，未设墙体、门分隔时，应按《规范》第 6.2.5 条 1.2m 窗槛墙要求执行（图 5.6-1、图 5.6-2）。

5.6.3 整改方案

（1）窗槛墙不满足规范要求时，可在满足窗槛墙 1.2m 范围内玻璃及窗框均应采用防火窗的构造，该部位高度以上可设置开启窗。

（2）落地玻璃窗内侧，另外加设防火玻璃栏板（图 5.6-3～图 5.6-5）。

图 5.6-1

图 5.6-2

图 5.6-3

图 5.6-4

图 5.6-5

5.7 变形缝处的防火封堵

检查部位

建筑内设有变形缝的部位。

检查要点

变形缝内的填充材料、厚度是否满足所处位置的耐火极限要求。

5.7.1 问题描述

变形缝处未进行防火封堵处理，或只在变形缝上下用铁皮封堵，未采用不燃材料填充等做法或根本就未有任何处理（图 5.7-1、图 5.7-2）。

图 5.7-1   图 5.7-2

5.7.2 原因分析

（1）规范依据：

《建筑设计防火规范》GB 50016—2014（2018 年版）第 6.3.4 条。

6.3.4 变形缝内的填充材料和变形缝的构造基层应采用不燃材料。

电线、电缆、可燃气体和甲、乙、丙类液体的管道不宜穿过建筑内的变形缝，确需穿过时，应在穿过处加设不燃材料制作的套管或采取其他防变形措施，并应采用防火封堵材料封堵。

《建筑防火封堵应用技术标准》GB/T 51410—2020 第 4.0.5 条。

4.0.5　沉降缝、伸缩缝、抗震缝等建筑变形缝在防火分隔部位的防火封堵应符合下列规定：

1 应采用矿物棉等背衬材料填塞；

2 背衬材料的填塞厚度不应小于 200mm，背衬材料的下部应设置钢质承托板，承托板的厚度不应小于 1.5mm；

3 承托板之间、承托板与主体结构之间的缝隙，应采用具有弹性的防火封堵材料填塞；

4 在背衬材料的外面应覆盖具有弹性的防火封堵材料。

（2）分析点评：

建筑变形缝是结构专业根据建筑特性为防止温度变化、沉降不均或地震等引起的建筑变形而将建筑断开为若干部分所形成的缝隙。

高层建筑的变形缝，因抗震需要留得较宽，在火灾中具有很强的拔火作用，会使火灾通过变形缝蔓延，烟气也会通过变形缝等竖向结构缝隙扩散到全楼。因此，要求变形缝内的填充材料、封盖均采用不燃烧材料（其构造参见图 5.7-3），并配合阻火带可以满足防水、防火等要求。

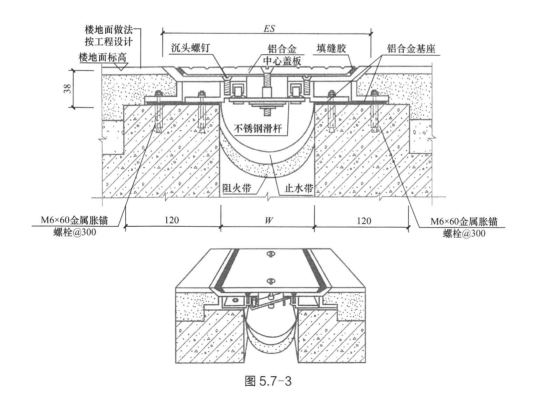

图 5.7-3

5.7.3 整改方案

对变形缝的处理，应采用上面的图示的做法，必须将缝隙采用不燃材料密闭，并应符合《建筑防火封堵应用技术标准》GB/T 51410—2020 相关要求。

5.8 人防门位于防火分区分界处及疏散楼梯处的防火分隔措施

🔧 检查部位

位于防火分区分隔处的人防门与疏散楼梯处的人防门部位。

🏛 检查要点

人防门处是否加装了防火门。

5.8.1 问题描述

（1）建筑中所设置的人防区域往往会划分成数个防火分区，在防火分区分界处及疏散楼梯处常常只有人防门而忽略了防火门的安装（图 5.8-1、图 5.8-2）。

（2）车库与主楼投影下，为不同防火分区分界处，安装人防门后，未安装防火门。

图 5.8-1

图 5.8-2

5.8.2 原因分析

（1）规范依据：

《汽车库、修车库、停车场设计防火规范》GB 50067—2014 第 6.0.7 条。

> 6.0.7 与住宅地下室相连通的地下汽车库、半地下汽车库，人员疏散可借用住宅部分的疏散楼梯；当不能直接进入住宅部分的疏散楼梯间时，应在汽车库与住宅部分的疏散楼梯之间设置连通走道，走道应采用防火隔墙分隔，汽车库开向该走道的门均应采用甲级防火门。

（2）分析点评：

出现该种问题的原因，除了施工单位漏装的原因外，部分是设计单位未注意到人防门的尺寸大小与防火门在尺寸细部上不同，造成施工单位购买的防火门在此位置无法安装（图 5.8-3）。

5.8.3 整改方案

（1）调整防火门位置，不与人防门装在同一个位置。

（2）在同一位置安装时，需向厂家订制特殊的防火门。此处提醒注意，防火门和人防门的开启方向，避免防火门开启时，因碰人防的门框造成防火门无法开启的问题。

（3）设计人员在人防门的选择上，查找有关图集直接选择人防门和防火门一体的门。

图 5.8-3

 5.9 **地下与地上共用楼梯间时外窗的设置**

⚙ 检查部位

地上与地下共用楼梯间时，在首层采用耐火极限不低于 2.00h 的防火隔墙和乙级防火门将连通部位完全分隔后的外墙开窗部位。

🏛 **检查要点**

楼梯间半地下部分的外墙开窗处窗槛墙的高度是否满足规范；

楼梯间地下、半地下部分所开外窗是否与地上楼梯间贯通。

5.9.1　问题描述

（1）楼梯间地下与地上在首层分隔处上下空间联通，首层分隔失效（图5.9-1～图5.9-3）。

（2）该处窗槛墙高度不足1.2m。

图5.9-2

图5.9-1　　　　　　　　　　　　　图5.9-3

5.9.2　原因分析

（1）规范依据：

《建筑设计防火规范》GB 50016—2014（2018年版）第6.4.4条。

6.4.4　除通向避难层错位的疏散楼梯外，建筑内的疏散楼梯间在各层的平面位置不应改变。

除住宅建筑套内的自用楼梯外，地下或半地下建筑（室）的疏散楼梯间，应符合下列规定：

1 室内地面与室外出入口地坪高差大于10m或3层及以上的地下、半地下建筑

（室），其疏散楼梯应采用防烟楼梯间；其他地下或半地下建筑（室），其疏散楼梯应采用封闭楼梯间。

2 应在首层采用耐火极限不低于 2.00h 的防火隔墙与其他部位分隔并应直通室外，确需在隔墙上开门时，应采用乙级防火门。

3 建筑的地下或半地下部分与地上部分不应共用楼梯间，确需共用楼梯间时，应在首层采用耐火极限不低于 2.00h 的防火隔墙和乙级防火门将地下或半地下部分与地上部分的连通部位完全分隔，并应设置明显的标志。

（2）分析点评：

此种情况，往往是设计方为了追求立面开窗均匀性，疏忽了开窗会连通地下与地上空间造成的。对于楼梯间在地下层与地上层连接处，如不进行有效分隔，容易造成地下楼层的火灾蔓延到建筑的地上部分。

5.9.3　整改方案

1）调整开窗位置，因通往地下的楼梯间往往没有外窗，自然采光通风效果不好，建议将窗户设置在楼梯平台下，归属地下楼梯间。

2）若确因已经施工，由于钢筋混凝土梁等其他原因，无法调整位置，则只能采取封堵上部或下部窗户的措施。但应注意，如果封堵此窗户，造成地下楼梯间无自然通风时，需查看地下楼梯间是否设有机械送风系统；如果未设机械送风系统时，此处窗户的整改方案应综合考虑，确保地下楼梯间的自然通风要求。

5.10　作为安全出口的室内、外连廊门的设置

⚙ 检查部位

两栋建筑间的连廊。

🏛 检查要点

1）作为安全出口时，室外连廊处的两栋楼防火间距是否满足规范要求；

2）作为安全出口时，室内连廊处的疏散门是否为乙级防火门。

5.10.1　问题描述

1）封闭连廊作为安全出口时，疏散门未采用乙级防火门（图 5.10-1）。

2）室外连廊作为安全出口时，两栋楼防火间距必须满足规范要求（图 5.10-2）。

图 5.10-1

图 5.10-2

5.10.2　原因分析

（1）规范依据：

《建筑设计防火规范》GB 50016—2014（2018 年版）第 6.6.4 条。

> 6.6.4　连接两座建筑物的天桥、连廊，应采取防止火灾在两座建筑间蔓延的措施。当仅供通行的天桥、连廊采用不燃材料，且建筑物通向天桥、连廊的出口符合安全出口的要求时，该出口可作为安全出口。

◉ 条文说明

实际工程中，有些建筑采用天桥、连廊将几座建筑物连接起来，以方便使用。采用这种方式连接的建筑，一般仍需分别按独立的建筑考虑，有关要求见本规范第 5.2.2 注 6。这种连接方式虽方便了相邻建筑间的联系和交通，但也可能成为火灾蔓延的通道，因此需要采取必要的防火措施，以防止火灾蔓延和保证用于疏散时的安全。此外，用于安全疏散的天桥、连廊等，不应用于其他使用用途，也不应设置可燃物，只能用于人员通行等。

设计需注意研究天桥、连廊周围是否有危及其安全的情况，如位于天桥、连廊下方相邻部位开设的门窗洞口，应积极采取相应的防护措施，同时应考虑天桥两端门的开启方向和能够计入疏散总宽度的门宽。

（2）分析点评：

从该条文及解释可看出，应采取防止火灾蔓延的措施，当两座建筑物满足防火间距要求，天桥、连廊结构构件采用不燃材料且仅用于通行时，若为露天天桥，则普通门即可。

当采用封闭连廊时，按国家标准设计图集《〈建筑设计防火规范〉图示》18J811—

1 第 6.6.4 条图示 1、2，应设乙级防火门。连廊周围若有窗洞口距离很近时，也应积极采取相应防止火灾蔓延的措施。

5.10.3　整改方案

　　针对以封闭连廊作为安全疏散出口的，应将通往此连廊的门改为乙级防火门，并注意门的开启方向。如果封闭连廊与建筑连接部位属于防火分区分界线时，门还应采用甲级防火门（图 5.10-3）。

图 5.10-3

5.11　公共建筑内厨房的防火分隔

检查部位

　　厨房与疏散走道或其他空间的分隔部位。

检查要点

　　厨房与其他部位是否采用乙级防火门、窗进行分隔（图 5.11-1）。

5.11.1　问题描述

　　公共建筑的厨房与其他部位之间未设防火隔墙，或者防火隔墙上开设的门窗，未按乙级防火门窗设置。

5.11.2　原因分析

（1）规范依据：

《建筑设计防火规范》GB 50016—2014（2018 年版）第 6.2.3 条。

图 5.11-1

　　6.2.3　建筑内的下列部位应采用耐火极限不低于 2.00h 的防火隔墙与其他部位分隔，墙上的门、窗应采用乙级防火门、窗，确有困难时，可采用防火卷帘，但应符合本规范第 6.5.3 条的规定：

......

5 除居住建筑中套内的厨房外，宿舍、公寓建筑中的公共厨房和其他建筑内的厨房......

⟳ 条文说明

厨房火灾危险性较大，主要原因有电气设备过载老化、燃气泄漏或油烟机、排油烟管道着火等。因此，本条对厨房的防火分隔提出了要求。本条中的"厨房"包括公共建筑和工厂中的厨房、宿舍和公寓等居住建筑中的公共厨房，不包括住宅、宿舍、公寓等居住建筑中套内设置的供家庭或住宿人员自用的厨房。

（2）分析点评：

厨房采用乙级防火门进行分隔，主要是厨房中有明火的区域。有些工程把厨房中明火区域与非明火区域一并打包分隔，明火区域又再次分隔，无此必要。

按照国家建筑标准设计图集《〈建筑设计防火规范〉图示》18J811-1 第 6.2.3 条图示 5（图 5.11-2）的解释，非明火的操作间可与其他部位不进行防火分隔。

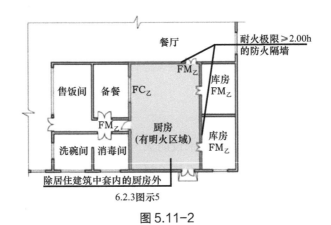

6.2.3图示5

图 5.11-2

另外一种情形是，厨房由厨房工艺厂家进行二次深化设计时，改变了原设计的厨房布局，从而造成厨房与其他区域未进行防火分隔。

5.11.3 整改方案

如果厨房与就餐区等其他区域未设防火隔墙，应增设；如果设有防火隔墙但隔墙上开设的门窗是普通窗，应更换为符合要求的乙级防火门窗。还需注意，使用燃气的厨房区域，宜靠外墙布置，且应有外窗等条件。

第二部分
消防设施常见问题及防治

第6章 <<<

消防给水和灭火设施

6.1 消防水源、消防水泵及高位消防水箱

6.1.1 消防水源不能保证消防用水

⚙ 检查部位

市政供水接口（水表井）。

注：本章节仅对应市政供水，不涉及井水及天然水源。

🏛 检查要点

查看市政接入管管径及供水压力，依据《消防给水及消火栓系统技术规范》GB
50974—2014 第 4.3 节核算管径及压力是否满足所管辖区域消防用水要求。

⏱ 问题描述

1）当消防水池未储存室外消防用水时，市政给水管网不能保证室外消防用水；

2）当消防水池储存有室内、外消防用水时，市政给水不能保证 48h 或 96h（消防
水池有效容积大于 2000m³）补满消防水池；消防水池进水管管径小于 DN100。

🔍 原因分析

（1）规范依据：

1）违反《消防给水及消火栓系统技术规范》GB 50974—2014 第 4.3.2 条：

"消防水池有效容积的计算应符合下列规定：

1 当市政给水管网能保证室外消防给水设计流量时，消防水池的有效容积应满
足在火灾延续时间内室内消防用水量的要求；

2 当市政给水管网不能保证室外消防给水设计流量时，消防水池的有效容积应
满足火灾延续时间内室内消防用水量和室外消防用水量不足部分之和的要求。"

2）违反《消防给水及消火栓系统技术规范》GB 50974—2014 第 4.3.3 条：

"消防水池进水管应根据其有效容积和补水时间确定补水时间不宜大于 48h，但当消防水池有效容积大于 2000m³，不应大于 96h，消防水池进水管管径应根据计算确定，且不应小于 DN100。"

（2）分析点评：

1）前期对市政供水能力的判断错误，造成无法保证消防用水，火灾发生时，无足够的消防水量灭火；

2）消防水池的补水时间主要考虑第二次火灾扑救的需要，以及火灾时潜在的补水能力。

整改方案

1）设置室外消防水池；

2）增大市政供水给水管径或采用两路市政供水。

6.1.2 消防水泵及其附件的检查及安装

检查部位

消防水泵房。

检查要点

查看消防水泵、吸水管、出水管、吸水管和出水管上的压力表、低压压力开关、泄压阀、水锤消除器、流量测试装置、检修阀门，核查消防水泵自灌，就地水位显示装置。

问题描述

1）吸水管变径未采用偏心异径管，或未采用管顶平接，有可能会产生气囊；

2）未设检修阀门或检修阀门设置不满足规范要求；

3）消防水泵不满足自灌要求；

4）无就地水位显示装置或两格（座）仅设一个就地水位显示装置；

5）消防水泵出水管未设置压力表、吸水管未设置真空表或真空压力表；

6）消防水泵出水管上未设置水锤消除设施。

原因分析

（1）规范依据：

1）违反《消防给水及消火栓系统技术规范》GB 50974—2014 第 5.1.13 条第 2 款：

"消防水泵吸水管布置应避免形成气囊；"（此款与《消防设施通用规范》GB 55036—2022 规定一致）。

2）违反《消防给水及消火栓系统技术规范》GB 50974—2014 第 5.1.13 条第 1 款："一组消防水泵吸水管不应少于两条，当其中一条损坏或检修时，其余吸水管应仍能通过全部消防给水设计流量；"（此款与《消防设施通用规范》GB 55036—2022 规定一致）。第 5.1.13 条第 3 款（强条款）："一组消防水泵应设不少于两条的输水管与消防给水环状管网连接，当其中一条输水管检修时，其余输水管应仍能供应全部消防给水设计流量；"（此款与《消防设施通用规范》GB 55036—2022 规定一致）。

3）违反《消防给水及消火栓系统技术规范》GB 50974—2014 第 5.1.12 条第 1 款："消防水泵应采用自灌式吸水；"（此款与《消防设施通用规范》GB 55036—2022 规定一致）。

4）违反《消防给水及消火栓系统技术规范》GB 50974—2014 第 4.3.9 条第 2 款："消防水池应设置就地水位显示装置，并应在消防控制中心或值班室等地点设置显示消防水池水位的装置，同时拥有最高和最低报警水位；"（此款与《消防设施通用规范》GB 55036—2022 规定一致）。

5）违反《消防给水及消火栓系统技术规范》GB 50974—2014 第 5.1.17 条：

"消防水泵吸水管和出水管上应设置压力表，并应符合下列规定：

1 消防水泵出水管压力表的最大量程不应低于其设计工作压力的 2 倍，且不应低于 1.6 MPa；

2 消防水泵吸水管应设置真空表、压力表或真空压力表，压力表的最大量程应根据工程具体情况确定，但不应低于 0.7MPa，真空表的最大量程宜为 −0.10MPa；"

6）违反《消防给水及消火栓系统技术规范》GB 50974—2014 第 8.3.3 条：

"消防水泵出水管上的止回阀宜采用水锤消除止回阀，当消防水泵供水高度超过 24m 时，应采用水锤消除器，当消防水泵出水管上设有囊式气压水罐时，可不设水锤消除设施。"

（2）分析点评：

1）此问题比较常见，消防水泵吸水管若产生气囊，将导致过流面积减少，减少水的过流量，导致灭火用水量减少；

2）为保证可靠性冗余原则，一组消防水泵的出水管、吸水管应 100% 备用；

3）消防水泵应具有手动和自动启动控制的基本功能要求，以确保消防水泵的可靠控制和适应消防水泵灭火和灾后控制，以及维修的要求；

4）火灾的发生是不定时的，为保证消防水泵随时启动并可靠供水，消防水泵应经常充满水，以保证及时启动供水；

5）消防水池设置各种水位的目的是保证消防水池不因放空或各种因素漏水而造成有效灭火水源不足的技术措施；

6）消防水泵出水管设置压力表，吸水管设置真空表或真空压力表，可实时监控水泵的工况；

7）消防水泵手动停止运行后，会产生水锤现象，极易造成管道、阀门及泵体损坏。

整改方案

1）吸水管变径连接采用偏心异径管并采用管顶平接（图6.1-1）。

(a) 错误做法

(b) 正确做法

图6.1-1

2）设置检修阀门。

3）检查流量开关或低压压力开关设置。

4）调整消防水泵安装高度。

5）增设就地水位显示装置。

6）消防泵房管道系统安装前，施工单位要仔细核对设计施工图，发现问题及时反馈；合理设置真空表、压力表或真空压力表；压力表选型时，要依据系统设计工作压力，复核压力表的最大量程。

7）增设水锤消除设施（图6.1-2）。

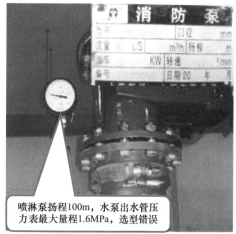

(a) 错误做法

(b) 正确做法

图6.1-2

6.1.3 高位消防水箱及其附属设施设置不符合要求

 检查部位

高位消防水箱间。

🏛 检查要点

高位消防水箱有效容积、安装位置是否符合规范要求；最不利点消火栓静压是否满足规范要求；严寒、寒冷地区是否采取防冻措施；稳压设备设计压力是否满足规范要求；流量开关设置位置及是否与控制柜处于联动工作状态。

🧪 问题描述

1）高位消防水箱有效容积不满足规范要求；

2）只设置高位消防水箱，未设置稳压泵，最不利点消火栓静压不满足规范要求；

3）严寒、寒冷地区未采取防冻措施；

4）稳压泵设计压力不满足规范要求；

5）压力开关、流量开关设置位置不正确，且未连线；

6）高位消防水箱进、出水管和溢流管设置不符合规范要求。

🔍 原因分析

（1）规范依据：

1）违反《消防给水及消火栓系统技术规范》GB 50974—2014 第 5.2.1 条：

"临时高压消防给水系统的高位消防水箱的有效容积应满足初期火灾消防用水量的要求，并应符合下列规定：

1 高层公共建筑不应小于 36m³，但当建筑高度大于 100m 时，不应小于 50m³，当建筑高度大于 150m 时，不应小于 100m³；

2 多层公共建筑、二类高层公共建筑和一类高层住宅不应小于 18m³，当一类高层住宅建筑高度超过 100m 时，不应小于 36m³；

3 二类高层住宅，不应小于 12m³；

4 建筑高度大于 21m 的多层住宅，不应小于 6m³；

5 工业建筑室内消防给水设计流量当小于或等于 25L/s，不应小于 12m³，大于 25L/s，不应小于 18m³；

6 总建筑面积大于 10000m² 且小于 30000m² 的商业建筑，不应小于 36m³，总建筑面积大于 30000m² 的商店，不应小于 50m³，当与本条第一款规定不一致时应取其较大值。"

2）违反《消防给水及消火栓系统技术规范》GB 50974—2014 第 5.2.2 条：

"高位消防水箱的设置位置应高于其所服务的水灭火设施，且最低有效水位应满足水灭火设施最不利点处的静水压力，并应按下列规定确定：

　　1 一类高层公共建筑不应低于零点 0.10MPa，但当建筑高度超过 100m 时，不应低于 0.15MPa；

　　2 高层住宅、二类高层公共建筑、多层公共建筑不应低于 0.07MPa，多层住宅不宜低于 0.07MPa；

　　3 工业建筑不应低于零点 0.10MPa，建筑体积小于 20000m³，不宜低于 0.07MPa；

　　4 自动喷水灭火系统等自动水灭火系统应根据喷头灭火需求压力确定，但最小不应小于零点 0.10MPa；

　　5 当高位消防水箱不能满足本条第 1 款～第 4 款的静压要求时，应设稳压泵。"

　　3）违反《消防给水及消火栓系统技术规范》GB 50974—2014 第 5.2.4 条：

　　"高位消防水箱的设置应符合下列规定：

　　1 当高位消防水箱在屋顶露天设置时，水箱的人孔以及进出水管的阀门等应采取锁具或阀门箱等保护措施；（此款与《消防设施通用规范》GB 55036—2022 规定一致）；

　　2 严寒、寒冷等冬季冰冻地区的消防水箱应设置在消防水箱间内，其他地区宜设置在室内，当必须在屋顶露天设置时，应采取防冻隔热等安全措施；

　　3 高位消防水箱与基础应牢固连接。"

　　4）违反《消防给水及消火栓系统技术规范》GB 50974—2014 第 5.2.5 条："高位消防水箱间应通风良好，不应结冰，当必须设置在严寒、寒冷等冬季结冰地区的非供暖房间时，应采取防冻措施，环境温度或水温不应低于 5℃。"（此款与《消防设施通用规范》GB 55036—2022 规定一致）。

　　5）违反《消防给水及消火栓系统技术规范》GB 50974—2014 第 5.3.3 条：

　　"稳压泵的设计压力应符合下列要求：

　　1 稳压泵的设计压力应满足系统自动启动和管网充满水的要求；

　　2 稳压泵的设计压力应保持系统自动启泵压力设置点处的压力在准工作压力状态时大于系统设置自动启泵压力值，且增加值宜为 0.07MPa～0.10MPa；

　　3 稳压泵的设计压力应保持系统最不利点处水灭火设施在准工作状态时的静水压力应大于 0.15MPa。"

　　6）违反《消防给水及消火栓系统技术规范》GB 50974—2014 第 11.0.4 条："消防水泵仍应由消防水泵出水干管上设置的压力开关、高位消防水箱出水管上的流量开关，或报警阀压力开关等开关信号应能直接自动启动消防水泵。消防水泵房内的压力开关宜引入消防水泵控制柜内。"

7）违反《消防给水及消火栓系统技术规范》GB 50974—2014 第 5.2.6 条：

"高位消防水箱应符合下列规定：

1 高位消防水箱的有效容积，出水、排水和水位等应符合第 4.3.8 条和第 4.3.9 条的规定；（此款与《消防设施通用规范》GB 55036—2022 规定一致）。

注：第 4.3.8 消防用水与其他用水共用的水池，应采取确保消防用水量不作他用的技术措施。第 4.3.9 消防水池的出水，排水和水位应符合下列规定：

1 消防水池的出水管应保证消防水池的有效容积能被全部利用；

2 消防水池应设置就地水位显示装置，并应在消防控制中心或值班室等地点设置显示消防水池水位的装置，同时应有最高和最低报警水位；

3 消防水池应设置溢流水管和排水设施，并应采用间接排水。

2 高位消防水箱的最低有效水位应根据出水喇叭口和防止旋流器的淹没深度确定，当采用出水喇叭口时，应符合本规范第 5.1.13 条第四款规定；当采用防止旋流器时应根据产品确定，且不应小于 150mm 的保护高度；（此款与《消防设施通用规范》GB 55036—2022 规定一致）。

注：第 5.1.13 第 4 款消防水泵吸水口的淹没深度应满足消防水泵在最低水位运行安全的要求，吸水喇叭口在消防水池最低有效水位下的淹没深度应根据吸水喇叭口的水流速度和水力条件确定，但不应小于 600mm，当采用旋流防止器时，淹没深度不应小于 200mm。

3 高位消防水箱的通气管、呼吸管等应符合本规范第 4.3.10 条规定；

注：第 4.3.10 消防水池的通气管和呼吸管等应符合下列规定：

1 消防水池应设置通气管；

2 消防水池通气管、呼吸管和溢流水管等，应采取防止虫鼠等进入消防水池的技术措施。

4 高位消防水箱外壁与建筑本体结构墙面或其他池壁之间的净距，应满足施工或装配的需要，无管道的侧面，净距不宜小于 0.7m，安装有管道的侧面，净距不宜小于 1.0m，且管道外壁与建筑本体墙面之间的通道宽度不宜小于 0.6m，设有人孔的水箱顶，其顶面与其上面的建筑物本体板底的净空不应小于 0.8m；

5 进水管的管径应满足消防水箱 8h 充满水的要求，但管径不应小于 DN32，进水管宜设置液位阀或阀浮球阀；

6 进水管应在溢流水位以上接入，进水管口的最低点高出溢流边缘的高度应等于进水管管径，但最小不应小于 100mm，最大不应大于 150mm；

7 当进水管为淹没出流时，应在进水管上设置防止倒流的措施或在管道上设置虹吸破坏孔和真空破坏器，虹吸破坏孔的孔径不宜小于管径的 1/5，且不应小于 25mm。但当采用生活给水系统补水时，进水管不应淹没出流；

8 溢流管的直径不应小于进水管直径的 2 倍，且不应小于 DN100，溢流管的喇叭口直径不应小于溢流管直径的 1.5 倍～2.5 倍；

9 高位消防水箱出水管管径应满足消防给水设计流量的出水要求，且不应小于 DN100；

10 高位消防水箱出水管应位于高位消防水箱最低水位以下，并应设置防止消防用水进入高位消防水箱的止回阀；

11 高位消防水箱的进、出水管应设置带有指示启闭装置的阀门。"

（2）分析点评：

1）各类建筑的高位消防水箱的有效容积规范做了明确要求，必须严格执行；

2）消防水箱的主要作用是供给建筑物初期火灾时的消防用水水量，并保证相应的水压要求，水箱压力的高低对于扑救建筑物顶层或附近几层的火灾关系也很大，压力低可能出不了水或达不到要求的充实水柱，也不能启动自动喷水系统报警阀压力开关，影响灭火效率，为此高位消防水箱应规定其最低有效压力或高度；

3）对于露天设置的高位消防水箱，因可触及的人员较多，为保证安全提出了阀门和人孔的安全措施，冬季结冰地区的高位消防水箱间，应采取防冻措施，保证消防用水安全；

4）稳压泵要满足其设定功能，就需要有一定的压力，压力过大，管网压力等级高带来造价提高，压力过低不能满足其系统充水和启泵功能的要求，因此对稳压泵作了相应的技术规定；

5）临时高压消防给水系统必须能自动启动消防水泵，控制柜在准工作状态时消防水泵应处于自动启泵状态，压力开关，流量开关的设置位置及是否连线至关重要；

6）对于高位消防水箱的设置要求，规范做了明确规定。

三 整改方案

1）增加高位消防水箱有效容积。

2）增设稳压泵。

3）增加防冻措施。

4）调整稳压泵的启停压力。

5）更改压力开关、流量开关位置、增加接线（图 6.1-3）。

6）根据规范要求布置进、出水管、溢流管位置；同时进水管的管径应满足消防水箱 8h 充满水的要求，且管径不应小于 DN32；溢流管的直径不应小于进水管直径的 2 倍，且不应小于 DN100（图 6.1-4）。

(a) 错误做法

(b) 正确做法

图 6.1-3

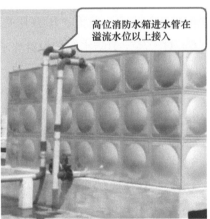

(a) 错误做法   (b) 正确做法

图 6.1-4

6.1.4　消防水池壁防水套管选型不符合要求

⚙ 检查部位

消防水池池壁。

🏛 检查要点

防水套管的选型及布置。

⏱ 问题描述

设计文件未明确或不按设计要求随意选穿消防水池池壁防水套管类型，在消防水泵吸水管穿越消防水池池壁部位选用了刚性防水套管，但在水泵吸水管上又未设置柔性接头，且管径大于 DN150。

🔍 原因分析

（1）规范依据：

违反《消防给水及消火栓系统技术规范》GB 50974—2014 中第 5.1.13 条第 11 款：

"消防水泵的吸水管穿越消防水池时，应采用柔性套管；采用刚性防水套管时应在水泵吸水管上设置柔性接头，且管径不应大于 DN150。"

（2）分析点评：

消防水泵在运行过程中会产生振动，采用刚性防水套管，对套管密封有损坏，刚性防水套管虽然可以解决套管与水池壁之间的漏水，但不能解决套管与吸水管之间的密封、柔性问题。消防泵组运行过程中产生的振动，会长期影响防水套管与吸水管之间刚性封堵材料的密封性能，造成渗水或漏水现象。

📋 整改方案

消防水池吸水管路穿池壁处有较高的防水要求，套管预埋施工单位应根据设计及管径大小，应按规范要求选用柔性防水套管或刚性防水套管并在消防水泵吸水管上设置柔性接头。在施工过程中，消防水泵吸水管穿越柔性防水套管处的密封做法，应严格按照国家建筑标准设计图集《防水套管》02S404 的相关要求执行（图 6.1-5）。

(a) 错误做法 (b) 正确做法

图 6.1-5

6.2 室外消火栓给水系统

6.2.1 室外地上式消火栓安装不符合规范要求

检查部位

设置在室外场地的地上式室外消火栓。

检查要点

室外消火栓栓口口径大小及栓口数量是否满足规范、安装图集、产品标准要求，室外消火栓设置的位置是否正确，是否采取防撞措施。

问题描述

1）室外地上式消火栓栓口现为 80mm 的栓口，与规范要求的 65mm 的栓口不符；栓口数量现为 2 个 80mm 的栓口，与规范要求的一个直径为 150mm 或 100mm 和两个直径为 65mm 的栓口，共 3 个栓口不符；

2）室外消火栓安装在有车辆通行的路面或广场，未采取防撞措施。

原因分析

（1）规范依据：

1）违反《消防给水及消火栓系统技术规范》GB 50974—2014 第 7.2.2 条：

"市政消火栓宜采用直径 DN150 的室外消火栓，并应符合下列要求：

　　1 室外地上式消火栓应有一个直径为 150mm 或 100mm 和两个直径为 65mm 的栓口；

　　2 室外地下式消火栓应有直径为 100mm 和 65mm 的栓口各一个。"

　　2）违反《消防给水及消火栓系统技术规范》GB 50974—2014 第 7.2.6 条：

　　"市政消火栓应布置在消防车易于接近的人行道和绿地等地点，且不应妨碍交通，并应符合下列规定：

　　3 市政消火栓应避免设置在机械易撞击的地点，确有困难时，应采取防撞措施。"

　　（2）分析点评：

　　消防车车载水泵带有吸水管，通过它将固定吸水管与消防车车载水泵进水口连接起来，消防车车载水泵吸水管口径有 100mm、125mm 和 150mm 三种，连接型式为螺纹式。室外消火栓直径主要根据消防车车载水泵吸水管口径决定，端部应设置相应的螺纹接口并以螺纹拧盖进行保护，接口距地高度不宜大于 450mm。室外消火栓距消防车道路边不宜小于 0.5m，不宜大于 2.0m。室外消火栓的出水口（栓口）100mm、150mm 为螺纹式连接，是为消防车提供水源，可通过消防车自携的吸水管直接与消防车泵进水口连接，或与消防水罐连接供水。65mm 栓口为内扣式连接，是为高压、临时高压系统连接消防水带进行灭火用，或向消防车水罐供水用。

📋 整改方案

　　1）按照规范要求更换室外消火栓，当更换有困难时，可在 S80 的栓口上增加 S65 的转换接头（图 6.2-1）。

(a) 错误做法　　　　　　　　　　　(b) 正确做法

图 6.2-1

2）对室外消火栓位置进行调整，设置在不易撞击的地点或采取防撞措施（图 6.2-2）。

(a) 错误做法

(b) 正确做法

图 6.2-2

6.2.2 建筑消防扑救面一侧的室外消火栓数量不足，且未沿建筑周围均匀布置，不符合规范要求

检查部位

室外场地的室外消火栓布置（含地上、地下室外消火栓）。

检查要点

室外消火栓数量是否满足规范，室外消火栓设置的位置是否正确；重点检查建筑消防扑救面消火栓数量；当采用地下消火栓时，打开井盖，查看地下消火栓规格大小是否符合规范要求，是否符合产品标准要求，安装是否满足国家建筑标准设计图集《室外消火栓及消防水鹤安装》13S201，设置是否方便操作，尺量井盖直径及出水口与井盖内底面的距离。

问题描述

室外消火栓数量不足，即建筑消防扑救面一侧的室外消火栓数量少于 2 个。且室外消火栓未沿建筑周围均匀布置，不符合规范要求。

原因分析

（1）规范依据：

违反《消防给水及消火栓系统技术规范》GB 50974—2014 第 7.3.3 条：

"室外消火栓宜沿建筑周围均匀布置，且不宜集中布置在建筑一侧；建筑消防扑救面一侧的室外消火栓数量不宜少于 2 个。"

（2）分析点评：

为便于消防车使用室外消火栓供水灭火，同时考虑消防队员在火灾扑救作业面展开的工艺要求，规定沿建筑周围均匀布置室外消火栓。因高层建筑裙房的原因，高层部分均设有便于消防车操作的扑救面，为利于消防队员火灾扑救，规定扑救面一侧室外消火栓不宜少于 2 个。

整改方案

按照规范要求增加室外消火栓，以满足建筑消防扑救面一侧的室外消火栓数量不宜少于 2 个。调整室外消火栓位置，以满足沿建筑周围均匀布置。室外消火栓距建筑外墙不应超过 40m，在建筑消防扑救面一侧 40m 内的室外消火栓可计入扑救面一侧数量。

6.2.3　墙壁及地下式消防水泵接合器的安装不符合规范要求

检查部位

设置在室外场地的消防水泵接合器。

检查要点

墙壁及地下式消防水泵接合器安装位置、高度及规格是否符合规范要求；地下式水泵接合器应打开井盖，查看接合器规格是否符合规范要求，接合器是否符合产品标准要求，操作是否方便，尺量井盖直径及进水口与井盖内底面的距离；安装是否满足国家建筑标准设计图集《消防水泵接合器安装》99S203。

问题描述

墙壁消防水泵接合器的安装高度距地面小于 0.7m；与墙面上的门、窗、孔、洞的净距离小于 2.0m，且在玻璃幕墙下方安装；地下消防水泵接合器进水口与井盖内底面的距离大于 0.4m，不符合规范要求（图 6.2-3）。

(a) 错误做法　　　　　　　　　(b) 正确做法

图 6.2-3

原因分析

（1）规范依据：

违反《消防给水及消火栓系统技术规范》GB 50974—2014 第5.4.8条："墙壁消防水泵接合器的安装高度距地面宜为0.7m；与墙面上的门、窗、孔、洞的净距离不应小于2.0m，且不应安装在玻璃幕墙下方；地下消防水泵接合器的安装，应使进水口与井盖底面的距离不大于0.4m，且不应小于井盖的半径。"。

（2）分析点评：

室内消防给水系统设置消防水泵接合器的目的是便于消防队员现场扑救火灾能充分利用建筑物内已经建成的水消防设施，一则可以充分利用建筑物内的水灭火设施，提高灭火效率，减少不必要的消防队员体力消耗；二则不必敷设水龙带，利用室内消火栓管网输送消火栓灭火用水，可以节省大量的时间，另外还可以减少水力阻力提高输水效率，以提高灭火效率；消防水泵接合器是水灭火系统的第三供水水源。对设置位置提出要求，主要是考虑消防队员现场扑救火灾时，便于操作，尽量避免坠落物对消防队员造成伤害。

整改方案

按照规范要求调整墙壁式水泵接合器安装位置，确保安装高度为0.7m，与墙面上的门、窗、孔、洞的净距离不应小于2.0m，且不应安装在玻璃幕墙下方；地下消防水泵接合器进水口与井盖底面的距离不大于0.4m，且不应小于井盖的半径。水泵接合器应设在室外便于消防车使用的地点，且距室外消火栓或消防水池的距离不宜小于15m，并不宜大于 40m，并宜距建筑物外墙不小于 5m。

6.2.4　消防水泵接合器处未设置永久性标志铭牌，未标明供水系统、供水范围和额定压力等信息，不符合规范要求

🔧 检查部位

设置在室外场地的消防水泵接合器。

🏛 检查要点

在地面查看消防水泵接合器处是否设置了永久性标志铭牌，并标明供水系统类型、供水范围和额定压力；地下式水泵接合器井盖标志是否准确（图 6.2-4）。

⏱ 问题描述

水泵接合器处未设置永久性标志铭牌，未标明供水系统类型、供水范围和额定压力，不符合规范要求。地下式水泵接合器未采用铸有"消防水泵接合器"标志的铸铁井盖。

(a) 错误做法

(b) 正确做法

(c) 正确做法

图 6.2-4

原因分析

（1）规范依据：

1）违反《消防给水及消火栓系统技术规范》GB 50974—2014 第 5.4.9 条："水泵接合器处应设置永久性标志铭牌，并应标明供水系统、供水范围和额定压力。"

2）违反《自动喷水灭火系统施工及验收规范》GB 50261—2017 第 4.5.2 条："地下消防水泵接合器应采用铸有'消防水泵接合器'标志的铸铁井盖，并应在附近设置指示其位置的永久性固定标志。"

（2）分析点评：

消防水泵接合器主要是消防队在火灾发生时，向室内系统补充水用的，由于没有明显的类别和区域标志，未设置永久性标志铭牌，未标明供水系统类型、供水范围和额定压力，消防队员关键时找不到或消防车无法靠近消防水泵接合器，不能及时准确找到相应接合器对应的室内系统进行补水，失去了设置消防水泵接合器的作用。

整改方案

在消防水泵接合器处补加永久性标志铭牌，并应标明供水系统类型、供水范围和额定压力，以满足规范要求。永久性标志铭牌可设置在消防水泵接合器本体地面以上立管段上，也可设置在就近墙面上或消防水泵接合器井盖上。地下消防水泵接合器应采用铸有"消防水泵接合器"标志的铸铁井盖，并增设指示其位置的永久性固定标志。

6.2.5 存有室外消防用水量的消防水池，其设置在室外场地的消防水池取水口（井）数量不足，且设置位置距建筑物外墙距离不符合规范要求

检查部位

设置在室外场地的消防水池取水口（井）。

检查要点

查看消防水池取水口（井）的吸水高度是否大于 6m；打开取水口（井）盖查看规格尺寸、水深是否符合规范或设计要求，设置位置距建筑物外墙距离是否小于 15m，小于 15m 则不符合规范要求，是否方便操作。

问题描述

存有室外消防用水量的消防水池，其设置在室外场地的消防水池取水口（井）数

量不足；设置位置距建筑物外墙距离小于规范要求的 15m；取水口（井）盖设置不规范，未按标准图集施工，且未设置防坠网。

原因分析

（1）规范依据：

1）违反《消防给水及消火栓系统技术规范》GB 50974—2014 第 4.3.7 条：

"储存室外消防用水的消防水池或供消防车取水的消防水池，应符合下列规定：

1 消防水池应设置取水口（井），且吸水高度不应大于 6.0m；

2 取水口（井）与建筑物（水泵房除外）的距离不宜小于 15m；

3 取水口（井）与甲、乙、丙类液体储罐等构筑物的距离不宜小于 40m；

4 取水口（井）与液化石油气储罐的距离不宜小于 60m，当采取防止辐射热保护措施时，可为 40m。"

2）违反《消防给水及消火栓系统技术规范》GB 50974—2014 第 6.1.5 条：

"市政消火栓或消防车从消防水池吸水向建筑供应室外消防给水时，应符合下列规定：

1 供消防车吸水的室外消防水池的每个取水口宜按一个室外消火栓计算，且其保护半径不应大于 150m。

2 距建筑外缘 5m～150m 的市政消火栓可计入建筑室外消火栓的数量，但当为消防水泵接合器供水时，距建筑外缘 5m～40m 的市政消火栓可计入建筑室外消火栓的数量。

3 当市政给水管网为环状时，符合本条上述内容的室外消火栓出流量宜计入建筑室外消火栓设计流量；但当市政给水管网为枝状时，计入建筑的室外消火栓设计流量不宜超过一个市政消火栓的出流量。"

（2）分析点评：

消防水池供消防车取水时，根据消防车的保护半径，一般消防车发挥最大供水能力时的供水距离为 150m，所以规定消防水池的保护半径为 150m；当建筑物不设消防水泵接合器时，在建筑物外墙 5～150m 的市政消火栓可计入建筑物室外消火栓的数量。当建筑物设有消防水泵接合器时，其建筑物外墙 5～40m 范围内的市政消火栓可计入建筑物的室外消火栓内；取水口、室外消火栓周围应留有消防队员的操作场地，故要求取水口距建筑外墙不宜小于 15m，室外消火栓距建筑外墙不宜小于 5m，同时，为便于使用，取水口距被保护建筑物，不宜超过 40m，在取水口（井）盖下应设防坠网；在取水口（井）处设永久性标志铭牌，标志铭牌可设置在取水口（井）井盖上或就近墙面上。规定在上述范围内的市政消火栓可以计入建筑物室外需要设置消火栓的总数内，但当市政为枝状管网时，仅只能有 1 个消火栓计入室外消火栓的数量，主要考虑供水的可靠性。

📋 **整改方案**

按建筑物室外消火栓设计流量和每个取水口宜按一个室外消火栓计算，经计算数量后补足消防水池取水口（井）数量；调整取水口（井）位置，以满足距建筑物外墙距离不小于 15m；在取水口（井）盖下补设防坠网；在取水口（井）处补设永久性标志铭牌，标志铭牌可设置在取水口（井）井盖上或就近墙面上（图 6.2-5）。

(a) 错误做法   (b) 正确做法

图 6.2-5

6.2.6 室外地下式消火栓安装不符合规范要求

⚙️ **检查部位**

设置在室外场地的地下式室外消火栓。

🏛 **检查要点**

室外地下式消火栓栓井井盖直径，室外消火栓顶部出水口位置，固定标志的设置。

🔧 **问题描述**

1）地下式室外消火栓井盖直径偏小，室外消火栓顶部出水口未正对井口或与井盖底面的距离大于 0.4m。

2）地下式室外消火栓未设置永久性固定标志。

原因分析

（1）规范依据：

1）违反《消防给水及消火栓系统技术规范》GB 50974—2014 第 12.3.7 条第 3 款："地下式消火栓顶部进水口或顶部出水口应正对井口。顶部进水口或顶部出水口与消防井盖底面的距离不应大于 0.4m，井内应有足够的操作空间，并应做好防水措施；"

2）违反《消防给水及消火栓系统技术规范》GB 50974—2014 第 7.2.11 条："地下式市政消火栓应有明显的永久性标志。"

（2）分析点评：

地下式消火栓主要是消防队员在火灾发生时，消防队员或消防车从室外消火栓取水向室内系统补充水用的，特别是地下式消火栓由于没有明显的标志，且地面看不到，关键时找不到或消防车无法靠近室外消火栓，消防队员不能及时查找、方便操作使用、取水，失去了设置室外消火栓的作用。

整改方案

1）地下式消火栓顶部出水口应正对井口，顶部出水口与消防井盖底面的距离不应大于 0.4m，井内应有足够的操作空间，并应做好防水措施（图 6.2-6）。

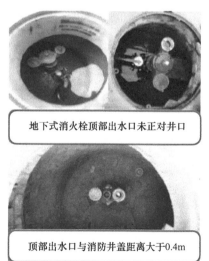

地下式消火栓顶部出水口未正对井口

顶部出水口与消防井盖距离大于0.4m

(a) 错误做法

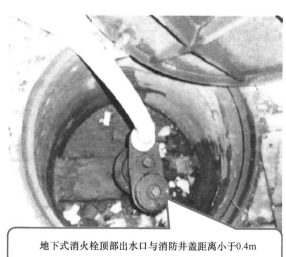

地下式消火栓顶部出水口与消防井盖距离小于0.4m

(b) 正确做法

图 6.2-6

2）设置永久性固定标志铭牌（图 6.2-7）。

地下式室外消火栓未设置永久性固定标志铭牌

地下式室外消火栓设置了永久性固定标志铭牌

(a) 错误做法　　　　　　　　(b) 正确做法

图 6.2-7

6.3　室内消火栓系统

6.3.1　消火栓平面布置不满足规范要求

检查部位

地下车库、商业裙房、设备层等。

检查要点

室内消火栓的平面布置间距是否满足规范要求，需要设计消火栓的部位是否设置室内消火栓。

问题描述

1）消火栓的布置间距过大，不能满足建筑平面任何一处有两股水柱覆盖的要求，消火栓布置的间距大于 30.0m；

2）规范要求一股水柱的建筑，消火栓平面布置的间距大于 50.0m。

原因分析

（1）规范依据：

违反《消防给水及消火栓系统技术规范》GB 50974—2014 第 7.4.6 条、第 7.4.10 条：

7.4.6　室内消火栓的布置应满足同一平面有 2 支消防水枪的 2 股充实水柱同时达到任何部位的要求，但建筑高度小于或等于 24.0m 且体积小于或等于 5000m³ 的多层仓库、建筑高度小于或等于 54m 且每单元设置一部疏散楼梯的住宅,以及本规范表 3.5.2 中规定可采用 1 支消防水枪的场所,可采用 1 支消防水枪的 1 股充实水柱到达室内任何部位。

7.4.10 室内消火栓宜按直线距离计算其布置间距,并应符合下列规定:

1 消火栓按 2 支消防水枪的 2 股充实水柱布置的建筑物,消火栓的布置间距不应大于 30.0m;

2 消火栓按 1 支消防水枪的 1 股充实水柱布置的建筑物,消火栓的布置间距不应大于 50.0m。

(2)分析点评:

消火栓是发生火灾时,建筑内人员或消防队员救火的首选灭火设施之一,消火栓箱的布置一般要按照规范要求,满足两股水柱同时到达任何一处着火点的要求设置,即使有一处消火栓处发生火灾,该处的消火栓不能使用,也能保证另一个消火栓可以参与扑救灭火。消火栓布置的间距不能简单地按照直线距离的长度,核定两个消火栓布置间距是否满足规范要求,而要按照消防水龙带敷设可能产生的非线性影响,考虑一定的折减系数来考虑。

📋 整改方案

按照规范要求调整室内消火栓的布置位置或增加室内消火栓的布置。

6.3.2 消防电梯前室未设置消火栓

⚙️ 检查部位

消防电梯前室。

🧯 检查要点

消防电梯前室是否设置有室内消火栓,设置的室内消火栓箱是否满足规范要求。

🕑 问题描述

消防电梯前室漏设室内消火栓(图 6.3-1)。

🔍 原因分析

(1)规范依据:

违反《消防给水及消火栓系统技术规范》GB 50974—2014 第 7.4.5 条:"消防电梯

图 6.3-1

前室应设置室内消火栓，并应计入消火栓使用数量。"

（2）分析点评：

消防电梯前室的消火栓一般作为消防队员进入楼层灭火的首选消火栓，同时也是参与建筑内满足两股灭火的消火栓布置所需的消火栓，因此，按照规范要求消防电梯前室的消火栓必须设置。设置在消防电梯前室的消火栓箱，不得影响消防电梯的正常使用，对于合用前室，消火栓箱的设置位置不得影响消防疏散的宽度的要求。

整改方案

按照规范要求在消防电梯室增加室内消火栓。

6.3.3 室内消火栓箱内的配件不全或不满足规范要求

检查部位

室内消火栓箱。

检查要点

1）对于要求设置带自救卷盘的是否选用的是带自救卷盘的消火栓箱；

2）消防软管、消防水枪、消防龙带、建筑灭火器配置是否配设到位；

3）是否设置有消防报警按钮和报警。

问题描述

1）需要设置消防自救卷盘的未选用带自救卷盘的消火栓箱；

2）消防箱内配置的自救卷盘、龙带、水箱、灭火器未配置到位；

3）对于设置干式消火栓系统的或消防箱内的按钮作为报警按钮的不能正常工作。

原因分析

（1）规范依据：

违反《消防给水及消火栓系统技术规范》GB 50974—2014 第 7.4.2 条、第 11.0.19 的规定：

7.4.2 室内消火栓的选用应符合下列要求：

1 室内消火栓 SN65 可与消防软管卷盘一同使用；

2 SN65 的消火栓应配置公称直径 65 有内衬里的消防水带，每根水带的长度不宜超过 25m；消防软管卷盘应配置内径不小于 ϕ19 的消防软管，其长度宜为 30m；

3 SN65 的消火栓宜配当量喷嘴直径 16mm 或 19mm 的消防水枪，但当消火栓设计流量为 2.5L/s 时宜配当量喷嘴直径 11mm 或 13mm 的消防水枪；消防软管卷盘应配当量喷嘴直径 6mm 的消防水枪。

11.0.19　消火栓按钮不宜作为直接启动信号，可作为报警信号。

（2）分析点评：

消防箱内配件按照规范设置是保证发生火灾时，消火栓能否正常使用的前提和保障。尤其是发生火灾时，本着消防自救的原则，消防箱内的灭火器、消防自救卷盘、消防水箱以及龙带、水枪等都有可能参与救火，每一种参与救火的设置若不能立刻正常投入使用，势必会影响救火的黄金时间，因此，消防箱内配件的完整性和有效性，不仅是消防验收必须检查的，也是日常消防巡查的必须核查的必要内容。

1）应采用 DN65 室内消火栓，并可与消防软管卷盘或轻便水龙设置在同一箱体内。

2）应配置公称直径 65 有内衬里的消防水带，长度不宜超过 25.0m；消防软管卷盘应配置内径不小于 ϕ19 的消防软管，其长度宜为 30.0m；轻便水龙应配置公称直径 25mm 有内衬里的消防水带，长度宜为 30.0m。

3）宜配置当量喷嘴直径 16mm 或 19mm 的消防水枪，但当消火栓设计流量为 2.5L/s 时宜配置当量喷嘴直径 11mm 或 13mm 的消防水枪；消防软管卷盘和轻便水龙应配置当量喷嘴直径 6mm 的消防水枪。

整改方案

1）对需要选用带自救卷盘消火栓箱的部位须更换带自救卷盘的消火栓箱；

2）完善消火栓箱内的所有配件（图 6.3-2）；

3）调试和检查消防箱内按钮的联动控制正常工作。

室内消火栓箱内配件齐全

(a) 错误做法　　　　　　　　(b) 正确做法

图 6.3-2

6.3.4 室内消火栓箱安装不满足规范要求

⚙ 检查部位

室内消火栓箱的开门角度及消火栓栓口位置。

🏛 检查要点

主要是设计精装修的部位，对原有的消火栓箱门进行了二次重新改造的部位，消防箱内消火栓启闭阀门是否便于操作，暗装的消火栓箱是否采取防火保护措施。

🎒 问题描述

1）改造后的消火栓门通常采用外挂石材或装饰墙砖、装饰板的做法，目的为保持整体环境的协调一致，但容易造成消火栓门的开启角度受限，不能满足规范要求的大于120°的最低标准要求。

2）消火栓栓口安装在门轴侧，启闭阀门设置位置不便于操作使用。

3）暗装的消火栓箱未采取防火保护措施，破坏了隔墙的耐火性能。

🔍 原因分析

（1）规范依据：

违反《消防给水及消火栓系统技术规程》GB 50974—2014 第 12.3.10 条相关规定：

"12.3.10 消火栓箱的安装应符合下列规定：

1 消火栓的启闭阀门设置位置应便于操作使用，阀门的中心距箱侧面应为140mm，距箱后内表面应为100mm，允许偏差 ±5mm；

2 室内消火栓箱的安装应平正、牢固，暗装的消火栓箱不应破坏隔墙的耐火性能；

3 箱体安装的垂直度允许偏差为 ±3mm；

4 消火栓箱门的开启不应小于120°；

5 安装消火栓水龙带，水龙带与消防水枪和快速接头绑扎好后，应根据箱内构造将水龙带放置；

6 双向开门消火栓箱应有耐火等级应符合设计要求，当设计没有要求时应至少满足 1h 耐火极限的要求；

7 消火栓箱门上应用红色字体注明"消火栓"字样。"

（2）分析点评：

消火栓箱的安装特别容易出现问题，不正确的安装容易造成消火栓箱在发生火灾时不方便使用或不能投入使用。特别是二次装修时装饰消火栓箱门，往往不能保证消火栓门的开启角度大于 120° 的规范要求。消火栓栓口的设置不合理，容易造成消火栓龙带连接困难甚至不能连接的状况发生。镶嵌式消火栓箱背部应采取必要的防火加强措施，应满足相应墙体耐火极限的要求。

整改方案

由二次装修单位结合规范要求，整改消火栓箱二次装修门的开启角度，使其满足规范要求的开启角度大于 120°（图 6.3-3、图 6.3-4）。

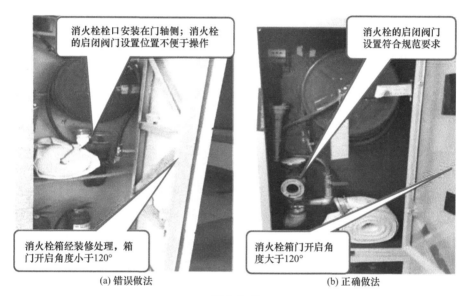

(a) 错误做法　　　　　　　　　(b) 正确做法

图 6.3-3

(a) 错误做法　　　　　　　　　(b) 正确做法

图 6.3-4

6.3.5　消火栓箱门标志设置不符合要求

⚙ **检查部位**

室内消火栓箱，尤其是涉及二次装修，消防箱被二次装饰掩盖的消防箱门上。

🏛 **检查要点**

消防箱门上有无醒目的标志及说明。

🎯 **问题描述**

改造后的消火栓门通常采用外挂石材或装饰墙砖、装饰板的做法，目的为保持整体环境的协调一致，但容易造成消火栓门上无醒目的消火栓箱标志，发生火灾时容易造成无法及时发现附近的消火栓箱。

🔍 **原因分析**

（1）规范依据：

违反《消防给水及消火栓系统技术规程》GB 50974—2014 第 12.3.10 条第 7 款："消火栓箱门上应用红色字体注明'消火栓'字样。"

违反《建筑内部装修设计防火规范》GB 50222—2017 第 4.0.2 条："建筑内部消火栓箱门不应被装饰物遮掩，消火栓箱门四周的装修材料颜色应与消火栓箱门的颜色有明显区别或在消火栓箱门表面设置发光标志。"

（2）分析点评：

常规消火栓箱上的标志一般按照产品标准的要求基本都能满足有关规范及标准的要求，而对于一些因为室内装饰的要求，采取不同材质的消火栓箱的装饰门或对消防箱的门采取其他替代材料替代，其重新设置的消火栓箱门的标志往往不符合规范要求。有些二次装修设计为彰显室内装饰效果，故意将这些标志淡化或缩小，很多是装饰单位二次加工的不粘胶贴纸，没有按照规范及有关规定的要求设计和张贴，这些都容易造成发生火灾时，不容易及时找到消火栓箱的位置。

📋 **整改方案**

由施工单位或二次装修单位结合规范要求，增加消火栓箱二次装修门的标志及说明（图 6.3-5）。

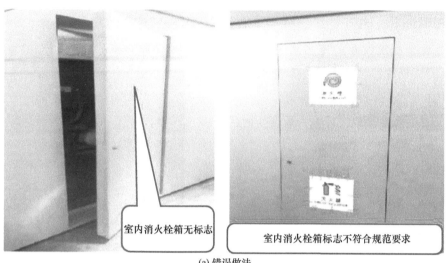

(a) 错误做法

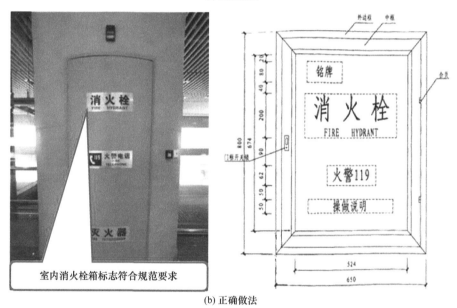

(b) 正确做法

图 6.3-5

6.3.6　试验消火栓设置和供水压力不满足要求

⚙ 检查部位

屋顶试验消火栓。

🧯 检查要点

消防主泵启泵前消火栓栓口的压力值，消火栓主泵启动后压力表的压力值（图 6.3-6）。

问题描述

1）设有稳压设备的室内消火栓系统最不利点水灭火设施，准工作状态下静水压力小于0.15MPa；

2）消防泵启动后，区域内最高处的试验消火栓栓口压力大于0.50MPa；

3）漏设置试验消火栓。

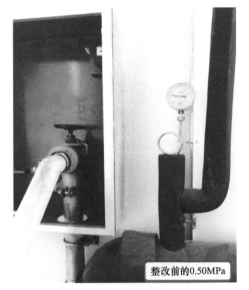

整改前的0.50MPa

图 6.3-6

原因分析

（1）规范依据：

违反《消防给水及消火栓系统技术规程》GB 50974—2014 第 5.2.2 条、第 7.4.9 条、第 7.4.12 条第 1 款的规定：

> 5.2.2　高位消防水箱的设置位置应高于其所服务的水灭火设施，且最低有效水位应满足水灭火设施最不利点处的静水压力，并应符合下列规定：
>
> 1 一类高层民用公共建筑不应低于 0.10MPa，但当建筑高度超过 100m 时不应低于 0.15MPa；
>
> 2 高层住宅、二类高层公共建筑、多层民用建筑不应低于 0.07MPa，多层住宅确有困难时可适当降低；
>
> 3 工业建筑不应低于 0.10MPa；
>
> 4 自动喷水灭火系统等自动水灭火系统应根据喷头灭火需求压力确定，但最小不应小于 0.10MPa；
>
> 5 当高位消防水箱不能满足本条第 1~5 款的静压要求时，应设稳压泵。
>
> 7.4.9　设有室内消火栓的建筑应设置带有压力表的试验消火栓，其设置位置应符合下列规定：
>
> 1 多层和高层建筑应在其屋顶设置，严寒、寒冷等冬季结冰地区可设置在顶层出口处或水箱间内等便于操作和防冻的位置；
>
> 2 单层建筑宜设置在水力最不利处，且应靠近出入口。
>
> 7.4.12　室内消火栓栓口压力和消防水枪充实水柱，应符合下列规定：
>
> 1 消火栓栓口动压力不应大于 0.50MPa，但当大于 0.70MPa 时应设置减压装置；

（2）分析点评：

试验消火栓是日常检验消火栓系统能否正常运行的重要的检测设施之一，因此试验消火栓的检查是必不可少，一则要检查有无试验消火栓，二则要检查在消防泵启动前，试验消火栓的表压是否满足最不利状况的压力要求；检查消防泵启动后，试验消火栓的压力变化，是否满足消火栓的正常工作的压力要求；检查对于高层建筑，哪些楼层设置了减压稳压消火栓栓口，现场要检查是否采用减压稳压消火栓栓口以及设置的楼层是否满足设计要求。只有采用减压稳压消火栓栓口才能保证规范要求的消火栓栓口的最大动压的要求。

整改方案

1）若最不利点消火栓的静压不满足要求，应调整稳压泵的最低工作压力；

2）消防泵启动后，区域内最高处试验消火栓工作压力大于 0.50MPa，检查消防泵扬程及持压泄压阀的设定压力；

3）按规范要求设置试验消火栓。

6.3.7　设置在室内外的室内消火栓及其管道未采取可靠防冻措施

检查部位

室外商业街、地下车库进出口坡道等可能结冻并设置室内消火栓的位置。

检查要点

检查消火栓是否采取可靠的防冻措施，尤其是给消火栓栓口供水的管道是否存在最不利条件下结冻的可能。

问题描述

1）设置在室外的室内消火栓及管道，未采取可靠防冻措施；

2）车库出入口坡道上的室内消火栓及供水管道设置在坡道上时，未采取可靠防冻措施；

3）其他设置在可能结冻区域的室内消火栓未采取可靠防冻措施。

原因分析

（1）规范依据：

违反《消防给水及消火栓系统技术规程》GB 50974—2014 第 8.2.10 条：

"架空充水管道应设置在环境温度不低于 5℃的区域，当环境温度低于 5℃时，应采取防冻措施；室外架空管道当温差变化较大时应校核管道系统的膨胀和收缩，并应采取相应的技术措施。"

（2）分析点评：

对于设置室外街区、屋面等寒冷地区的室外消火栓管道或室外消火栓箱，由于这部分管道冬季可能结冰损坏而影响消火栓系统的正常使用，因此应采取保温或电伴热措施。一般消火栓系统内的消防存水基本为不流动介质，冬季若遇到极端天气，连续的极寒天气容易造成管道内消防水结冰，而破坏消火栓管道系统，若发生火灾也容易造成消防系统不能正常使用的状况发生。针对寒冷或严寒地区可能存在的这种风险，要从设计阶段尽可能地规避消火栓系统的管道或消火栓室外露明设置，对于不能规避的情况，要对消火栓箱内的连接管道进行保温或增设防冻处理措施。

有些商业街区虽然有顶盖等措施，但街区有直通室外的天井、通道，造成街区环境和室外环境温度一样，消火栓的设置有些存在直接设置在商业街面上。

设置在地下坡道上的室内消火栓，管道部分也设置在坡道上，因为坡道开口部位较大，其环境温度和室外环境温度一样，因此需考虑极端条件下的管道冻裂的状况发生。

📋 整改方案

1）调整可能冻结的室内消火栓的设置位置；

2）对不能调整的室内消火栓的供水管道进行防冻、保温处理。

6.4 自动喷水灭火系统

6.4.1 报警阀组水力警铃安装不满足规范要求

⚙️ 检查部位

报警阀间、消防水泵房等设有报警阀组的场所。

🏛️ 检查要点

水力警铃设置位置，与报警阀连接管道管径和长度。

⏱️ 问题描述

1）水力警铃设置在报警阀间或消防水泵房内；

2）与报警阀连接管道管径为 20mm 时，长度超过 20m；

3）水力警铃声强度小于 70dB。

原因分析

（1）规范依据：

1）违反《自动喷水灭火系统设计规范》GB 50084—2017 第 6.2.8 条：

"水力警铃的工作压力不应小于 0.05MPa，并应符合下列规定：

1 应设在有人值班的地点附近或公共通道的外墙上；

2 与报警阀连接的管道，其管径应为 20mm，总长不宜大于 20m。"

2）违反《自动喷水灭火系统施工及验收规范》GB 50261—2017 第 5.4.4 条、第 8.0.7 条第 3 款：

5.4.4　水力警铃应安装在公共通道或值班室附近的外墙上，且应安装检修、测试用的阀门。水力警铃和报警阀的连接应采用热镀锌钢管，当镀锌钢管的公称直径为 20mm 时，其长度不宜大于 20m；安装后的水力警铃启动时，警铃声强度应不小于 70dB。

第 8.0.7 条第 3 款：

"水力警铃的设置位置应正确。测试时，水力警铃喷嘴处压力不应小于 0.05MPa，且距水力警铃 3m 远处警铃声声强不应小于 70dB。"

（2）分析点评：

水力警铃是各种类型的自动喷水灭火系统均需配备的通用组件。它是一种在使用中不受外界条件限制和影响，当使用场所发生火灾、自动喷水灭火系统启动后，能及时发出声响报警的安全可靠的报警装置。

水力警铃安装总的要求是：保证系统启动后能及时发出设计要求的声强强度的声响报警，其报警能及时被值班人员或保护场所内其他人员发现，平时能够检测水力报警装置功能是否正常规定。

考虑到水力警铃的重要作用和通用性，对其作明确规定，利于执行和保证安装质量。水力警铃工作压力、安装位置和与报警阀组连接管的直径及长度，目的是保证水力警铃发出警报的位置和声强。要求安装在有人值班的地点附近或公共通道的外墙上，是保证其报警能及时被值班人员或保护场所内其他人员发现。

整改方案

按照规范要求调整水力警铃设置位置，将其设置在有人值班的地点附近或公共通道的外墙上，且与报警阀连接管道管径 20mm 长度不超过 20m，水力警铃的工作压力不应小于 0.05MPa。对水力警铃进行调试（图 6.4-1）。

(a) 错误做法

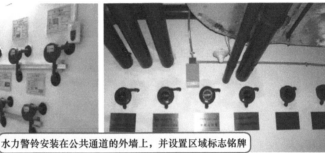

水力警铃安装在公共通道的外墙上，并设置区域标志铭牌

(b) 正确做法

图 6.4-1

6.4.2　报警阀组安装位置及排水设施不满足规范要求

检查部位

设置报警阀组的区域。

检查要点

报警阀组安装位置和排水设施。

问题描述

报警阀组安装位置不便于设备检修维护；报警阀组处无排水设施或排水能力不满足规范要求。

原因分析

（1）规范依据：

1）违反《消防给水及消火栓系统技术规范》GB 50974—2014 第 9.1.2 条、第 9.3.1 条第 2 款：

9.1.2　排水措施应满足财产和消防设施安全，以及系统调试和日常维护管理等安全和功能的需要。

第 9.3.1 条第 2 款：

"报警阀处的排水立管宜为 DN100；"（此款与《消防设施通用规范》GB 55036—2022 规定一致）。

2）违反《自动喷水灭火系统施工及验收规范》GB 50261—2017 第 5.3.1 条：

"报警阀组的安装应在供水管网试压、冲洗合格后进行。安装时应先安装水源控制阀、报警阀，然后进行报警阀辅助管道的连接。水源控制阀、报警阀与配水干管的连接，应使水流方向一致。报警阀组安装的位置应符合设计要求；当设计无要求时，报警阀组应安装在便于操作的明显位置，距室内地面高度宜为 1.2m；两侧与墙的距离不应小于 0.5m；正面与墙的距离不应小于 1.2m；报警阀组凸出部位之间的距离不应小于 0.5m。安装报警阀组的室内地面应有排水设施，排水能力应满足报警阀调试、验收和利用试水阀门泄空系统管道的要求。"

（2）分析点评：

报警阀组是自动喷水灭火系统的关键组件之一，它在系统中起着启动系统、确保灭火用水畅通、发出报警信号的关键作用。过去不少工程在施工时出现报警阀与水源控制阀位置随意调换、报警阀方向与水源水流方向装反、辅助管道紊乱等情况。其结果是报警阀组不能工作、系统调试困难，使系统不能发挥作用。对安装位置的要求，主要是根据报警阀组的工作特点，便于操作和便于维修的原则而作出的规定。因为常用的自动喷水灭火系统在启动喷水灭火后，一般要由保卫人员在确认火灾被扑灭后关闭水源控制阀，以防止后继水害发生，有的工程为了施工方便而不择位置，将报警阀组安装在不易寻找和操作不便的位置，发生火灾后既不易及时得到报警信号，灭火后又不利于断水和维修检查，其教训是深刻的。

工业、民用及市政等建设工程当设有消防给水系统时，为保护财产和消防设备在火灾时能正常运行等安全需要设置消防排水。因系统调试和日常维护管理的需要应设置消防排水，如实验消火栓处，自动喷水末端试水装置处，报警阀试水装置处等。

在安装报警阀组的室内应采取相应的排水措施，主要是因为系统功能检查、检修需较大量放水而提出的放水能及时排走既便于工作也保护报警阀组的电器或其他组件免于因环境潮湿而造成不必要的损害。工程检查中发现由于排水能力不足，造成水害，故对排水能力提出要求。

整改方案

报警阀组安装当设计无要求时，距室内地面高度为 1.2m；两侧与墙的距离不应小于 0.5m，正面与墙距离不应小于 1.2m；报警阀组凸出部位之间距离不应小于 0.5m。报警阀处排水立管不应小于 DN100（图 6.4-2）。

(a) 错误做法　　　　　　　(b) 正确做法

图 6.4-2

6.4.3 水流指示器处减压孔板安装不满足规范要求

检查部位

各层、防火分区水流指示器处等。

检查要点

检查是否设置减压孔板及其安装位置是否满足规范要求。

问题描述

应设在直径不小于 50mm 的水平直管段上，前后管段的长度小于该管段直径的 5 倍。应采用不锈钢板制作，且孔口直径不应小于设置管段直径的 30%，且不应小于 20mm（图 6.4-3）。

图 6.4-3

原因分析

（1）规范依据：

违反《自动喷水灭火系统设计规范》GB 50084—2017 第 9.3.1 条：

"减压孔板应符合下列规定：

1 应设在直径不小于 50mm 的水平直管段上，前后管段的长度均不宜小于该管段直径的 5 倍；

2 孔口直径不应小于设置管段直径的 30%，且不应小于 20mm；

3 应采用不锈钢板材制作。"

（2）分析点评：

减压孔板主要工作原理是对流体动力减压。当流动水经过减压孔板时由于局部阻力损失，在减压孔板处产生水头压力降（水头损失 H）。从而可以降低洒水喷头的出口压力及出口流量。减压孔板只能减动压，不能减静压，为了在降低动压的同时，减少系统紊流造成的孔板过流的不准确性，尽量减少对管道过流量的影响，为使减压孔板能够准确地按设计要求降低动压，故要求减压孔板前后段的长度要满足规范要求；对安装减压孔板的管道管径和减压孔板孔径进行了规定；另外，为了减少减压孔板生锈和变形，所以对材质进行了要求。

整改方案

调整减压孔板设置位置和孔口直径。

6.4.4　闭式洒水喷头选型不满足规范要求

检查部位

厨房、锅炉房、无空调的玻璃采光顶空间等。

检查要点

闭式洒水喷头选型是否满足环境最高温度 +30℃ 要求。

问题描述

闭式喷头温级选择有误。

原因分析

（1）规范依据：

违反《自动喷水灭火系统设计规范》GB 50084—2017 第 6.1.2 条：

"闭式系统的洒水喷头，其公称动作温度宜高于环境最高温度 30℃。"

（2）分析点评：

所谓公称动作温度，指在不同的使用环境条件下，闭式洒水喷头在不同温度范围内启动的名义动作温度。即按使用环境条件，规定元件能产生动作的温度。自动喷水系统的闭式洒水喷头的喷口由热敏感元件、密封件等零件组成的释放机构封闭。当环境温度达到喷头的公称动作温度范围时，使热敏感元件及其密封组件脱离喷头主体，并按规定的形状和水量在规定的保护面积内喷水灭火，它的性能好坏直接关系着系统的启动和灭火、控火效果。高于环境最高温度30℃，是为防止热敏感元件因局部短时的环境温度上升而爆裂，喷淋喷洒，造成系统误动作产生经济损失。

整改方案

调整闭式洒水喷头型号，使其满足规范要求。

6.4.5 同一隔间内选用不同型号喷头

检查部位

厨房、锅炉房、空调机房等。

检查要点

同一隔间要求应采用相同热敏性能的洒水喷头。

问题描述

同一隔间内选用两种及以上不同温度级型号喷头。

原因分析

（1）规范依据：

违反《自动喷水灭火系统设计规范》GB 50084—2017 第6.1.8条：

"同一隔间内应采用相同热敏性能的洒水喷头。"

（2）分析点评：

同一隔间内采用热敏性能、规格及安装方式一致的喷头，是为了防止混装不同喷头对系统的启动与操作造成不良影响。由于同一隔间其室内环境最高温度是一定的，为保证室内消防系统的正常运行，同一隔间内应采用相同热敏性能的洒水喷头。

📋 **整改方案**

调整闭式洒水喷头型号，使其满足规范要求。

6.4.6　装设网格、栅板类通透性吊顶的场所喷头安装不满足规范要求

⚙️ **检查部位**

装设网格、栅板类通透性吊顶的场所。

🏛 **检查要点**

装设网格、栅板类通透性吊顶的场所是否设置有喷头，喷头设置是否满足规范要求。

🕐 **问题描述**

装设网格、栅板类通透性吊顶的场所处通透率小于 70% 时，喷头设置为直立式喷头，开口部位的净宽度小于 10mm，且开口部位的厚度大于开口的最小宽度。

🔍 **原因分析**

（1）规范依据：

违反《自动喷水灭火系统技术规范》GB 50974—2017 第 7.1.13 条：

"装设网格、栅板类通透性吊顶的场所，当通透面积占吊顶总面积的比例大于 70% 时，喷头应设置在吊顶上方，并应符合下列规定：

1 通透性吊顶开口部位的净宽度不应小于 10mm，且开口部位的厚度不应大于开口的最小宽度；

2 喷头间距及溅水盘与吊顶上表面的距离应符合表 7.1.13 的规定。"

通透性吊顶场所喷头布置要求　　　　　　　　表 7.1.13

火灾危险等级	喷头间距 S（m）	喷头溅水盘与吊顶上表面的最小距离（mm）
轻危险级、中危险级Ⅰ级	S≤3.0	450
	3.0＜S≤3.6	600
	S＞3.6	900
中危险级Ⅱ级	S≤3.0	600
	S＞3.0	900

（2）分析点评：

通透性吊顶的形式、规格、种类多种多样，其设置在给建筑空间带来美观的同时，也会削弱喷头的动作性能、布水性能和灭火性能。所以从镂空率和开口形式等方面规

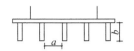

图 6.4-4 通透性吊顶的设置要求

注：技术要求：$b \leq a$

定了不同类型吊顶下喷头的布置要求。

对于诸如垂片、挂板等纵向布置形成的格栅吊顶，本条要求其纵深厚度不应超过吊顶内镂空开口的最小宽度，以便即使通透率满足要求，吊顶自身的厚度也会改变喷头的洒水分布形式及水滴的冲击性能（图 6.4-4）。

📋 **整改方案**

1）按照规范要求调整网格、栅板类通透性吊顶的通透率、开口宽度和厚度；

2）增加下垂式喷头，并设置不小于 $0.12m^2$ 的挡水盘（图 6.4-5）。

(a) 错误做法

(b) 正确做法

图 6.4-5

6.4.7 当梁、通风管道、成排布置的管道、桥架等障碍物的喷头安装不符合规范要求

⚙️ **检查部位**

无吊顶的大于 1.2m 的通风、排烟、空调管道处和成排的管道、槽盒（桥架）处。

🏛 **检查要点**

大于 1.2m 的通风、排烟、空调管道和成排管道、槽盒（桥架）处是否增设喷头；

大于 1.2m 成排的管道、桥架处是否增设喷头，挡水板设置是否满足规范要求。

问题描述

当梁、通风管道、成排布置的管道、槽盒（桥架）等障碍物的宽度大于 1.2m 时，其下方未增设喷头；采用早期抑制快速响应喷头和特殊应用喷头的场所，当障碍物宽度大于 0.6m 时，其下方未增设喷头，当增设喷头上方有空隙时未设置挡水板。

原因分析

（1）规范依据：

1）违反《自动喷水灭火系统设计规范》GB 50084—2017 第 7.2.3 条：

"当梁、通风管道、成排布置的管道、桥架等障碍物的宽度大于 1.2m 时，其下方应增设喷头（图 7.2.3）；采用早期抑制快速响应喷头和特殊应用喷头的场所，当障碍物宽度大于 0.6m 时，其下方应增设喷头。"

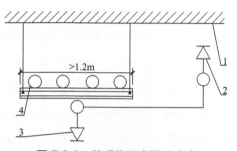

图 7.2.3　障碍物下方增设喷头
1- 顶板；2- 直立型喷头；3- 下垂型喷头；
4- 成排布置的管道（或梁、通风管道、桥架等）

2）违反《自动喷水灭火系统施工及验收规范》GB 50261—2017 第 5.2.9 条：

"当梁、通风管道、排管、桥架宽度大于 1.2m 时，增设的喷头应安装在其腹面以下部位。"

（2）分析点评：

当喷头靠近梁、通风管道、排管、桥架、不到顶的隔断安装时，应尽量减小这些障碍物对其喷水灭火效果的影响。这些情况是近年来工程上经常遇到的较普遍的问题，过去解决这些问题的方式也是五花八门，实际上是施工单位各行其便，其后果是不好的，影响喷水灭火效果，造成不必要的损失。

针对宽度大于 1.2m 的通风管道、成排布置的管道等水平障碍物对自喷系统喷头洒水的遮挡作用，提出了增设喷头的规定，以补偿受阻部位的喷水强度，对早期抑制快速响应喷头和特殊应用喷头，提出当障碍物宽度大于 0.6m 时，就要求增设喷头。

整改方案

1）当梁、通风管道、成排布置的管道、槽盒（桥架）等障碍物的宽度大于 1.2m

时，其下方应增设喷头；采用早期抑制快速响应喷头和特殊应用喷头的场所，当障碍物宽度大于0.6m时，其下方应增设喷头；

2）成排布置的管道、桥架等障碍物增加下垂式喷头，并设置不小于0.12m² 的挡水板（图6.4-6）。

(a) 错误做法　　　　　　　　　　(b) 错误做法

(c) 错误做法　　　　　　　　　　(d) 正确做法

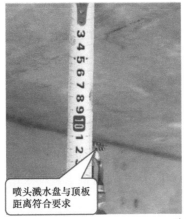

(e) 正确做法

图6.4-6

6.4.8　直立型、下垂型喷头与靠墙障碍物的距离不满足规范要求

检查部位

风道、桥架、管道集中的无吊顶的走道。

检查要点

喷头设置是否满足规范要求。

问题描述

当梁、通风管道、成排布置的管道、槽盒（桥架）等障碍物的遮挡和影响喷头灭火（图 6.4-7）。

图 6.4-7

原因分析

（1）规范依据：

1）违反《自动喷水灭火系统设计规范》GB 50084—2017 第 7.2.5 条：

"直立型、下垂型喷头与靠墙障碍物的距离（图 7.2.5）应符合下列规定：

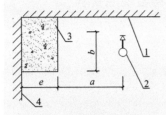

图 7.2.5 喷头与靠墙障碍
物的距离
1- 顶板；2- 直立型喷头；
3- 靠墙障碍物；4- 墙面

1 障碍物横截面边长小于 750mm 时，喷头与障碍物的距离应按下式确定：

$$a \geqslant (e-200)+b \qquad (7.2.5)$$

式中 a——喷头与障碍物的水平距离（mm）；

b——喷头溅水盘与障碍物底面的垂直距离（mm）；

e——障碍物横截面的边长（mm），$e<750$。

2 障碍物横截面边长等于或大于 750mm 或 a 的计算值大于本规范表 7.1.2 中喷头与端墙距离的规定时，应在靠墙障碍物下增设喷头。"

直立型、下垂型标准覆盖面积洒水喷头的布置　　　　表 7.1.2

火灾危险等级	正方形布置的边长（m）	矩形或平行四边形布置的长边边长（m）	一只喷头的最大保护面积（m²）	喷头与端墙的距离（m） 最大	喷头与端墙的距离（m） 最小
轻危险级	4.4	4.5	20.0	2.2	
中危险级Ⅰ级	3.6	4.0	12.5	1.8	
中危险级Ⅱ级	3.4	3.6	11.5	1.7	0.1
严重危险级、仓库危险级	3.0	3.6	9.0	1.5	

2）违反《自动喷水灭火系统施工及验收规范》GB 50261—2017 第 5.2.12 条：

"顶板处的障碍物与任何喷头的相对位置，应使喷头到障碍物底部的垂直距离（H）以及到障碍物边缘的水平距离（L）满足图 5.2.12 所示的要求。当无法满足要求时，应满足下列要求之一：

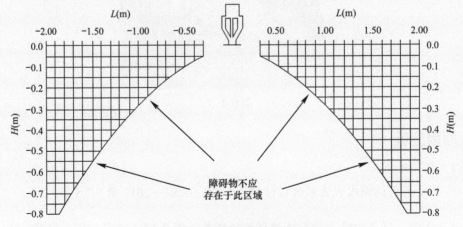

图 5.2.12 喷头与障碍物的相对位置

1 当顶板处实体障碍物宽度不大于 0.6m 时，应在障碍物的两侧都安装喷头，且两侧喷头到该障碍物的水平距离不应大于所要求喷头间距的一半。

2 对顶板处非实体的建筑构件，喷头与构件侧缘应保持不小于 0.3m 的水平距离。"

（2）分析点评：

喷头与顶板的相对位置是影响动作速度的主要因素，顶板处的障碍物是指与喷头基本处于相同高度的混凝土梁、钢梁、挡烟垂壁、桁架、檩条及其他支撑等；顶板处非实体的建筑构件造指通透面积 70% 以上，如屋面托架或桁架等；喷头下的障碍物是指各类风管、喷淋系统自身管道和其他管道、管线桥架、灯具等。最理想的位置是喷头的感温元件位于顶板下 150~255mm。如果感温元件太靠近顶板，起火初始阶段形成的热气流会位于喷头下方，从而延误喷头的动作。如感温元件离顶板太远，起火初始阶段形成的热气流则会位于喷头上方。同样会延误喷头在火灾初期及时动作。顶板下靠墙处有障碍物时，将可能影响其邻近喷头的洒水。本节提出了保证洒水免受阻挡的规定。同时，还应保证障碍物下方喷头的洒水没有漏喷空白点。

整改方案

按《自动喷水灭火系统设计规范》GB 50084—2017 第 7.2.5 条图 7.2.5 所示的要求。

1）障碍物横截面边长（e）等于或大于 750mm，应在靠墙障碍物下增设喷头；

2）增加下垂式喷头并设置不小于 0.12m² 的挡水板；

3）顶板处的障碍物与任何喷头的相对位置，应使喷头到障碍物底部的垂直距离（H）以及到障碍物边缘的水平距离（L）满足《自动喷水灭火系统施工及验收规范》GB 50261—2017 第 5.2.12 条图 5.2.12 所示的要求。当无法满足要求时，应满足下列要求之一：

① 当顶板处实体障碍物宽度不大于 0.6m 时，应在障碍物的两侧都安装喷头，且两侧喷头到该障碍物的水平距离不应大于所要求喷头间距的一半。

② 对顶板处非实体的建筑构件，喷头与构件侧缘应保持不小于 0.3m 的水平距离。

6.4.9 末端试水装置安装不满足规范要求

检查部位

自喷系统末端试水装置。

检查要点

自喷系统末端试水装置配件安装是否完整齐全，高度、标识是否满足规范要求，排水方式是否正确，排水管径是否满足规范要求。

问题描述

自喷系统末端试水装置未安装试水接头，无标识，未采取孔口出流方式，排水管径不足 DN75。

原因分析

（1）规范依据：

违反《自动喷水灭火系统设计规范》GB 50084—2017 第 6.5.2 条、第 6.5.3 条：

> 6.5.2　末端试水装置应由试水阀、压力表以及试水接头组成。试水接头出水口的流量系数，应等同于同楼层或防火分区内的最小流量系数洒水喷头。末端试水装置的出水，应采取孔口出流的方式排入排水管道，排水立管宜设伸顶通气管，且管径不应小于 75mm。
>
> 6.5.3　末端试水装置和试水阀应有标识，距地面的高度宜为 1.5m，并应采取不被他用的措施。

（2）分析点评：

规范规定了末端试水装置（图 6.4-8）的组成、试水接头出水口的流量系数，以及

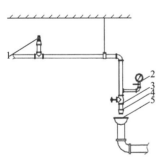

图 6.4-8　末端试水装置图

1- 最不利点处喷头；2- 压力表；3- 球阀；4- 试水接头；5- 排水漏斗

其出水的排放方式。为了使末端试水装置能够模拟实际情况，进行开放一只喷头启动系统等试验，其试水接头出水口的流量系数，要求与同楼层或所在防火分区内采用的最小流量系数的喷头一致。因此本书对末端试水装置的出水提出采取孔口出流的方式排入排水管道的要求。

同时规范也规定了末端试水装置的设置位置，是为了保证末端试水装置的可操作性和可维护性。调研中发现有些工程的末端试水装置安装在吊顶内部，不便操作，还发现有的把末端试水装置的试水接头误作为生活用水接口使用，造成系统频繁动作等，这些都是不合理的现象。

整改方案

按规范要求完善自喷系统末端试水装置配件、出流方式和排水设施，标识清晰（图 6.4-9）。

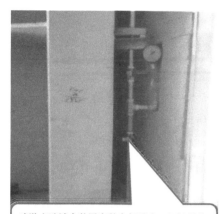

喷淋末端试水装置安装空间狭窄，阀门操作不方便，且未设置喷淋分区标识

(a) 错误做法

喷淋末端试水装置安装空间狭窄，阀门操作不方便，且未设置喷淋分区标识

(b) 错误做法

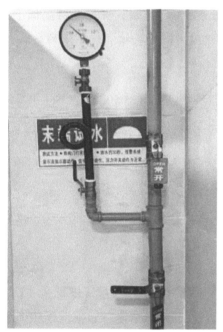

(c) 正确做法

图 6.4-9

6.4.10　严寒与寒冷地区，对系统中遭受冰冻影响的部分，未采取防冻措施

检查部位

环境温度低于 5℃ 的场所（地下室车道入口、地上无供暖房间、室外敷设管道）。

检查要点

自喷系统管道、设施是否设置防冻保温措施，措施是否满足规范要求。

问题描述

在环境温度低于5℃的场所采用湿式自喷系统，且系统管道、设施无防冻保温措施、无供暖设施。

原因分析

（1）规范依据：

1）违反《自动喷水灭火系统设计规范》GB 50084—2017第10.1.3条：

> "严寒与寒冷地区，对系统中遭受冰冻影响的部分，应采取防冻措施。"

2）违反《消防给水及消火栓系统技术规范》GB 50974—2014第8.2.10条：

> "架空充水管道应设置在环境温度不低于5℃的区域，当环境温度低于5℃时，应采取防冻措施；室外架空管道当温差变化较大时应校核管道系统的膨胀和收缩，并应采取相应的技术措施。"

3）违反《汽车库、修车库、停车场设计防火规范》GB 50067—2014第7.2.5条：

> "环境温度低于4℃时间较短的非严寒或寒冷地区，可采用湿式自动喷水灭火系统，但应采取防冻措施。"

（2）分析点评：

为保证供水可靠性，本条提出了在严寒与寒冷地区，要求采取必要的防冻措施，避免因冰冻而造成供水不足或供水中断的现象发生。

环境温度低于4℃的严寒或寒冷地区，应按照现行国家标准《自动喷水灭火系统设计规范》GB 50084的要求设置干式或预作用系统。但对于环境温度低于4℃时间较短的一些非严寒或寒冷地区，可考虑采用湿式自动喷水灭火系统，但应采用加热保暖等防冻措施，以保证湿式自动喷水灭火系统内不被冻结。

整改方案

增加自喷系统防冻保温措施或设置供暖设施。

6.4.11 喷头安装后被污损，不符合要求

 **检查部位**

喷头。

🏛 检查要点

喷头是否被拆装、改动、有涂层。

🕐 问题描述

喷头本体或感温元件在装修过程中被涂料污损，影响喷头动作性能。

🔍 原因分析

（1）规范依据：

违反《自动喷水灭火系统施工及验收规范》GB 50261—2017 第 5.2.2 条：

"喷头安装时，不得对喷头进行拆装、改动，并严禁给喷头、隐蔽式喷头的装饰盖板附加任何装饰性涂层。"（此条与《消防设施通用规范》GB 55036—2022 规定一致）。

（2）分析点评：

对喷头安装时应注意的几个问题提出了要求，目的是防止在安装过程中对喷头造成损伤，影响其性能。喷头是自动喷水灭火系统的关键组件，生产厂家按照国标要求经过严格的检验合格后方可出厂供用户使用，因此安装时不得随意拆装、改动。不少使用单位为了装修方便，给喷头刷漆和喷涂料，这是绝对不允许的。这样做一方面是被覆物将影响喷头的感温动作性能，使其灵敏度降低；另一方面如被覆物属油漆之类，干后牢固地附在释放机构部位还将影响喷头的开启，其后果是相当严重的。

📋 整改方案

对污损的喷头进行清洁或更换，对被涂层覆盖的隐蔽式喷头更换装饰盖板（图 6.4-10）。

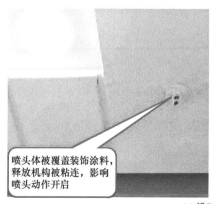

(a) 错误做法

图 6.4-10

(b) 正确做法

图 6.4-10（续）

6.4.12 自动喷水灭火系统排气阀安装不符合要求

⚙ **检查部位**

消防系统配水干管（湿式系统），配水管末端（干式或预作用系统）。

🏛 **检查要点**

检查排气阀及其配套附件的安装。

🕐 **问题描述**

1）湿式系统排气阀未安装在配水干管顶部；

2）干式系统或预作用系统快速排气阀未安装在配水管的末端；

3）干式系统或预作用系统有压充气管道快速排气阀入口前未设置电动阀；

4）水平安装的电动排气阀组，未设置固定支架，系统管网排气过程中产生的振动，会造成管路接口泄漏。

🔍 **原因分析**

（1）规范依据：

1）违反《自动喷水灭火系统设计规范》GB 50084—2017 第 4.3.2 条第 3、4 款：

"3 应设有泄水阀（或泄水口）、排气阀（或排气口）和排污口；

4 干式系统和预作用系统的配水管道应设快速排气阀。有压充气管道的快速排气阀入口前应设电动阀。"

2）违反《自动喷水灭火系统施工及验收规范》GB 50261—2017 表 5.1.15-2 中注、

第 5.4.7 条：

表 5.1.15-2 中注：

"1 在距离各管件或阀门 100mm 以内应采用管卡牢固固定，特别在干管变支管处；

　2 阀门等组件应加设承重支架。"

"5.4.7　排气阀的安装应在系统管网试压和冲洗合格后进行；排气阀应安装在配水干管顶部、配水管的末端，且应确保无渗漏。"

（2）分析点评：

设置排气阀是为了使系统的管道充水时不存留空气，排气阀设在其负责区段管道的最高点。干式系统与预作用系统设置快速排气阀，是为了使配水管道尽快排气充水。干式系统和配水管道充有压缩空气的预作用系统中为快速排气阀设置的电动阀，平时常闭，系统开始充水时打开。因沟槽连接管道的刚性较其他连接方式差，在试压、冲洗等压力波动较大时，易产生变形或断开，故对其管道支架的要求更高。目的是确保管网的强度，使其在受外界机械冲撞和自身水力冲击时也不至于损伤；自动排气阀是湿式系统上设置的能自动排出管网内气体的专用产品。因其排气孔较小、阀塞等零件较精密，为防止损坏和堵塞，自动排气阀应在系统管网冲洗、试压合格后安装，其安装位置应是管网内气体最后集聚处。

整改方案

1）排气阀应安装在配水干管顶部、配水管的末端，且应确保无渗漏。

2）电动排气阀所在支管设置支吊架（图 6.4-11）。

排气阀入口前未安装检修阀门

电动排气阀支管上未设置支吊架固定

(a) 错误做法

图 6.4-11

(b) 正确做法

图 6.4-11（续）

6.4.13 顶板或吊顶为斜面时喷头安装错误

⚙ 检查部位

顶板或吊顶为斜面区域。

🏛 检查要点

喷头安装和设置位置是否符合规范要求。

🕐 问题描述

喷头未与斜面垂直。坡屋顶屋脊处未设置喷头。

🔍 原因分析

（1）规范依据：

违反《自动喷水灭火系统设计规范》GB 50084—2017 第 7.1.14 条：

> "顶板或吊顶为斜面时，喷头的布置应符合下列要求：
>
> 1 喷头应垂直于斜面，并应按斜面距离确定喷头间距；
>
> 2 坡屋顶的屋脊处应设一排喷头，当屋顶坡度不小于 1/3 时，喷头溅水盘至屋脊的垂直距离不应大于 800mm；当屋顶坡度小于 1/3 时，喷头溅水盘至屋脊的垂直距离不应大于 600mm。"

（2）分析点评：

本节要求在倾斜的屋面板、吊顶下布置的喷头，垂直于斜面安装，喷头的间距按斜面的距离确定。当房间为坡屋顶时，要求屋脊处布置一排喷头。为利于系统尽快启动和便于安装，按屋顶坡度规定了喷头溅水盘与屋脊的垂直距离：屋顶坡度≥1/3 时，h 不应大于 0.8m；屋顶坡度<1/3 时，h 不应大于 0.6m（图 6.4-12）。

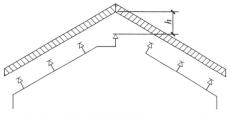

图 6.4-12　屋脊处设置喷头示意图

整改方案

1）喷头安装应垂直于斜面，并应按斜面距离确定喷头间距；

2）坡屋顶的屋脊处应设一排喷头，当屋顶坡度不小于 1/3 时，喷头溅水盘至屋脊的垂直距离不应大于 800mm；当屋脊坡度小于 1/3 时，喷头溅水盘至屋脊的垂直距离不应大于 600mm。

6.5　水炮、雨淋、水幕及高压细水雾

6.5.1　高大空间场未设置自动消防炮系统

检查部位

工业和民用建筑中的高大空间场所。

检查要点

需要设置自动跟踪定位射流（自动消防炮）灭火系统的场所是否进行了设置。

问题描述

大型商业综合体及高大厂房、库房等高大空间场所难以设置自动喷淋灭火系统保护时，如未设置自动跟踪定位射流（自动消防炮）灭火系统，会影响整体灭火效果。

原因分析

（1）规范依据：

1）违反了《建筑设计防火规范》GB 50016—2014（2018 年版）第 8.3.5 条：

"根据本规范要求难以设置自动喷水灭火系统的展览厅、观众厅等人员密集的场所和丙类生产车间、库房等高大空间场所，应设置其他自动灭火系统，并宜采用固

定消防炮等灭火系统。"

2）违反了《自动跟踪定位射流灭火系统技术标准》GB 51427—2021 第 3.1.1 条：

"自动跟踪定位射流灭火系统可用于扑救民用建筑和丙类生产车间、丙类库房中，火灾类别为 A 类的下列场所：

1 净空高度大于 12m 的高大空间场所；

2 净空高度大于 8m 且不大于 12m，难以设置自动喷水灭火系统的高大空间场所。"

（2）分析点评：

对于以可燃固体燃烧物为主的高大空间采用自动喷水灭火系统、气体灭火系统等都不合适，此类场所可以采用固定消防炮或自动射流灭火系统进行保护，固定消防炮灭火系统可以远程控制并自动搜索火源、对准着火点、自动喷洒水或其他灭火剂进行灭火，可与火灾自动报警系统联动，既可手动控制也可实现自动操作，适用于扑救大空间的早期火灾，对于设置自动喷水灭火系统不能有效发挥早期相应灭火作用的场所，采用与火灾探测器联动的固定消防炮或自动跟踪定位射流灭火系统比快速响应喷头更能及时扑救早期火灾，消防炮水量集中，流速快、冲量大，水流可以直接接触燃烧物而作用到火焰根部，将火焰剥离燃烧物使燃烧中止，能有效扑救高大空间内蔓延较快或火灾荷载大的火灾。固定消防炮和自动射流灭火系统的设计应符合现行国家标准《固定消防炮灭火系统设计规范》GB 50338—2003 和《自动跟踪定位射流灭火系统技术标准》GB 51427—2021。

🔖 整改方案

按照规范要求增加自动跟踪定位射流（自动消防炮）灭火系统。

6.5.2 与湿式喷淋系统共用喷淋泵时，消防炮主管连接不正确，消防泵流量取值不准确

⚙️ 检查部位

消防炮主管连接位置。

🏛 检查要点

与湿式喷淋系统共用喷淋泵时，消防炮主管应在湿式报警阀前接出。

 **问题描述**

　　与湿式喷淋系统共用喷淋泵时，消防炮主管在湿式报警阀后接出；高大空间与其他部位为同一防火分区时，消防炮与自动喷水灭火系统有同时动作可能，消防泵流量未叠加取值。

原因分析

　　（1）规范依据：

　　违反了《自动跟踪定位射流灭火系统技术标准》GB 51427—2021 第 4.5.3 条：

　　"当喷射型自动射流灭火系统或喷洒型自动射流灭火系统与自动喷水灭火系统共用消防水泵及供水管网时，应符合下列规定：

　　1 两个系统同时工作时，系统设计水量、水压及一次灭火用水量应满足两个系统同时使用的要求；

　　2 两个系统不同时工作时，系统设计水量、水压及一次灭火用水量应满足较大一个系统使用的要求；

　　3 两个系统应能正常运行，互不影响。"

　　（2）分析点评：

　　在有条件的情况下，喷射型自动射流灭火系统和喷洒型自动射流灭火系统的消防水泵和供水管网应尽可能单独设置。如果受到客观条件限制，自动跟踪定位射流灭火系统需要与自动喷水灭火系统合并设置消防供水时，两个系统可以合用消防水泵和部分供水管道，但其供水管道应在自动喷水灭火系统的报警阀前分开。

整改方案

　　按照规范要求调整消防炮主管连接位置，在湿式报警阀前接出。

6.5.3　消防炮系统自动跟踪定位射流系统现场控制箱设置位置不符合规范要求

检查部位

　　自动跟踪定位射流（自动消防炮）灭火系统的现场控制箱设置位置。

检查要点

　　检查自动跟踪定位射流（自动消防炮）灭火系统现场控制箱设置位置是否能观察

到现场灭火装置动作。

🕐 问题描述

1）厂房内设有自动跟踪定位射流（自动消防炮）灭火系统，现场控制箱设置在厂房门外，不能观察到现场灭火装置动作。

2）中庭设有自动跟踪定位射流（自动消防炮）灭火系统，现场控制箱设置上层环廊里面，无法观察到现场灭火装置动作。

🔍 原因分析

（1）规范依据：

违反了《自动跟踪定位射流灭火系统技术标准》GB 51427—2021 第 4.3.8 条：

> "现场控制箱除符合本标注 4.3.6 条外，尚应符合下列规定：
> 1 应设置在灭火装置的附近，便于现场手动操作，并应能观察到灭火装置动作；
> 2 应具有防误操作的措施。"

（2）分析点评：

将控制箱设于火灾现场附近可以更好地对灭火装置是否启动进行观察，当自动控制不能满足灭火需求时可及时进行现场手动操作，有利于更加快捷地将火灾扑灭。

📋 整改方案

按照规范要求调整现场灭火装置控制箱的布置位置。

6.5.4 自动跟踪定位射流灭火系统每台（组）灭火装置之前的供水管路未布置成环状管网

🏛 检查要点

检查自动跟踪定位射流灭火系统的每台（组）灭火装置之前的供水管路是否构成环状管网。

🕐 问题描述

设有自动跟踪定位射流灭火系统的每台（组）灭火装置之前的供水管路为枝状管网，未成环状管网。

原因分析

（1）规范依据：

违反了《自动跟踪定位射流灭火系统技术标准》GB 51427—2021 第 4.4.1 条：

"自动消防炮灭火系统和喷射型自动射流灭火系统每台灭火装置、喷洒型自动射流灭火系统每组灭火装置之前的供水管路应布置成环状管网。环状管网的管道管径应按对应的设计流量确定。"

（2）分析点评：

要求供水管路布置成环状是为了保证自动跟踪定位射流灭火系统的供水可靠性。当一路管道发生问题需要检修时，另一路管道仍然可以保证 100% 供水。此外，环状管网能有效保证灭火装置前压力均衡。

整改方案

按照规范要求将现场自动跟踪定位射流灭火装置前供水管网改为环状管网。

6.5.5　自动消防炮灭火系统和喷射型自动射流灭火系统消防炮保护距离不满足规范要求，每台消防炮前未设水流指示器

检查部位

设置消防炮的场所。

检查要点

1）消防炮的设置是否能满足任意一点在两个消防炮的保护范围内；

2）每台消防炮前是否设有自动控制阀、具有信号反馈功能的手动控制阀、水流指示器。

问题描述

1）消防炮的设置不满足任意一点在两个消防炮的保护范围内；

2）每台消防炮前未设水流指示器或阀门设置不准确（图 6.5-1）。

图 6.5-1

原因分析

（1）规范依据：

1）违反了《自动跟踪定位射流灭火系统技术标准》GB 51427—2021 第 4.2.5 条：

> "自动消防炮灭火系统和喷射型自动射流灭火系统灭火装置的设计同时开启数量应按 2 台确定。"

2）违反了《自动跟踪定位射流灭火系统技术标准》GB 51427—2021 第 4.3.10 条第 1 款：

> "每台自动消防炮及喷射型自动射流灭火装置、每组喷洒型自动射流灭火装置的供水支管上应设置水流指示器，且应安装在手动控制阀的出口之后；"

3）违反了《自动跟踪定位射流灭火系统技术标准》GB 51427—2021 第 4.4.3 条：

> "每台自动消防炮或喷射型自动射流灭火装置、每组喷洒型自动射流灭火装置的供水支管上应设置自动控制阀和具有信号反馈的手动控制阀，自动控制阀应设置在靠近灭火装置进口的部位。"

（2）分析点评：

对于自动消防炮灭火系统和喷射型自动射流灭火系统，保护区内的任何一点都必须要有至少 2 台灭火装置的射流能够到达，但在设计中只考虑最多 2 台灭火装置同时开启。这样规定同时也是为了使系统供水流量、消防储水容量不至于过大，经济合理地设计自动消防炮灭火系统和喷射型自动射流灭火系统。但消防炮的设置如果间距过大，就不能满足任意一点在两个消防炮的保护范围之内，在施工时往往根据结构的梁柱位置确定消防炮的设置位置，而忽略了消防炮的保护半径造成不能满足任意一点在两个消防炮的保护范围之内；

规范要求每台消防炮设水流指示器的目的是增加一套辅助的报警措施，以对发生火灾的位置进行报告，但部分人员在设计施工时理解为一个高大空间内消防炮不管数量多少整体做一个水流指示器因此违反了规范要求。为了便于对自动控制阀或灭火装置进行检修，同时要求在自动控制阀前安装一个具有信号反馈的手动控制阀。

整改方案

1）调整消防炮的位置或增加消防炮，满足任意一点在两个消防炮的保护范围之内。

2）在每台消防炮前设置自动控制阀、具有信号反馈的手动控制阀、水流指示器，且自动控制阀应设置在靠近灭火装置进口的部位。

自动消防炮灭火系统 / 喷射型自动射流灭火系统基本组成见图 6.5-2。

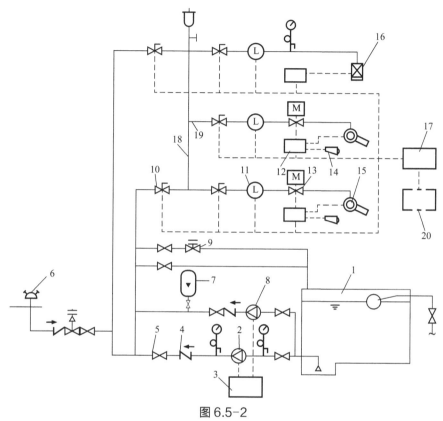

图 6.5-2

1- 消防水池；2- 消防水泵；3- 消防水泵 / 稳压泵控制柜；4- 止回阀；5- 手动阀；6- 水泵接合器；7- 气压罐；
8- 稳压泵；9- 泄压阀；10- 检修阀（信号阀）；11- 水流指示器；12- 控制模块箱；13- 自动控制阀（电磁阀
或电动阀）；14- 探测装置；15- 自动消防炮 / 喷射型自动射流灭火装置；16- 模拟末端试水装置；17- 控制装置
（控制主机、现场控制箱等）；18- 供水管网；19- 供水支管；20- 联动控制器（或自动报警系统主机）

6.5.6　消防炮安装错误

检查部位

消防炮。

检查要点

检查消防炮安装方向及接线情况。

问题描述

消防炮安装错误，或线束长度预留不足。

🔍 **原因分析**

（1）规范依据：

1）违反了《固定消防炮灭火系统设计规范》GB 50338—2003 第 5.2.4 条：

"室内配置的消防水炮的俯角和水平回转角应满足使用要求。"

2）违反了《自动跟踪定位射流灭火系统技术标准》GB 51427—2021 第 4.3.1 条第 1 款：

"自动消防炮和喷射型自动射流灭火装置的俯仰和水平回转角度应满足使用要求；"

（2）分析点评：

消防炮的安装方向不满足规范要求。就无法保证探测和射水定位的准确性，发生火灾时即使消防炮动作也无法有效灭火。消防炮的线束长度未预留一定余量，绑扎不牢固就会导致消防炮在转动过程中会出现拉扯现象，无法保证水炮正常转动自如，影响灭火效果，同时会发生线皮磨损漏电情况。

📋 **整改方案**

1）吊装消防炮（接口法兰方向与地面水平，则进水管与地平面保持垂直）。

2）座装消防炮（接口法兰方向垂直于地面，则进水管与地平面保持水平）。

3）线束预留长度满足水炮的俯仰和水平回转角度要求，绑扎牢固，无缠绕（图 6.5-3）。

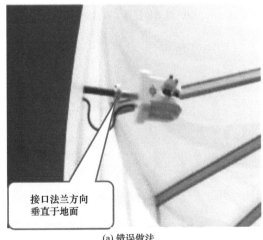

接口法兰方向垂直于地面

(a) 错误做法

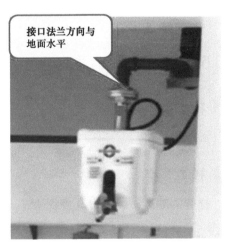

接口法兰方向与地面水平

(b) 正确做法

图 6.5-3

线束预留长度适宜，绑扎牢固

线束长度预留不足，有缠绕

(c) 错误做法　　　　　　　　　(d) 正确做法

图 6.5-3（续）

6.5.7　雨淋报警阀组的电磁阀，其入口应设过滤器；并联雨淋报警阀组前应设止回阀

检查部位

雨淋系统的报警阀组。

检查要点

检查雨淋报警阀组的电磁阀，其入口前是否设有过滤器；并联设置雨淋报警阀组的雨淋系统，其雨淋报警阀控制腔的入口是否设有止回阀。

问题描述

在雨淋报警阀配置的电磁阀前未设过滤器，或并联设置雨淋报警阀组的雨淋系统，其雨淋报警阀控制腔的入口未设止回阀。

原因分析

（1）规范依据：

违反了《自动喷水灭火系统设计规范》GB 50084—2017 第 6.2.5 条：

"雨淋报警阀组的电磁阀，其入口应设过滤器。并联设置雨淋报警阀组的雨淋系统，其雨淋报警阀控制腔的入口应设止回阀。"

（2）分析点评：

雨淋报警阀配置的电磁阀，其流道的通径很小。在电磁阀入口设置过滤器，是为了防止其流道被堵塞，保证电磁阀的可靠性。

并联设置雨淋报警阀组的系统启动时，将根据火情开启一部分雨淋报警阀。当开阀供水时，雨淋报警阀的入口水压将产生波动，有可能引起其他雨淋报警阀的误动作。为了稳定控制腔的压力，保证雨淋报警阀的可靠性，规定并联设置雨淋报警阀组的雨淋系统，雨淋报警阀控制腔的入口要求设有止回阀。

整改方案

按照规范要求在雨淋报警阀组的电磁阀入口前增设过滤器。按照规范要求在雨淋报警阀组的控制腔的入口增设止回阀（图6.5-4）。

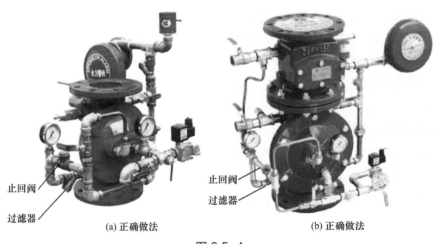

止回阀
过滤器
(a) 正确做法

止回阀
过滤器
(b) 正确做法

图6.5-4

6.5.8 每个雨淋阀的作用面积应符合规范要求，雨淋报警阀处应设现场手动应急操作

检查部位

设置雨淋系统的场所（图6.5-5）。

检查要点

1）每个雨淋阀的作用面积不超过260m²;

2）雨淋系统应同时具备自动控制、消防控制室（盘）远程控制、雨淋报警阀处现场手动应急操作。

图6.5-5

问题描述

1）雨淋阀的作用面积超过 $260m^2$；

2）雨淋报警阀处缺少现场手动应急操作的快开阀。

原因分析

（1）规范依据：

1）违反了《自动喷水灭火系统设计规范》GB 50084—2017 第 5.0.10 条第 2 款：

"雨淋系统的喷水强度和作用面积应按本规范表 5.0.1 的规定值确定，且每个雨淋报警阀控制的喷水面积不宜大于表 5.0.1 中的作用面积。"

2）违反了《自动喷水灭火系统设计规范》GB 50084—2017 第 11.0.7 条：

"预作用系统、雨淋系统和自动控制的水幕系统，应同时具备下列三种开启报警阀组的控制方式：

1 自动控制；

2 消防控制室（盘）远程控制；

3 预作用装置或雨淋报警阀处现场手动应急操作。"

（2）分析点评：

雨淋系统由雨淋报警阀控制其连接的开式洒水喷头同时喷水，有利于扑救水平蔓延速度快的火灾。但是，如果一个雨淋报警阀控制的面积过大，将会使系统的流量过大，总用水量过大，并带来较大的水渍损失，影响系统的经济性能。出于适当控制系统流量与总用水量的考虑，提出了雨淋系统中一个雨淋报警阀控制的喷水面积按不大于本规范规定的作用面积为宜。对大面积场所，可设多套雨淋报警阀组合控制一次灭火的保护范围。因此当葡萄架面积大于 $260m^2$ 时，需要增设雨淋阀，并与电气专业配合进行联动控制。

对雨淋系统规范要求具有自动、远程启动和现场手动应急操作三种开启报警阀组的规定。手动是指现场手动启动报警阀组，控制室手动操作属远控启动。对于一些设置报警阀组数量多且布置分散的场所，可在报警阀组处设就地手动开阀设施，并设手动报警按钮。

整改方案

1）当葡萄架面积大于 $260m^2$ 时，需要增设雨淋阀；

2）雨淋报警阀处增设现场手动应急操作设施。

6.5.9 防护冷却水幕系统的喷头选型错误

⚙ **检查部位**

设有防护冷却水幕系统的喷头。

🏛 **检查要点**

防护冷却水幕是否采用水幕喷头。

🕰 **问题描述**

现场检查发现防护冷却水幕未采用水幕喷头。

🔍 **原因分析**

（1）规范依据：

违反了《自动喷水灭火系统设计规范》GB 50084—2017 第6.1.5条第2款：

"防护冷却水幕应采用水幕喷头。"

（2）分析点评：

防护冷却水幕要求采用将水喷向保护对象的水幕喷头，如采用其他形式洒水喷头，则无法达到冷却效果。

📋 **整改方案**

按照规范要求更换喷头。

6.5.10 采用防护冷却系统保护防火卷帘、防火玻璃墙等防火分隔设施时，喷头设置高度超过8m，喷头溅水盘与防火分隔设施的水平距离大于0.3m

⚙ **检查部位**

设有保护防火卷帘、防火玻璃墙等防火分隔设施的防护冷却系统喷头布置。

🏛 **检查要点**

检查防护冷却系统喷头布置高度是否超过8m，喷头溅水盘与防火分隔设施的水平距离是否大于0.3m。

 问题描述

现场检查发现防护冷却系统喷头布置高度超过 8m，喷头溅水盘与防火分隔设施的水平距离是大于 0.3m。

原因分析

（1）规范依据：

违反了《自动喷水灭火系统设计规范》GB 50084—2017 第 5.0.15 条：

"采用防护冷却系统保护防火卷帘、防火玻璃墙等防火分隔设施时，系统应独立设置，且应符合下列要求：

1 喷头设置高度不应超过 8m；当设置高度为 4m～8m 时，应采用快速响应洒水喷头；

2 喷头设置高度不超过 4m 时，喷水强度不应小于 0.5L/（s·m）；当超过 4m 时，每增加 1m，喷水强度应增加 0.1L/（s·m）；

3 喷头设置应确保喷洒到被保护对象后布水均匀，喷头间距应为 1.8m～2.4m；喷头溅水盘与防火分隔设施的水平距离不应大于 0.3m，与顶板的距离应符合本规范第 7.1.15 条的规定。"

（2）分析点评：

现行国家标准《建筑设计防火规范》GB 50016、《人民防空工程设计防火规范》GB 50098 均规定，防火分区间可采用防火卷帘分隔，当防火卷帘的耐火极限不符合要求时，可采用设置自动喷水灭火系统保护。《建筑设计防火规范》GB 50016—2014（2018 年版）中还规定，建筑内中庭与周围连通空间，以及步行街两侧建筑商铺面向步行街一侧的围护构件采用耐火完整性不低于 1.00h 的非隔热性防火玻璃墙时，应设置闭式自动喷水灭火系统保护，并规定自动喷水灭火系统的设计应符合现行国家标准《自动喷水灭火系统设计规范》GB 50084 的有关规定。当采用玻璃墙体代替防火墙时，应在玻璃墙体的两侧布置喷头，喷头布置间距不应超过 2.4m，与玻璃的距离不超过 0.3m。并应确保喷头的布置能使喷头在动作后能淋湿所有玻璃墙体的表面，所采用的玻璃应为钢化玻璃、嵌丝玻璃或夹层玻璃等。

整改方案

按照规范要求调整喷头位置。

防护冷却系统涉水喷头布置剖面图见图 6.5-6，喷头与顶板的距离见表 6.5-1。

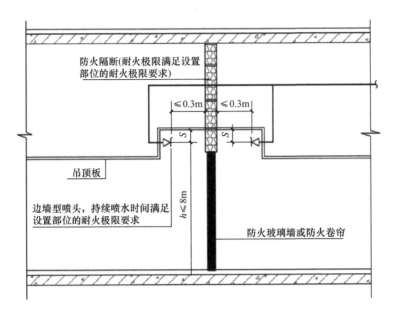

图 6.5-6

喷头与顶板的距离   表 6.5-1

喷头类型		喷头溅水盘与顶板的距离 s（mm）
边墙型标准覆盖面积洒水喷头	直立式	$100 \leqslant s \leqslant 150$
	水平式	$150 \leqslant s \leqslant 300$
边墙型扩大覆盖面积洒水喷头	直立式	$100 \leqslant s \leqslant 150$
	水平式	$150 \leqslant s \leqslant 300$

6.5.11　细水雾全淹没开式系统防护区数量，容积不符合要求

检查部位

细水雾灭火系统全淹没开式系统保护的防护区数量，全淹没开式系统单个防护区容积。

问题描述

细水雾灭火系统一套全淹没开式系统保护的防护区数量超过 3 个；泵组式全淹没开式系统单个防护区容积超过 $3000m^3$。

原因分析

（1）规范依据：

违反了《细水雾灭火系统技术规范》GB 50898—2013 第 3.4.5 条：

"采用全淹没应用方式的开式系统,其防护区数量不应大于 3 个。

单个防护区的容积,对于泵组系统不宜超过 3000m³,对于瓶组系统不宜超过 260m³。当超过单个防护区最大容积时,宜将该防护区分成多个分区进行保护,并应符合下列规定:

1 各分区的容积,对于泵组系统不宜超过 3000m³,对于瓶组系统不宜超过 260m³;

2 当各分区的火灾危险性相同或相近时,系统的设计参数可根据其中容积最大分区的参数确定;

3 当各分区的火灾危险性存在较大差异时,系统的设计参数应分别按各自分区的参数确定;

4 当设计参数与本规范表 3.4.4 不相符合时,应经实体火灾模拟试验确定。"

(2)分析点评:

对于泵组系统,目前采用全淹没应用方式进行实体火灾模拟试验的防护区体积基本不超过 3000m³。超过该体积时,系统的灭火有效性需要进一步试验验证。泵组系统由于其持续供水能力有限,因此要求单个防护区的最大容积小于采用泵组系统保护时的容积。对单个防护区的容积进行限定也考虑到防护区容积过大时,采用全淹没应用方式不够经济。采用开式系统全淹没应用方式保护的单个防护区,当容积过大时,可将其分成若干个小于 3000m³ 或更小的防护区后按照第 3.4.4 条的要求进行设计,也可以根据实际工程情况参考表 3.4.4 确定设计参数。当这些防护区的火灾危险性相同或相近,可以按照其中最大一个防护区的要求设计。但采用一套系统进行保护时,防护区的个数不应超过 3 个。

整改方案

当全淹没开式系统保护的防护区数量超过 3 个时,可依据保护区数量、分布情况,增加若干套独立运行的细水雾系统,确保单套细水雾灭火系统防护区数量不大于 3 个。当全淹没开式系统单个防护区容积超过限值时,可依据防护区的规模和火灾危险性等级,合理划分灭火分区,并设置独立的分区控制阀门。

6.6 气体灭火系统设置及功能、建筑灭火器配置

6.6.1 设置气体灭火系统的区域开口不能自行关闭

检查部位

设置气体灭火系统的防护区。

检查要点

查看防护区开口自行关闭情况。

问题描述

防护区内的开口不能自动关闭或未形成完全密闭空间。

原因分析

（1）规范依据：

违反了《气体灭火系统设计规范》GB 50370—2005 第 3.2.9 条：

"喷放灭火剂前，防护区内除泄压口外的开口应能自行关闭"（此条与《消防设施通用规范》GB 55036—2022 规定一致）。

（2）分析点评：

防护区的封闭要求是全淹没灭火的必要技术条件，因此不允许除泄压口之外的开口存在，除泄压口外所有洞口应能自行关闭，防护区形成封闭空间。

整改方案

按照规范要求对防护区内开口设置自行关闭功能。

6.6.2 七氟丙烷灭火系统设置区域泄压装置的设置位置有误

检查部位

设置七氟丙烷灭火系统的防护区。

检查要点

查看排气泄压装置，确认泄压口设置位置。

问题描述

泄压口安装高度不满足净高 2/3 以上要求。

原因分析

（1）规范依据：

违反了《气体灭火系统设计规范》GB 50370—2005 第 3.2.7 条：

"防护区应设置泄压口，七氟丙烷灭火系统的泄压口应位于防护区净高的 2/3

以上。"（此条与《消防设施通用规范》GB 55036—2022 规定一致）。

（2）分析点评：

由于七氟丙烷灭火剂比空气重，为了减少灭火剂从泄压口流失，泄压口应开在防护区净高的 2/3 以上，即泄压口下沿不低于防护区净高的 2/3（图 6.6-1）。

整改方案

按照规范要求调整泄压口安装高度位于防护区净高 2/3 以上。

6.6.3 灭火系统的储存装置 72h 内不能重新充装恢复工作的，未按系统原储存量的 100% 设置备用量

检查部位

设置气体灭火系统的场所。

图 6.6-1

检查要点

查看灭火剂备用量。

问题描述

72h 内不能重新充装恢复工作的，未按系统储存量的 100% 设置备用量。

原因分析

（1）规范依据：

违反了《气体灭火系统设计规范》GB 50370—2005 第 3.1.7 条：

"灭火系统的储存装置 72h 内不能重新充装恢复工作的，应按系统原储存量的 100% 设置备用量。"

（2）分析点评：

灭火剂的泄漏以及储存容器的检修，还有喷放灭火后的善后和恢复工作，都将会中断对防护区的保护。由于气体灭火系统的防护区一般都为重要场所，由它保护而意外

造成中断的时间不允许太长，依据我国现有情况，绝大多数地方 3d 内都能够完成重新充装和检修工作，故规定 72h 内不能够恢复工作状态的，就应设备用储存容器和灭火剂备用量。按扑救第二次火灾需要来考虑，规定备用量应按系统原储存量的 100% 确定。

≡ 整改方案

按储存量的 100% 设置备用量。

6.6.4 灭火设计浓度或实际使用浓度大于无毒性反应浓度（NOAEL 浓度）的防护区，未设手动与自动控制的转换装置

⚙ 检查部位

设置气体灭火系统的场所。

🏛 检查要点

手动与自动控制的转换装置（图 6.6-2）。

图 6.6-2

⏱ 问题描述

灭火设计浓度或实际使用浓度大于无毒性反应浓度（NOAEL 浓度）的防护区，未设手动与自动控制的转换装置。

🔍 原因分析

（1）规范依据：

违反了《气体灭火系统设计规范》GB 50370—2005 第 5.0.4 条：

"灭火设计浓度或实际使用浓度大于无毒性反应浓度（NOAEL 浓度）的防护区和采用热气溶胶预制灭火系统的防护区，应设手动与自动控制的转换装置。当人员进入防护区时，应能将灭火系统转换为手动控制方式；当人员离开时，应能恢复为自动控制方式。防护区内外应设手动、自动控制状态的显示装置。"（此条与《消防设施通用规范》GB 55036—2022 规定一致）。

（2）分析点评：

灭火设计浓度或实际使用浓度大于无毒性反应浓度（NOAEL 浓度）的防护区，灭火系统处于自动状态，一旦有火警自动喷洒，人员未能及时撤离，会对防护区内工作人员身体造成一定程度伤害；如果在人员进入前能转换成手动状态，可避免此类不安

全事件发生。

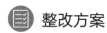 整改方案

在灭火设计浓度或实际使用浓度大于无毒性反应浓度（NOAEL浓度）的防护区外设手动与自动控制的转换装置。

6.6.5 灭火器的配置级别、数量不满足要求

检查部位

一类高层写字楼、公寓楼，50张床位以上幼儿园、养老院等严重危险级场所。

检查要点

检查灭火器灭火级别、数量是否满足要求。

问题描述

灭火器配置级别与保护场所危险等级不符、灭火器数量不满足规范要求。

原因分析

（1）规范依据：

违反了《建筑灭火器配置设计规范》GB 50140—2005第3.2.2条：

"民用建筑灭火器配置场所的危险等级，应根据其使用性质，人员密集程度，用电用火情况，可燃物数量，火灾蔓延速度，扑救难易程度等因素。"

（2）分析点评：

依据灭火器配置场所的使用性质、人员密集程度、用火用电多少、可燃物数量、火灾蔓延速度、扑救难易程度等因素来划分危险等级。根据《建筑灭火器配置设计规范》GB 50140—2005中附录D列举的若干场所的火灾危险级，配置相应灭火级别的灭火器。

整改方案

按照规范要求调整灭火器配置级别，补充灭火器数量。

6.6.6 灭火器保护距离不满足要求

检查部位

充电车位地下车库、幼儿园等。

🏛 检查要点

检查灭火器的保护距离是否能满足规范要求。

⏱ 问题描述

严重危险级别场所，仅在消防柜内配置灭火器不能满足保护距离的要求。

🔍 原因分析

（1）规范依据：

违反了《建筑灭火器配置设计规范》GB 50140—2005 中表 5.2.1 规定 A 类火灾严重危险级场所，手提式灭火器最大保护距离为 15m 及表 5.2.2 B、C 类火灾严重危险级场所，手提式灭火器最大保护距离为 9m。

（2）分析点评：

由于设计常采用组合式消火栓柜，未对灭火器保护距离进行校核，导致灭火器保护距离不满足规范要求。

📋 整改方案

按照规范要求在未受保护区域增设灭火器。

6.6.7 消防电梯机房、屋面设备间等部位未设置灭火器

⚙ 检查部位

屋面设备间、消防电梯机房等。

🏛 检查要点

检查设备间等区域是否设置灭火器。

⏱ 问题描述

消防电梯机房、屋面设备间等部位未设置灭火器。

🔍 原因分析

（1）规范依据：

违反了《建筑设计防火规范》GB 50016—2014（2018 年版）第 8.1.10 条：

"高层住宅建筑的公共部位和公共建筑内应设置灭火器，其他住宅建筑的公共部位宜设置灭火器。厂房、仓库、储罐（区）和堆场，应设置灭火器。"

（2）分析点评：

灭火器是扑救建筑初起火较方便、经济、有效的消防器材。人员发现火情后，首先应考虑采用灭火器等器材进行处置与扑救。设备用房、消防电梯机房等位置容易缺少灭火器的配置。

整改方案

按照规范要求配置灭火器材。

6.6.8 同一场所，当选用两种或两种以上类型灭火器时灭火剂不相容

检查部位

灭火器配置场所。

检查要点

检查同一场所不同类型灭火器充装的灭火剂是否相容。

问题描述

同一场所，当选用两种或两种以上类型灭火器时，配置了灭火剂不相容的灭火器。

原因分析

（1）规范依据：

违反了《建筑灭火器配置设计规范》GB 50140—2005 第 4.1.3 条：

"在同一灭火器配置场所，当选用两种或两种以上类型灭火器时，应采用灭火剂相容的灭火器"（此条与《消防设施通用规范》规定一致）。

（2）分析点评：

为防止在同一场所内选配的各类灭火器的灭火剂之间发生不利于灭火的相互反应，选择灭火器时应保证不同类型灭火器内充装的灭火剂，如干粉和泡沫，干粉和干粉，泡沫和泡沫之间能够联用，不论是同时使用还是依次（先后）使用，都应防止因灭火剂选择不当而引起干粉与泡沫、干粉与干粉、泡沫与泡沫之间的不利于灭火的相互作用，以避免因发生泡沫消失等不利因素而导致灭火效力明显降低。

整改方案

按照规范要求进行灭火器选型。

第7章

防烟、排烟和通风空调常见问题及防治

7.1 自然通风、自然排烟部分

检查部位

自然排烟系统、自然通风系统。

检查要点

1）防烟楼梯间、前室、合用前室自然通风系统的设置是否满足规范要求；核查防烟楼梯间可开启外窗面积、消防电梯合用前室可开启外窗面积、开启形式、窗户设置高度等参数。

2）采用自然通风的封闭楼梯间、防烟楼梯间是否在最高部位设置面积不小于 $1.0m^2$ 的可开启排热窗或开口。

3）采用自然通风的避难层（间），检查不同朝向的可开启外窗面积是否大于避难层（间）地面面积的 2%，每个朝向的可开启外窗面积是否大于 $2.0m^2$；检查外窗有效面积是否按照《建筑防烟排烟系统技术标准》GB 51251—2017 第 4.3.5 条的规定计算。

4）检查自然排烟系统及其参数设置是否符合规范及设计要求。

5）中庭、公共建筑内建筑面积大于 $100m^2$ 且经常有人停留的地上房间、公共建筑内建筑面积大于 $300m^2$ 且可燃物较多的地上房间、建筑内长度大于 20m 的疏散走道，当采用自然排烟时，检查房间净高、可开启外窗高度、开启形式、有效排烟面积、储烟仓高度等参数是否满足规范要求。

6）检查净空高度大于 6m 的场所、中庭自然排烟窗有效开启面积、设置位置是否满足要求。

7）检查设置在防火墙两侧的自然排烟窗（口）之间最近边缘的水平距离是否大于 2.0m。

8）检查自然通风窗、自然排烟窗是否设置手动开启装置，不便开启的高窗是否在距地 1.3～1.5m 设置手动启装置，净空高度大于 9m 的中庭、建筑面积大于 $2000m^2$ 的营业厅、多功能厅等场所是否设置集中手动开启装置和电动开启设施。

问题描述

1）采用自然通风独立前室、消防电梯前室可开启外窗或开口的面积不足 2.0m²，共用前室、合用前室可开启外窗面积不足 3m²。

2）楼梯间顶部未设置用于排出火灾烟气及热量的高窗，楼梯间可开启外窗面积每五层不足 2m²。

3）自然排烟窗可开启有效面积不满足要求。

4）自然通风高窗、自然排烟高窗未设置手动或电动开启装置，不便开启。

5）净空高度大于 9m 的中庭、建筑面积大于 2000m² 的营业厅、展览厅、多功能厅等场所，自然排烟窗未设置集中手动开启装置和自动开启设施。

7.1.1 采用自然通风的独立前室、消防电梯前室可开启外窗或开口的面积不足 2.0m²，共用前室、合用前室可开启外窗面积不足 3m²

分析点评

根据《建筑防烟排烟系统技术标准》GB 51251—2017 第 3.2.2 条规定："前室采用自然通风方式时，独立前室、消防电梯前室可开启外窗或开口的面积不应小于 2.0m²，共用前室、合用前室不应小于 3.0m²。"

又根据《陕西省建筑防火设计、审查、验收疑难问题技术指南》第 7.2.8 条要求：（补充《建筑防烟排烟系统技术标准》GB 51251—2017 第 3.1.3、3.2.1～3.2.3 条）楼梯间、前室的自然通风窗或开口，其开启形式不作要求，面积按可开启外窗或开口处的洞口面积计算。避难层（间）的自然通风外窗有效面积的计算应符合《建筑防烟排烟系统技术标准》GB 51251—2017 第 4.3.5 条的规定。

实践证明，保证一定面积的可开启外窗是保证自然通风效果的基础，如没有一定的面积保证，难以及时排除进入前室的烟气，无法达到排烟效果。第 3.2.2 条中的自然通风设施，活动窗扇的面积可认定为外窗的可开启面积。

分析原因

1）原设计图纸（建筑、暖通）未明确消防电梯合用前室可开启外窗面积，或自然通风窗面积计算有误。下悬窗、中悬窗、上悬窗、平开窗的自然通风面积按照可开启的窗扇面积计算，推拉窗按照可开启的最大窗口面积计算，百叶窗按照窗框面积 × 有效面积系数计算。

2）施工单位没有认真识图，未认真核对用于自然通风的外窗的可开启面积，且安装较随意。

整改方案

1）设计单位出具的图纸（建筑、暖通）中应明确采用自然通风的防烟楼梯间、合用前室等场所外窗形式，注明可开启外窗面积。

2）在施工前，认真识别设计图纸中的门窗大样图，校核采用自然通风的防烟楼梯间、合用前室等场所的外窗形式、可开启面积等参数，不得擅自更改外窗参数。

3）已安装的错误的且不符合规范要求的外窗，重新调整并符合规范要求。

场景照片见图 7.1-1。

(a) 前室自然通风可开启外窗面积不足(错误)　　(b) 前室自然通风可开启外窗面积满足要求(正确)

图 7.1-1

7.1.2 楼梯间顶部未设置用于排出火灾烟气及热量的高窗，楼梯间可开启外窗面积每五层不足 2m²

分析点评

根据《建筑防烟排烟系统技术标准》GB 51251—2017，第 3.2.1 条：

"采用自然通风方式的封闭楼梯间、防烟楼梯间，应在最高部位设置面积不小于 1.0m² 的可开启外窗或开口；当建筑高度大于 10m 时，尚应在楼梯间的外墙上每 5 层内设置总面积不小于 2.0m² 的可开启外窗或开口，且布置间隔不大于 3 层。"

根据消防救援实践，在楼梯间顶部设置一定面积的可开启外窗有利于排热并防止烟气积聚，可保证楼梯间有较好的疏散和救援条件。个别工程防烟楼梯间自然通风窗设计面积较小，或没有分散设置，难以保证形成有效的排烟效果，从而对人员疏散造成危险。

分析原因

1）设计图纸仅考虑防烟楼梯间自然通风面积满足要求，未在顶部设置可开启的外窗。

2）楼梯间未在高处设置排热排烟窗，无法快速有效排除烟气。

3）楼梯间自然通风窗集中设置，未按间隔不大于 3 层的要求布置。

整改方案

1）自然通风的楼梯间顶部增设面积不小于 $1m^2$ 的可开启外窗或开口。

2）已错误安装的自然通风窗，重新调整位置并满足每五层不少于 $2m^2$ 的要求。

7.1.3　自然排烟窗可开启有效面积不满足要求

分析点评

根据《建筑防烟排烟系统技术标准》GB 51251—2017 第 4.3.3 条、第 4.3.5 条规定：

"4.3.3　自然排烟窗（口）应设置在排烟区域的顶部或外墙，并应符合下列规定：

1 当设置在外墙上时，自然排烟窗（口）应在储烟仓以内，但走道、室内空间净高不大于 3m 的区域的自然排烟窗（口）可设置在室内净高度的 1/2 以上；

2 自然排烟窗（口）的开启形式应有利于火灾烟气的排出；

3 当房间面积不大于 $200m^2$ 时，自然排烟窗（口）的开启方向可不限；

4 自然排烟窗（口）宜分散均匀布置，且每组的长度不宜大于 3.0m；

5 设置在防火墙两侧的自然排烟窗（口）之间最近边缘的水平距离不应小于 2.0m。"

"4.3.5　除本标准另有规定外，自然排烟窗（口）开启的有效面积尚应符合下列规定：

1 当采用开窗角大于 70° 的悬窗时，其面积应按窗的面积计算；当开窗角小于或等于 70° 时，其面积应按窗最大开启时的水平投影面积计算。

2 当采用开窗角大于 70° 的平开窗时，其面积应按窗的面积计算；当开窗角小于或等于 70° 时，其面积应按窗最大开启时的竖向投影面积计算。

3 当采用推拉窗时，其面积应按开启的最大窗口面积计算。

4 当采用百叶窗时，其面积应按窗的有效开口面积计算。

5 当平推窗设置在顶部时，其面积可按窗的 1/2 周长与平推距离乘积计算，且不应大于窗面积。

6 当平推窗设置在外墙时，其面积可按窗的 1/4 周长与平推距离乘积计算，且不应大于窗面积。"

根据《建筑内部装修设计防火规范》GB 50222—2017 第 4.0.1 条规定：

"建筑内部装修不应擅自减少、改动、拆除、遮挡消防设施、疏散指示标志、安全出口、疏散出口、疏散走道和防火分区、防烟分区等。"

自然排烟窗设计内容是由建筑专业在图纸说明、门窗表及门窗大样中表达其位置及详细做法的。施工阶段经常出现部分施工单位擅自改变门窗结构情况，例如幕墙工程，由专业幕墙公司进行二次深化设计时没有考虑幕墙应承担的自然排烟功能，对幕墙设计的改变没有及时告知相关设计单位，或设计单位自身完成的幕墙二次深化设计，没有进行审核会签，最终造成自然排烟面积不足。

分析原因

1）建筑专业与暖通专业没有紧密配合，外窗开启扇的高度、开启方式没有考虑自然排烟的需求；幕墙二次深化设计忽视排烟功能的校核。

2）建筑面积超过 100m^2 且经常有人停留的地上房间，采用自然排烟方式，排烟有效排烟面积未按储烟仓内的可开启外窗面积核算，最终排烟面积不满足规范要求。

3）自然排烟可开启外窗被后期的广告牌等遮挡的问题，设计之初是无法避免的，必须加强管理；对于被设备及平台等遮挡的问题，设计时是可以避免的。

整改方案

1）加强专业配合，接口协调及深化设计图纸的核查，建立专业图纸联合会签制度。

2）设计应避免自然排烟窗被室内装修或室外广告牌、设备平台遮挡，施工过程发现此类问题时，应由设计单位牵头调整排烟方案。当可开启外窗面积无法满足要求时，需要设置机械排烟系统。

场景照片见图 7.1-2。

7.1.4 自然通风高窗、自然排烟高窗未设置手动或电动开启装置，不便开启

分析点评

《建筑防烟排烟系统技术标准》GB 51251—2017 第 3.2.4 条、第 4.3.6 条、第 6.4.5 条规定：

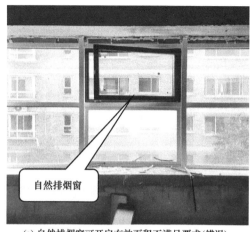

(a) 自然排烟窗可开启有效面积不满足要求(错误)   (b) 自然排烟窗可开启有效面积满足要求(正确)

图 7.1-2

"3.2.4 可开启外窗应方便直接开启，设置在高处不便于直接开启的可开启外窗应在距地面高度为 1.3m～1.5m 的位置设置手动开启装置。"

"4.3.6 自然排烟窗（口）应设置手动开启装置，设置在高位不便于直接开启的自然排烟窗（口），应设置距地面高度 1.3m～1.5m 的手动开启装置。净空高度大于 9m 的中庭、建筑面积大于 2000m² 的营业厅、展览厅、多功能厅等场所，尚应设置集中手动开启装置和自动开启设施。"

"6.4.5 排烟窗的安装应符合下列规定：

1 型号、规格和安装位置应符合设计要求；

2 安装应牢固、可靠，符合有关门窗施工验收规范要求，并应开启、关闭灵活；

3 手动开启机构或按钮应固定安装在距楼地面 1.3m～1.5m 之间，并应便于操作、明显可见；

4 自动排烟窗驱动装置的安装应符合设计和产品技术文件要求，并应灵活、可靠。"

设置手动或电动开启装置的目的是确保火灾时，即使在断电、联动和自动功能失效的状态仍然能够通过手动装置可靠开启排烟窗以保证排烟效果。当手动开启装置集中设置于一处确实困难时，可分区、分组集中设置，但应确保任意一个防烟分区内的所有自然排烟窗均能统一集中开启，且应设置在人员疏散口附近。设置在 1.3～1.5m 的手动开启装置包括电控开启、气控开启、机械装置开启等。

📋 分析原因

1）自然排烟、自然通风窗的选择由建筑专业完成，在图纸说明、门窗大样中缺少对高窗的手动开启装置设置的要求和图示。

2）施工单位没有认真识图，漏设自然通风、自然排烟窗的手动开启装置。

整改方案

1）距地面高度 1.3～1.5m 设置手动开启装置。

2）大空间或大面积区域设置集中手动开启装置和自动开启设施。

场景照片见图 7.1-3。

(a) 自然通风高窗未设置手动或电动开启装置(错误)

(b) 自然通风高窗设置手动或电动开启装置(正确)

(c) 自然排烟高窗未设置手动或电动开启装置(错误)

(d) 自然排烟高窗设置手动或电动开启装置(正确)

图 7.1-3

7.1.5 净空高度大于 9m 的中庭、建筑面积大于 2000m² 的营业厅、展览厅、多功能厅等场所，自然排烟窗未设置集中手动开启装置和自动开启设施

分析点评

根据《建筑防烟排烟系统技术标准》GB 51251—2017 第 5.2.6 条、第 4.3.6 条规定：

第 5.2.6 条：

"自动排烟窗可采用与火灾自动报警系统联动和温度释放装置联动的控制方式。（其余略）"

第 4.3.6 条：

"自然排烟窗（口）应设置手动开启装置，设置在高位不便于直接开启的自然排烟窗（口），应设置距地面高度 1.3m～1.5m 的手动开启装置。净空高度大于 9m 的中庭、建筑面积大于 2000m² 的营业厅、展览厅、多功能厅等场所，尚应设置集中手动开启装置和自动开启设施。"

当自然排烟窗采用手动开启装置（就地机械操作机构、电动操作机构、气动操作机构等）中的电动操作机构时，属于电动排烟窗；当自然排烟窗采用通过火灾自动报警系统联动开启或采用温度释放装置联动开启时，属于自动排烟窗；电动排烟窗属于设置手动装置的自然排烟窗，不等同于自动排烟窗。

分析原因

1）自动排烟窗在设置场所和消防控制室均应设置应急手动开启装置，应急手动开启装置应能同时开启同一防烟分区内的所有自然排烟窗。现场的应急手动开启装置应能保证在断电、联动和自动功能失效的情况下，仍能手动开启自然排烟窗。远程手动开启装置应设置易于识别的明显标志。

2）与火灾探测器联动的自动自然排烟窗设置就地开启装置是为了保证即使在断电、联动功能和自动开启功能失效的状态下仍然能够通过手动装置可靠开启排烟窗，自动排烟窗的现场应急手动开启装置应采取其他备用驱动元件或机械方式开启。

整改方案

1）距地面高度 1.3～1.5m 设置手动开启装置。

2）在排烟窗位置处就地设置手动或气动开启装置。

场景照片见图 7.1-4。

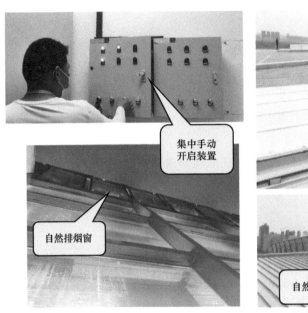

(a) 自然排烟窗设置集中手动开启装置(正确)　　　(b) 自然排烟窗通过手动开启装置开启(正确)

图 7.1-4

7.2　机械防烟系统

 检查部位

机械防烟系统。

检查要点

1）机械加压送风机的规格及性能参数是否符合设计要求。

2）加压风口布置是否符合规范要求：楼梯间每隔 2～3 层设一个常开式百叶送风口，每个前室均设置一个常闭式加压送风口（其中包括：避难走道、避难层的前室）；安装位置是否合理。

3）屋面机械加压送风机进风口（处）距排烟系统风机排出口距离是否符合规范要求，是否设有防护装置。

4）屋面机械加压送风机采用就地手动启动风机、火灾报警联动启动风机、消防控制室远程手动启动风机、多叶送风口开启连锁启动风机等进行测试，查看风机能否正常启停。

5）机械加压送风系统超压控制设施设置是否符合设计要求。

6）多叶送风口的控制装置，是否灵活、启闭正常，实际开口面积是否符合设计要求。核查多叶送风口就地手动打开后，是否能联动对应加压送风系统的风机。

7）检测门洞风速是否符合设计及规范要求。

8）地下车库借用住宅疏散用楼梯间及前室的加压送风系统是否设有与地下车库火灾自动报警系统的联动关系。

问题描述

1）剪刀楼梯间的加压送风口未开在不同的楼梯间。

2）多叶送风口实际有效面积不符合设计要求。

3）多叶送风口安装高度不合理使其手动驱动装置不便于操作。

4）屋面正压送风机的进风口与排烟风机的出风口设在同一面上垂直距离或水平间距不满足规范要求。

5）门洞风速检测缺失，门洞风速检测结果不符合规范要求。

7.2.1　剪刀楼梯间的加压送风口未开在不同的楼梯间

分析点评

根据《建筑防烟排烟系统技术标准》GB 51251—2017 第 3.1.5 条第 3 款的规定：

"当采用剪刀楼梯时，其两个楼梯间及其前室的机械加压送风系统应分别独立设置。"

由于剪刀梯实际上是两部楼梯交叉组合在一起分别设有安全出口，中间设有防火分隔，对于剪刀楼梯无论是公共建筑还是住宅建筑，为了保证两部楼梯的加压送风系统不至于在火灾发生时同时失效，其两部楼梯间和前室、合用前室的机械加压送风系统（风机、风道、风口）应分别独立设置，两部楼梯间也要独立设置风机和风道、风口。在实际工程中，施工时没有注意到楼梯间为剪刀楼梯形式时，一般是隔一层为同一楼梯间，而其上下层为另一个楼梯间的构造特点，常常会出现原本应该分别设置在两部楼梯间的加压送风口，设在了一部楼梯间内或是由于加压送风口出现混乱，使得一部楼梯间加压送风系统实际分别送到两部楼梯内。违反了根据《建筑防烟排烟系统技术标准》GB 51251—2017 第 3.1.4 条的第 3 款的规定。

分析原因

1）原设计图纸未表达清楚或图面绘制有误。

2）施工时未认真识别剪刀梯加压送风口的标高和平面位置。

整改方案

1）认真核对图纸，标出剪刀梯两部楼梯加压送风口的平面位置及标高。

2）封堵开错的风口，补开正确的风口（图 7.2-1）。

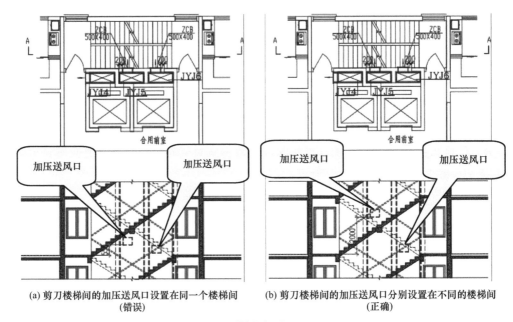

(a) 剪刀楼梯间的加压送风口设置在同一个楼梯间（错误）　　　(b) 剪刀楼梯间的加压送风口分别设置在不同的楼梯间（正确）

图 7.2-1

7.2.2　多叶送风口实际有效面积不符合设计要求

分析点评

根据《建筑防烟排烟系统技术标准》GB 51251—2017 第 3.3.6 条的规定：

"加压送风口的设置应符合下列规定：

1 除直灌式加压送风方式外，楼梯间宜每隔 2~3 层设一个常开式百叶送风口；

2 前室应每层设一个常闭式加压送风口，并应设手动开启装置；

3 送风口的风速不宜大于 7m/s；

4 送风口不宜设置在被门挡住的部位。"

在实际工程中，多叶送风口实际有效面积要小于设计计算要求的风口面积，从而造成风口阻力增大风量减小，最终使得前室门洞风速不能满足规范要求。

📋 分析原因

1）原设计图纸未表达清楚多叶加压送风口实际有效面积或遮挡系数。

2）在施工前期采购多叶加压送风口时，未认真核对图纸中多叶加压送风口实际有效面积。

📑 整改方案

1）设计单位出具的图纸中应明确标出多叶加压送风口实际有效面积或遮挡系数。

2）在施工前期采购多叶加压送风口时，认真核对图纸中多叶加压送风口实际有效面积。

3）已安装的多叶加压送风口，经校核实际有效面积不符合设计要求的均应更换（图7.2-2）。

(a) 多叶送风口实际有效面积不符合设计要求(错误)   (b) 多叶送风口实际有效面积符合设计要求(正确)

图 7.2-2

7.2.3 多叶送风口安装高度不合理使其手动驱动装置不便于操作

👆 分析点评

根据《建筑防烟排烟系统技术标准》GB 51251—2017 第 6.4.3 条的规定：

"常闭送风口、排烟阀或排烟口的手动驱动装置应固定安装在明显可见、距楼地面 1.3m～1.5m 之间便于操作的位置，预埋套管不得有死弯及瘪陷，手动驱动装置操作应灵活。"

在实际工程中，多叶送风口的手动驱动装置是与风口一体的，当设计选用风口比较高大时，设有手动驱动装置的一端往往被放置在最高处，远远大于 1.3～1.5m，非常不便于操作。

分析原因

1）原设计图纸未表达清楚多叶送风口手动装置设置的位置及要求；

2）施工时，未认真识别多叶加压送风口实际特点，安装随意。

整改方案

1）设计单位出具的图纸中应明确标出多叶加压送风口手动装置设置的位置及要求。

2）在施工前，认真识别多叶加压送风口的结构特点，认真安装。

3）已安装的错误的且不符合规范要求的多叶加压送风口均应重新安装（图 7.2-3）。

(a) 多叶送风口手动驱动装置不便于操作(错误)　(b) 多叶送风口手动驱动装置便于操作(正确)

图 7.2-3

7.2.4 屋面正压送风机的进风口与排烟风机的出风口设在同一面上垂直距离或水平间距不满足规范要求

分析点评

根据《建筑防烟排烟系统技术标准》GB 51251—2017 第 3.3.5 条第 3 款规定：

"送风机的进风口不应与排烟风机的出风口设在同一面上。当确有困难时，送风机的进风口与排烟风机的出风口应分开布置，且竖向布置时，送风机的进风口应设置在排烟出口的下方，其两者边缘最小垂直距离不应小于 6.0m；水平布置时，两者边缘最小水平距离不应小于 20.0m。"

在实际工程中，安装屋面正压送风机时其进风口与排烟风机的出风口没有按规范要求的距离设置。而机械加压送风系统是火灾时保证人员快速疏散的必要条件。除了保证该系统能正常运行外，还必须保证它所输送的是能使人正常呼吸的空气。加压送风机的进风必须是室外不受火灾和烟气污染的空气。如此安装违反了《建筑防烟排烟系统技术标准》GB 51251—2017 第 3.3.5 条的规定。

分析原因

1）原设计图纸未明确屋面正压送风机其进风口与排烟风机的出风口位置及距离要求。

2）施工时，未认真核对屋面正压送风机其进风口与排烟风机的出风口位置及距离，安装随意。

整改方案

1）设计单位出具的图纸中应明确标出屋面正压送风机其进风口与排烟风机的出风口位置及距离要求。

2）在施工前，认真核对屋面正压送风机其进风口与排烟风机的出风口位置及距离。

3）已安装的错误的且不符合规范要求的屋面正压送风机其进风口与排烟风机的出风口位置及距离，重新调整位置并符合规范要求（图 7.2-4）。

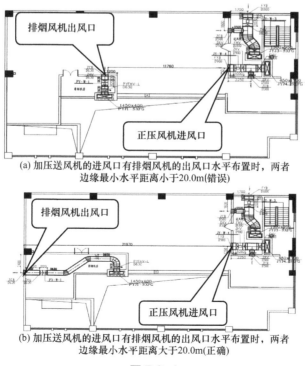

(a) 加压送风机的进风口有排烟风机的出风口水平布置时，两者边缘最小水平距离小于20.0m(错误)

(b) 加压送风机的进风口有排烟风机的出风口水平布置时，两者边缘最小水平距离大于20.0m(正确)

图 7.2-4

7.2.5　门洞风速检测缺失，门洞风速检测结果不符合规范要求

分析点评

根据《建筑防烟排烟系统技术标准》GB 51251—2017 第 7.2.6 条规定：

"机械加压送风系统风速及余压的调试方法及要求应符合下列规定：

1 应选取送风系统末端所对应的送风最不利的三个连续楼层模拟起火层及其上下层，封闭避难层（间）仅需选取本层，调试送风系统使上述楼层的楼梯间、前室及封闭避难层（间）的风压值及疏散门的门洞断面风速值与设计值的偏差不大于10%；

2 对楼梯间和前室的调试应单独分别进行，且互不影响；

3 调试楼梯间和前室疏散门的门洞断面风速时，设计疏散门开启的楼层数量应符合本标准第 3.4.6 条的规定。"

根据《建筑防烟排烟系统技术标准》GB 51251—2017 第 8.2.5 条规定：

"机械防烟系统的验收方法及要求应符合下列规定：

1 选取送风系统末端所对应的送风最不利的三个连续楼层模拟起火层及其上下层，封闭避难层（间）仅需选取本层，测试前室及封闭避难层（间）的风压值及疏散门的门洞断面风速值，应分别符合本标准第 3.4.4 条和第 3.4.5 条的规定，且偏差不大于设计值的10%；

2 对楼梯间和前室的测试应单独分别进行，且互不影响；

3 测试楼梯间和前室疏散门的门洞断面风速时，应同时开启三个楼层的疏散门。"

在实际工程中，系统调试一直是个薄弱环节，几乎所有项目都存在系统调试缺失，比如：楼梯间和前室的门洞风速检测调试及验收都没有进行，造成复测时不合格率达到90%以上，严重影响到机械加压送风系统的有效性和可靠性，不符合《建筑防烟排烟系统技术标准》GB 51251—2017 第 7.2.6、第 8.2.5 条的规定。

分析原因

1）原设计图纸未明确楼梯间和前室的门洞风速的要求。

2）施工时，未严格按规范进行系统调试及验收。

整改方案

1）设计单位出具的图纸中应明确楼梯间和前室的门洞风速的要求。

2）在施工过程中，应按规范要求进行全数系统调试及验收。

3）在复验发现楼梯间和前室的门洞风速不符合规范要求的，应对该系统整体检查核对设备性能参数，重新调试最终满足规范要求为合格。

7.3 机械排烟系统

 检查部位

机械排烟系统。

检查要点

1）机械排烟风机、补风风机规格及性能参数是否符合设计要求；风机及管道部件间的连接是否严密可靠；采用就地手动启动风机、火灾报警联动启动风机、消防控制室远程手动启动风机、排烟阀开启连锁启动风机、排烟防火阀连锁关闭风机等方式进行测试，查看风机能否正常启停。

2）检查排烟系统风机排出口与机械加压送风机进风口（处）距离是否符合规范要求；室外排烟、进风（补风）口口部是否有防护措施。

3）核查风道、风管的设置：土建风道内是否设置风管；核对风道、风管的截面积，是否与设计文件一致；风道、风管的耐火极限应符合要求。

4）机械排烟系统横向布置时，是否按防火分区独立设置排烟及补风系统；竖向布置时，是否按规范分段设置系统，核查分段部位是否有封堵且严密。

5）核查排烟口的设置是否与设计文件一致；核查排烟口与本防烟分区最远点的距离，是否超过30m；核查排烟口与最近安全疏散口水平距离是否大于1.5m；核查常闭式排烟口或排烟阀，是否设有手动执行机构，手动执行装置的位置应明显且距地面距离在1.3～1.5m之间；核查排烟阀或排烟口就地手动打开后，是否能联动对应系统的风机。

6）检测排烟口、补风口风速，核对风口有效面积是否符合设计及规范要求。

7）机械排烟口设在非封闭吊顶内，应查验吊顶开孔是否均匀且开孔率大于25%；并查验：吊顶内设计的挡烟垂壁是否按要求设置；排烟口是否处于储烟仓内；排烟口是否被吊顶内的管道、电缆桥架等遮挡，排烟能否流畅。

8）联动测试：火灾报警确认后，核查该防烟分区的排烟口或排烟阀是否全部打开，系统其他防烟分区的排烟口是否处于关闭状态；核查对应机械补风风机是否启动；以上功能测试后，手动关闭排烟风机入口排烟防火阀，核查排烟风机与对应补风风机是否停止。

问题描述

1）排烟口（排烟阀）未设置手动执行机构或者未设在方便操作的地点。

2）防烟分区（地下车库、室内场所或部位）排烟口设在挡烟垂壁（结构梁）底部的下方，无法保证排烟效果。

3）对于走道、室内空间净高不大于 3m 的区域，设置在侧墙的排烟口上边缘与吊顶的距离大于 0.5m。

4）地下车库、走道或房间防烟分区未按照设施图要求设置挡烟垂壁或者挡烟垂壁不连续。

5）在敞开楼梯和自动扶梯穿越楼板的开口部位未设置挡烟垂壁。

6）室内空间、地下车库设置的补风口设施，其补风口或孔洞设置在该排烟区域的储烟仓内。

7）当机械排烟的房间需要补风且补风采用自然补风时，实际补风口面积不满足要求。

8）疏散走廊机械排烟口与安全出口距离不满足要求。

7.3.1 排烟口（排烟阀）未设置手动执行机构或者未设在方便操作的地点

分析点评

根据《建筑防烟排烟系统技术标准》GB 51251—2017 第 4.4.12 条第 4 款的规定：

> "火灾时由火灾自动报警系统联动开启排烟区域的排烟阀或排烟口，应在现场设置手动开启装置。"

条文说明

> "排烟阀（口）要设置与烟感探测器联锁的自动开启装置、由消防控制中心远距离控制的开启装置以及现场手动开启装置。除火灾时将其打开外，平时需一直保持锁闭状态。……"

在工程验收中，经常出现排烟阀（口）现场未就地安置手动开启装置或手动装置的位置不便于操作。

分析原因

1）设计图纸仅在说明中强调，未通过平面图或详图清晰表达，没有引起施工单位的重视。

2）施工单位未认真识图。

🗒 整改方案

1）施工图应在设计说明、设备表或平面图、详图明确表达。

2）调整安置位置或更换为带远控手动装置的排烟阀（口），排烟阀（口）现场手动开启装置一般就近设置在 1.3～1.5m 高度。

场景照片见图 7.3-1。

(a) 多叶排烟口手动执行装置过高(错误)　(b) 多叶排烟口手动执行装置设置在方便操作的位置
(正确)

(c) 排烟口未设置手动执行装置(错误)　(d) 排烟口设置手动执行装置(正确)

图 7.3-1

7.3.2　防烟分区（地下车库、室内场所或部位）排烟口设在挡烟垂壁（结构梁）底部的下方，无法保证排烟效果

👆 分析点评

根据《汽车库、修车库、停车场设计防火规范》GB 50067—2014 第 8.2.2 条规定：

"防烟分区可采用挡烟垂壁、隔墙或从顶棚下突出不小于 0.5m 的梁划分"

根据《建筑防烟排烟系统技术标准》GB 51251—2017 第 4.2.1 条规定：

"设置排烟系统的场所或部位应采用挡烟垂壁、结构梁及隔墙等划分防烟分区"

设置挡烟垂壁（垂帘）是划分防烟分区的主要措施，起到控制、阻挡烟气，防烟、排烟的辅助作用。但在一些工程设计中，利用普通结构梁作为挡烟垂壁，不能起到有效控制烟气，形成围合储烟仓的作用。这正是由于不理解控制、阻挡烟气的原理，造成规范理解错误，漏设挡烟垂壁的结果。

📋 分析原因

设计人员不能正确理解规范条文和规范控烟排烟的原理，在设计中对挡烟垂壁、储烟仓的认识不清，简单地利用普通结构柱网的梁作为挡烟垂壁，导致排烟口未处在围合储烟仓的内部，不能起到有效排除烟气，不满足规范要求。

📋 整改方案

按规范要求加设挡烟垂壁，使排烟口完全处于挡烟垂壁下沿口的上方，即储烟仓内，同时挡烟垂壁的材质应符合规范要求；

场景照片见图 7.3-2。

(a) 排烟口处于挡烟垂壁下沿下方(错误)　　　(b) 排烟口处于挡烟垂壁下沿上方(正确)

图 7.3-2

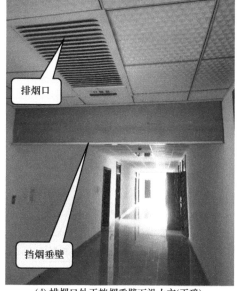

(c) 排烟口处于挡烟垂壁下沿下方(错误)　　　　(d) 排烟口处于挡烟垂壁下沿上方(正确)

图 7.3-2（续）

7.3.3　对于走道、室内空间净高不大于 3m 的区域，设置在侧墙的排烟口上边缘与吊顶的距离大于 0.5m，其排烟口未处在其净空高度的 1/2 以上

分析点评

根据《建筑防烟排烟系统技术标准》GB 51251—2017 第 4.4.12 条第 2 款的规定：

"排烟口的设置：排烟口应设在储烟仓内，但走道、室内空间净高不大于 3m 的区域，其排烟口可设置在其净空高度的 1/2 以上；当设置在侧墙时，吊顶与其最近边缘的距离不应大于 0.5m。"

在实际工程中净高 3m 以下的走廊、房间侧墙安装的排烟口上边缘距吊顶距离超过 0.5m，其排烟口未处于净空高度的 1/2 以上。

分析原因

设计时往往不能准确确定实际吊顶的高度，造成一些侧墙安装的排烟口实际安装不符合规范要求。

整改方案

调整侧墙安装的排烟口安装位置，满足规范要求。

场景照片见图 7.3-3。

 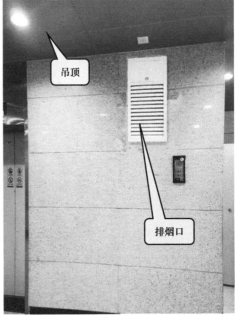

(a) 侧墙排烟口与吊顶距离不满足要求(错误)　　(b) 侧墙排烟口与吊顶距离满足要求(正确)

图 7.3-3

7.3.4　地下车库、走道或房间防烟分区未按照设施图要求设置挡烟垂壁或者挡烟垂壁不连续

分析点评

根据《建筑防烟排烟系统技术标准》GB 51251—2017 第 4.2.1 条规定：

　　"设置排烟系统的场所或部位应采用挡烟垂壁、结构梁及隔墙等划分防烟分区。防烟分区不应跨越防火分区"。

根据《建筑防烟排烟系统技术标准》GB 51251—2017 第 4.2.2 条规定：

　　"挡烟垂壁等挡烟分隔设施的深度不应小于本标准第 4.6.2 条规定的储烟仓厚度。"

规范明确了挡烟垂壁等挡烟分隔设施深度确定的原则，挡烟垂壁等挡烟分隔设施的深度不应小于标准规定的储烟仓厚度。

在实际工程中，经常出现设计图明确了地下车库、超长内走道或室内空间的防烟分区及挡烟垂壁的设置要求，但现场未按照设施图要求设置挡烟垂壁或者挡烟垂壁不连续，还有出现设置的挡烟垂壁未实现围合或下边沿标高不一致情况。

挡烟垂壁就是围合形成储烟仓，起到控制、阻挡烟气作用，显然上述情况不能辅助控制烟气，达到有效排烟的目的。

分析原因

1）设计图纸仅注重挡烟垂壁的计算厚度，忽视了防烟分区区域内层高或结构梁高度的变化，仅要求设置挡烟垂壁的厚度，而未核对围合的储烟仓下沿是否一致。未从设计角度注意挡烟垂壁及储烟仓的围合和有效性。

2）施工单位忽视了设计图纸对挡烟垂壁的要求，未按照《建筑防烟排烟系统技术标准》GB 51251—2017 第 5～8 章的要求进行施工验收，造成施工漏项。

3）施工单位只是简单照图施工，不理解挡烟垂壁和储烟仓的原理及作用，缺少技术培训、技术更新。

整改方案

按设计要求完善挡烟垂壁，满足挡烟垂壁挡烟作用的连续、围合和有效性。

场景照片见图 7.3-4。

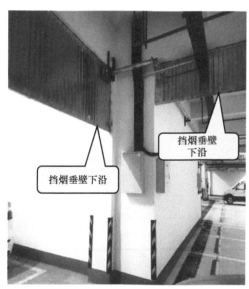 

(a) 挡烟垂壁不连续(下边沿不齐)(错误)　　(b) 挡烟垂壁连续(下边沿平齐)(正确)

图 7.3-4

7.3.5 在敞开楼梯和自动扶梯穿越楼板的开口部位未设置挡烟垂壁

分析点评

根据《建筑防烟排烟系统技术标准》GB 51251—2017 第 4.2.3 条规定：

"设置排烟设施的建筑内，敞开楼梯和自动扶梯穿越楼板的开口部应设置挡烟垂壁等设施。"

建筑内上、下层之间应为两个不同防烟分区，烟气应该在着火层及时控制和排出，否则容易烟气向上层蔓延的状况，给人员疏散和扑救都带来不利影响。在敞开楼梯和自动扶梯穿越楼板的开口部位应设置挡烟垂壁或卷帘，以阻挡烟气向上层蔓延。

实际工程中常常出现敞开楼梯、自动扶梯穿越楼板或楼层上、下层之间的开口部位未设置挡烟垂壁等阻挡烟气的设施。势必造成火灾层初期不能将烟气控制在着火区内，使得烟气迅速沿开口部位向上部各层蔓延。

分析原因

1）设计图纸未按规范要求在敞开楼梯、自动扶梯穿越楼板或楼层上、下层之间的开口部位设计挡烟设施或明确标注挡烟设施。

2）施工单位未认真识图，未按图施工。

整改方案

根据设计图纸要求增设挡烟设施，并垂直安装在建筑开口部位顶棚、梁或吊顶下。挡烟垂壁的材质应符合规范要求。

场景照片见图 7.3-5。

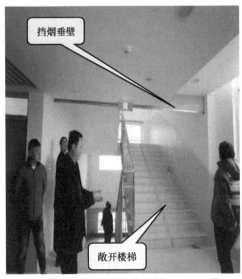
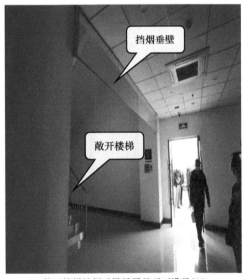

(a) 敞开楼梯挡烟垂壁吊顶下不满500mm,无法保证有效性(错误)

(b) 敞开楼梯挡烟垂壁设置吊顶下满足500mm(正确)

图 7.3-5

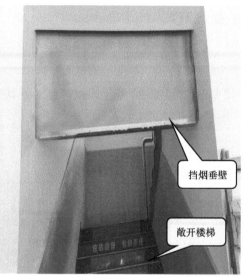

(c) 敞开楼梯未设挡烟垂壁(错误)　　　　(d) 敞开楼梯设置挡烟垂壁(正确)

图 7.3-5（续）

7.3.6 室内空间、地下车库设置的补风口设施，其补风口或孔洞设置在该排烟区域的储烟仓内

分析点评

根据《建筑防烟排烟系统技术标准》GB 51251—2017 第 4.5.4 条的规定：

"补风口与排烟口设置在同一空间内相邻的防烟分区时，补风口位置不限；当补风口与排烟口设置在同一防烟分区时，补风口应设在储烟仓下沿以下；补风口与排烟口水平距离不应少于 5m。"

在实际工程中，地下车库机械排烟的补风系统，常有补风口处在储烟仓内，对排烟的气流组织造成破坏，进而影响排烟效果。另有建筑室内空间设置机械补风系统的补风口也有设在储烟仓内的情况。违反了《建筑防烟排烟系统技术标准》GB 51251—2017 第 4.5.4 条的规定。

分析原因

1）设计采用风管补风时，图纸未明确补风口的设置标高或机械停车设备与补风口冲突造成补风口安装高度过高，未处在挡烟垂壁（储烟仓）下方。

2）施工时未认真识图或因冲突修改补风口位置时未注意其标高是否处于储烟仓下方。

📋 **整改方案**

1）设计图纸应标注补风口的平面位置及标高，同时还应注意与排烟口水平距离不少于 5m。

2）整改施工应降低补风口标高，使其位于储烟仓以下。

场景图示见图 7.3-6。

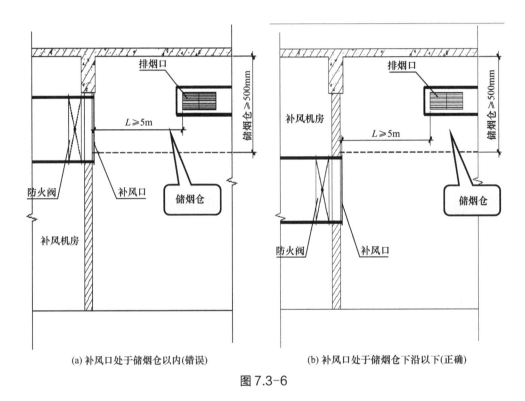

(a) 补风口处于储烟仓以内(错误)　　(b) 补风口处于储烟仓下沿以下(正确)

图 7.3-6

7.3.7　当机械排烟的房间需要设置补风设置时，采用机械补风或自然补风的实际补风口有效面积不满足要求

👆 **分析点评**

根据《建筑防烟排烟系统技术标准》GB 51251—2017 第 4.5.6 条规定：

"机械补风口的风速不宜大于 10m/s，人员密集场所补风口的风速不宜大于 5m/s；自然补风口的风速不宜大于 3m/s。"

在实际工程中，自然补风口往往实际有效面积小于设计计算要求的补风口面积，或自然补风口位置部分处于储烟仓下沿上方，从而造成补风口实际有效面积减少，不能满足规范要求。同时，设计中未注意将防火门、防火窗作为补风途径。

分析原因

1）设计图纸未表达清楚自然补风口实际有效面积，对于装饰性风口或推拉窗、悬窗等未进行遮挡系数和有效开启面积的核算。

2）设计时错误地将防火门、防火窗作为自然补风途径；或将设有门斗、旋转门等作为自然补风途径。

3）在施工前期采购时，未认真识别图纸中自然补风口实际有效面积，随意调整外窗型式或设置装饰风口。

4）在施工时，受其他因素影响抬高了自然补风口安装位置，使得补风口部分高于储烟仓下沿。

整改方案

1）设计单位出具的暖通图纸中应明确标出自然补风口实际有效面积或遮挡系数，对应建筑图纸的说明、门窗表、门窗大样及剖面详图也应同时明确表示。

2）在施工前期采购时，认真识别图纸中自然补风口实际有效面积。

3）已安装且实际有效面积不符合设计要求的自然补风口均应更换。安装前核实自然补风口高度是否正确。

7.3.8 疏散走廊机械排烟口与安全出口距离不满足要求

分析点评

根据《建筑防烟排烟系统技术标准》GB 51251—2017 第 4.4.12 条第 5 款的规定：

"排烟口与附近安全出口相邻边缘之间的水平距离不应小于 1.5m。"

实际工程中，有时为了使得走廊吊顶上灯具、风口美观，或是受吊顶内其他管道影响，而移动了排烟口位置，或安全出口的位置变化，使其边缘距安全疏散口边缘之间的水平距离小于 1.5m，违反了规范规定。

分析原因

1）设计图纸排烟口边缘距安全疏散口边缘距离小于 1.5m，施工时未加注意。

2）受二次装修影响疏散口位置或灯具冲突移动了风口安装位置，导致排烟口边缘距离安全疏散口边缘间水平距离小于 1.5m。

整改方案

1) 设计单位出具的图纸中应明确标出排烟口定位尺寸，其风口边缘距安全出口边缘水平距离应大于1.5m，且留有一定裕量。

2) 受二次装修或灯具影响需要移动排烟口位置时应经过设计单位确认。

3) 对于安装有误的排烟口应拆除，并在正确位置重新安装。

场景照片见图7.3-7。

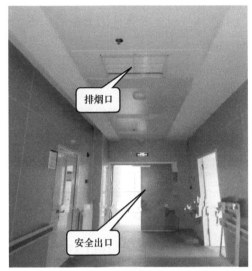

(a) 排烟口距安全出口距离不符合规范大于1.5m的要求(错误)　　(b) 排烟口距安全出口距离符合规范大于1.5m的要求(正确)

图 7.3-7

7.4 通风及空调

检查部位

通风空调系统。

检查要点

1) 在无窗或固定窗的地上或地下防护区内，当设置气体灭火系统时，现场是否设置机械排风设施。

2) 设置气体灭火系统场所的通风系统风管上是否设置电动风阀（密闭阀）。

3) 通风、空气调节系统的风管穿越防火分区、防火隔墙、楼板处等是否设置防火阀。

4）空气中含有易燃、易爆危险物质的房间（如燃油、燃气锅炉间及柴油发电机房储油间等），其送、排风系统是否采用防爆型的通风设备。

问题描述

1）设置气体灭火系统无窗或固定窗扇的地上防护区和地下防护区未设置机械排风设施。

2）设置气体灭火系统场所的通风系统风管上未设置电动风阀（密闭阀）。

3）通风、空气调节系统的风管穿越防火分区、防火隔墙、楼板处等未设置防火阀。

4）空气中含有易燃、易爆危险物质的房间，其送、排风系统未采用防爆型的通风设备。

7.4.1 设置气体灭火系统无窗或固定窗扇的地上防护区和地下防护区未设置机械排风设施

分析点评

根据《气体灭火系统设计规范》GB 50370—2005 第 6.0.4 条规定：

"灭火后的防护区应通风换气，地下防护区和无窗或设固定窗扇的地上防护区，应设置机械排风装置。"

分析原因

通常是由于暖通设计时未关注《气体灭火系统设计规范》GB 50370—2005，或由于委托设备厂家二次设计，而厂家未设计通风系统。

整改方案

对气体灭火系统无窗或固定窗扇的地上防护区和地下防护区增设机械排风设施。

7.4.2 设置气体灭火系统场所的通风系统风管上未设置电动风阀（密闭阀）

分析点评

根据《气体灭火系统设计规范》GB 50370—2005 第 3.2.9 条规定：

"喷放灭火剂前，防护区内除泄压口外的开口应能自行关闭。"

对防护区的封闭要求是全淹没灭火的必要技术条件，因此不允许除泄压口之外的开口存在。用于平时通风的管道，也应做到在灭火时停止工作、自动关闭开口，送风、排风管道上均应设与风机同启同停的电动密闭阀，在气体灭火房间外便于操作的位置设置风机启动开关（风机与电动密闭阀的连锁控制由电气专业负责）。

📋 分析原因

1）通常为设计未注意，且此条在非关注规范 GB 50370 上；

2）施工图设计表达不清楚，手动风阀、电动风阀（密闭阀）混淆；

3）施工单位安装不认真，电动风阀（密闭阀）漏装。

📋 整改方案

1）更换通风系统设置的手动阀为电动风阀（密闭阀）；

2）通风系统（进风、排风）管道未设电动风阀（密闭阀）的增设电动风阀（密闭阀）。

附图见图 7.4-1。

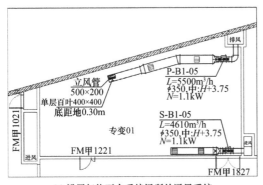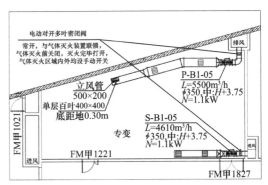

(a) 设置气体灭火系统场所的通风系统
风管上未设置电动阀(错误)　　(b) 设置气体灭火系统场所的通风系统
风管上设置电动阀(正确)

图 7.4-1

7.4.3　通风、空气调节系统的风管穿越防火分区、防火隔墙、楼板处等未设置防火阀

👆 分析点评

根据《建筑设计防火规范》GB 50016—2014（2018 年版）第 9.3.11 条规定：

> "通风、空气调节系统的风管在下列部位应设置公称动作温度为 70℃ 的防火阀：
>
> 1 穿越防火分区处；
>
> 2 穿越通风、空气调节机房的房间隔墙和楼板处；
>
> 3 穿越重要或火灾危险性大的场所的房间隔墙和楼板处。"

根据《汽车库、修车库、停车场设计防火规范》GB 50067—2014 第 8.1.6 条规定：

"风管应采用不燃材料制作，且不应穿过防火墙、防火隔墙，当必须穿过时，除应符合本规范第 5.2.5 条的规定外，尚应符合下列规定：应在穿过处设置防火阀，防火阀的动作温度宜为 70℃。"

防火分区等防火分隔处，主要防止火灾在防火分区或不同防火单元之间蔓延。在某些情况下，必须穿过防火墙或防火隔墙时，需在穿越处设置防火阀。风管穿越通风、空气调节机房或其他防火隔墙和楼板处，主要防止机房的火灾通过风管蔓延到建筑内的其他房间，或者防止建筑内的火灾通过风管蔓延到机房。

暖通专业在设计时应根据建筑专业提供的平面图中，防火分区的划分、防火门的设置等，判断设有防火隔墙分隔的房间（如：消防控制室、灭火设备（器材）室、消防水泵房、燃油燃气锅炉房、柴油发电机房及其储油间、变配电室、通风空调机房、民用建筑内的附属库房、非住宅内厨房等）。规范要求风管穿越采用防火隔墙分隔的房间（场所）的隔墙和楼板处均应设置防火阀。

分析原因

暖通专业在设计时，未根据建筑专业提供的平面图中，防火分区的划分、防火门的设置等，判断设有防火隔墙分隔的房间，因此未设或漏设防火阀。

整改方案

在通风、空气调节系统的风管穿越防火分区、防火隔墙和楼板漏设防火阀处增设70℃防火阀。

附图见图 7.4-2。

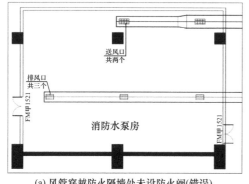
(a) 风管穿越防火隔墙处未设防火阀(错误)

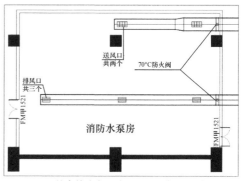
(b) 风管穿越防火隔墙处设置防火阀(正确)

图 7.4-2

7.4.4 空气中含有易燃、易爆危险物质的房间，其送、排风系统未采用防爆型的通风设备

🖰 分析点评

1）根据《建筑设计防火规范》GB 50016—2014（2018 年版）第 9.3.4 条、第 9.3.16 条规定：

"9.3.4 空气中含有易燃、易爆危险物质的房间，其送、排风系统应采用防爆型的通风设备。"

"9.3.16 燃油或燃气锅炉房应设置自然通风或机械通风设施。燃气锅炉房应选用防爆型的事故排风机。当采取机械通风时，机械通风设施应设置导除静电的接地装置。"

2）根据《锅炉房设计标准》GB 50041—2020 第 15.3.7 条规定：

"设在其他建筑物内的燃油、燃气锅炉房的锅炉间，应设置独立的送排风系统，其通风装置应防爆。"

3）根据《民用建筑供暖通风与空气调节设计规范》GB 50736—2012 第 6.5.9 条规定：

"排除、输送有燃烧或爆炸危险混合物的通风设备和风管，均应采取防静电接地措施（包括法兰跨接），不应采用容易积聚静电的绝缘材料制作。"

📋 分析原因

1）暖通设计图纸中缺少对风机防爆要求的说明。

2）施工单位未认真识别图纸，未按要求采购防爆设备；安装时未采取防静电接地措施（包括法兰跨接）。

📋 整改方案

1）设计图纸明确风机的防爆要求。空气中含有易燃、易爆危险物质的房间（燃油、燃气锅炉间、柴油发电机房储油间等），其送、排风系统采用防爆型的通风设备，并设置导除静电（包括法兰跨接）的接地装置。

2）施工单位更换防爆设备。

附图见图 7.4-3。

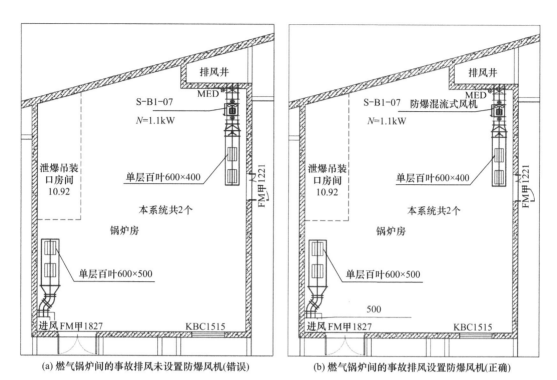

(a) 燃气锅炉间的事故排风未设置防爆风机(错误)　　(b) 燃气锅炉间的事故排风设置防爆风机(正确)

图 7.4-3

第 8 章

消防电气常见问题及防治

8.1 消防电源及配电

8.1.1 消防电源

检查部位

变电所、发电机房。

检查要点

1）供电电源及自备电源是否满足消防负荷等级要求；

2）自备柴油发电机组是否具备应急自启动功能。

问题描述

1）现场采用临时供电电源或未见正式供电合同、交接记录、投运单（图 8.1-1）。

2）未安装电瓶或未将电瓶输出电源线连接至启动电机，柴油发电机组不能正常启动（图 8.1-2）。

3）柴油发电机组未引入自启动信号，无法实现自启动。

图 8.1-1

图 8.1-2

原因分析

（1）规范依据：

《建筑设计防火规范》GB 50016—2014（2018 年版）第 10.1.4 条：

10.1.4　消防用电按一、二级负荷供电的建筑，当采用自备发电设备作备用电源时，自备发电设备应设置自动和手动启动装置。当采用自动启动方式时，应能保证在 30s 内供电。

不同级别负荷的供电电源应符合现行国家标准《供配电系统设计规范》GB 50052 的规定。

条文说明

消防用电设备的用电负荷分级可参见现行国家标准《供配电系统设计规范》GB 50052 的规定。此外，为尽快让自备发电设备发挥作用，对备用电源的设置及其启动作了要求。根据目前我国的供电技术条件，规定其采用自动启动方式时，启动时间不应大于 30s。

（1）根据国家标准《供配电系统设计规范》GB 50052 的要求，一级负荷供电应由两个电源供电，且应满足下述条件：

1）当一个电源发生故障时，另一个电源不应同时受到破坏；

2）一级负荷中特别重要的负荷，除由两个电源供电外，尚应增设应急电源，并严禁将其他负荷接入应急供电系统。应急电源可以是独立于正常电源的发电机组、供电网中独立于正常电源的专用的馈电线路、蓄电池或干电池。

（2）结合目前我国经济和技术条件、不同地区的供电状况以及消防用电设备的具体情况，具备下列条件之一的供电，可视为一级负荷：

1）电源来自两个不同发电厂；

2）电源来自两个区域变电站（电压一般在 35kV 及以上）；

3）电源来自一个区域变电站，另一个设置自备发电设备。

……

（2）分析点评：

问题 1：当采用临时电源供电时，由于其供配电系统未经过设计及审查，若判定验收通过则会存在一定的风险。

首先其供电容量不一定能满足火灾时消防设备的用电需求。当火灾发生时，同时工作的消防设备包括消火栓泵、自喷泵、防排烟风机等，其总负荷可能超过临电的供电容量，且最大一台消防设备启动时也可能由于供电容量不足，无法正常启动或造成继电器、接触器的误动作。

其次临电配电系统选用的电缆及保护电器存在与原配电系统不匹配的情况，当临电配电线路平时运行过程中出现过载或短路故障时，保护电器可能无法断开回路，从而引发电气火灾。

另外当设计采用双重电源供电且未设置自备电源时，由于临电只有一路电源，无法满足二级及以上负荷等级消防设备的供电电源要求，也无法判定今后其正式供电是否采用了双重电源供电。

问题2、3：柴油发电机如果仅通过手动方式启动，管理人员往往需要较长的时间到达发电机房进行操作，并不能保证启动时间不应大于30s的要求，因此需要发电机组采用自动启动方式。而在发电机组中电瓶是为发电机启动电机提供直流电源的重要装置，若未安装电瓶，或未将电瓶输出电源线连接至启动电机，则无法驱动发电机启动，自启动亦失效。另外，根据《民用建筑电气设计标准》GB 51348—2019第3.3.4条条文说明，可将变压器低压侧主进线断路器的辅助接点发出的自启动指令引至发电机，从而启动发电机组。

整改方案

问题1：办理正式供电手续，当两路电源不满足双重电源设置要求时，增加自备电源，确保满足一级负荷的供电要求。

问题2：连接启动电瓶线，使驱动电机供电从而达到柴油发电机组自启动条件（图8.1-3）。

问题3：可将变压器低压侧主进线开关辅助触头的常闭触点引至发电机组启动电路，保证正常电源失电后柴油发电机组自启动；当变压器成对安装时，可将两台变压器低压侧主进线开关辅助触头的常闭触点串联（逻辑"与"关系）后作为自启动信号（图8.1-4）。

图 8.1-3

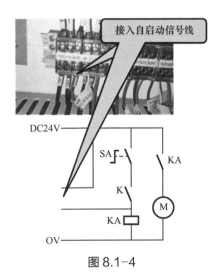

图 8.1-4

8.1.2　消防配电装置

⚙ 检查部位

消防水泵房。

🏛 检查要点

消防水泵控制柜防护等级是否正确。

🕐 问题描述

经外观、控制柜铭牌检查，消防水泵控制柜与消防水泵设置在同一空间时，防护等级不满足规范（图 8.1-5）。

🔍 原因分析

（1）规范依据：

《消防给水及消火栓系统技术规范》GB 50974—2014 第 11.0.9 条：

11.0.9　消防水泵控制柜设置在专用消防水泵控制室时，其防护等级不应低于 IP30；与消防水泵设置在同一空间时，其防护等级不应低于 IP55。

（2）分析点评：

消防水泵房内有压水管道多，一旦因压力过高如水锤等原因而泄漏，当喷泄到消防水泵控制柜时有可能影响控制柜的运行，因此要求控制柜的防护等级不应低于 IP55，IP55 是防尘防溅水。当控制柜设置在专用的控制室，根据国家现行标准，控制室不允许有管道穿越，因此消防水泵控制柜的防护等级可适当降低，IP30 能满足防尘要求。

📋 整改方案

更换满足防护等级要求的配电柜和控制柜（图 8.1-6）。

图 8.1-5

图 8.1-6

8.1.3 消防配电线路

🔧 检查部位

电缆桥架、电气竖井等处。

🏛 检查要点

1）消防配电线缆的耐火性能是否正确；

2）消防配电线路敷设及防护措施是否满足规范要求。

🧪 问题描述

问题1：存在设计要求的耐火电缆使用普通电缆的情况，且不能提供消防电力电缆耐火性能的检测报告，现场耐火电缆及矿物质电缆无复检报告；

问题2：非矿物绝缘消防电线电缆明敷时未采用封闭式金属槽盒、金属导管保护；明敷的金属导管、金属线槽、金属软管未刷防火涂料或涂刷厚度不均匀（图8.1-7）；

问题3：同一电缆井内敷设的消防配电线路与其他配电线路未分别布置在电井两侧，且采用同一桥架敷设（图8.1-8）。

图8.1-7

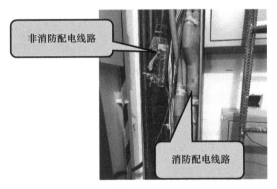

图8.1-8

🔍 原因分析

（1）规范依据：

《建筑设计防火规范》GB 50016—2014（2018年版）第10.1.10条：

10.1.10　消防配电线路应满足火灾时连续供电的需要，其敷设应符合下列规定：

1 明敷时（包括敷设在吊顶内），应穿金属导管或采用封闭式金属槽盒保护，金属导管或封闭式金属槽盒应采取防火保护措施；当采用阻燃或耐火电缆并敷设在电缆井、沟内时，可不穿金属导管或采用封闭式金属槽盒保护；当采用矿物绝缘类不燃性电缆时，可直接明敷。

2 暗敷时，应穿管并应敷设在不燃性结构内且保护层厚度不应小于30mm。

3 消防配电线路宜与其他配电线路分开敷设在不同的电缆井、沟内；确有困难需敷设在同一电缆井、沟内时，应分别布置在电缆井、沟的两侧，且消防配电线路应采用矿物绝缘类不燃性电缆。

（2）分析点评：

问题1：工程中，消防电气线路所采用的"耐火电缆"应为符合现行国家标准《阻燃及耐火电缆塑料绝缘阻燃及耐火电缆分级和要求 第2部分：耐火电缆》XF 306.2 及《阻燃和耐火电线电缆或光缆通则》GB/T 19666 的电缆。这种电缆能保证线路在火灾中继续供电，并应采用正规厂商生产的此类电缆。另外，矿物绝缘电缆也应提供检测报告。

同时根据《建筑工程检测试验技术管理规范》JGJ 190—2010，电线电缆需按检验批进行复检，在消防验收时，除需提供厂家对于阻燃、耐火电线电缆的检测报告外，还需提供阻燃、耐火的电线电缆的复检报告，以证明阻燃、耐火电线电缆按图纸使用（《建筑工程检测试验技术管理规范》JGJ 190—2010 只强制要求检测截面及每芯导体电阻值，在建设单位及监理有异议时检测其阻燃性能，但是通过送检检验批数量和型号规格，能判断出施工单位是否按图纸要求使用阻燃、耐火的电线电缆）。

问题2：电气线路的敷设方式主要有明敷和暗敷两种方式。对于明敷方式，由于线路暴露在外，火灾时容易受火焰或高温的作用而损毁，因此，规范要求线路明敷时要穿金属导管或金属线槽并采取保护措施。保护措施一般可采用包覆防火材料或涂刷防火涂料。

问题3：非消防负荷与消防负荷的配电线路共井敷设时，根据《民用建筑电气设计标准》GB 51348—2019 中第 8.11.8 条应提高消防负荷配电线路的耐火等级或非消防负荷的配电线路阻燃等级。近年来在一些竖井火灾事故中，由于非消防负荷与消防负荷的配电线路共井敷设，非消防负荷的配电线路着火将消防配电线路（有机绝缘类耐火电缆）引燃烧毁。因此，消防部门多次提出非消防负荷与消防负荷的配电线路分井敷设。但是实际工程中很难做到，如果共井敷设时消防配电线路应采用矿物绝缘类不燃性电缆，并应与非消防线路分别布置在电缆井两侧。

整改方案

问题1：提供消防电力电缆耐火性能检测报告，检查消防回路电线电缆规格型号是否现场送检，若不能提供复检资料，则需提供现场按图纸要求使用阻燃、消防电缆的证明材料。检查现场电缆是否与检测报告一致，若不达标应更换电缆（图 8.1-9）。

问题2：电缆采用防火桥架敷设、电线采用穿管敷设；明敷的消防线路金属导管、金属线槽、金属软管应均匀涂刷防火涂料（图 8.1-10）。

问题3：将同一电缆井内敷设的消防配电线路与其他配电线路分别布置在电井两侧，且分桥架敷设（图 8.1-11）。

| 图 8.1-9 | 图 8.1-10 | 图 8.1-11 |

8.1.4 消防配电设备标志

⚙ **检查部位**

消防配电设备。

🏛 **检查要点**

消防配电设备是否设置明显标志。

🧑 **问题描述**

问题1：消防配电设备缺少标志（图 8.1-12）；

问题2：配电箱内侧应附系统图（图 8.1-13），出线回路应做用途标志（图 8.1-14）。

| 图 8.1-12 | 图 8.1-13 | 图 8.1-14 |

🔍 **原因分析**

（1）规范依据：

《建筑设计防火规范》GB 50016—2014（2018 年版）第 10.1.9 条：

10.1.9　按一、二级负荷供电的消防设备，其配电箱应独立设置；按三级负荷供电的消防设备，其配电箱宜独立设置。

消防配电设备应设置明显标志。

（2）分析点评：

消防配电设备是建筑物的消防核心设施，是保证建筑物正常运行的重要组成部分，若没有任何标志会造成管理维护不便及紧急状态时管理人员无法快速识别，因此应设有永久标志，从而便于识别维护管理。

📋 **整改方案**

制作增加永久标志（图 8.1-15～图 8.1-17）。

图 8.1-15

图 8.1-16

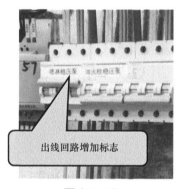
图 8.1-17

8.2　电力线路及电气装置

8.2.1　电气线路防火封堵

⚙️ **检查部位**

配电箱、桥架、电气竖井、电缆沟、防火墙等处。

🏛 **检查要点**

梯架、托盘和槽盒穿越竖井及防火分区等处时的防火封堵措施。

问题描述

问题1：梯架、托盘和槽盒穿越竖井及防火分区等处时未采取防火封堵措施（图8.2-1）；

问题2：穿越竖井及防火分区等处的槽盒或导管，其内部截面积等于大于710mm²时，未从内部进行封堵（图8.2-2）。

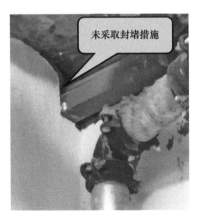

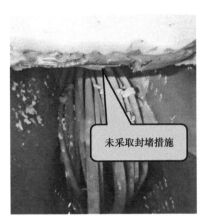

图8.2-1　　　　　　　　　　　　　　图8.2-2

原因分析

（1）规范依据：

1）《建筑电气工程施工质量验收规范》GB 50303—2015 第11.2.3条：

11.2.3　当设计无要求时，梯架、托盘、槽盒及支架安装应符合下列规定：

……3 敷设在电气竖井内穿楼板处和穿越不同防火区的梯架、托盘和槽盒应有防火隔堵措施。

2）《低压配电设计规范》GB 50054—2011 第7.1.5条：

7.1.5　电缆敷设的防火封堵，应符合下列规定：

……2 电缆敷设采用的导管和槽盒材料，应符合现行国家标准《电气安装用电缆槽管系统 第1部分：通用要求》GB/T 19215.1、《电气安装用电缆槽管系统 第2部分：特殊要求 第1节：用于安装在墙上或天花板上的电缆槽管系统》GB/T 19215.2 和《电气安装用导管系统 第1部分：通用要求》GB/T 20041.1规定的耐燃试验要求，当导管和槽盒内部截面积等于大于710mm²时，应从内部封堵……

（2）分析点评：

电缆敷设的防火封堵是防止电气火灾的重要措施，除桥架的外部应进行防火封堵外，尚应对内部截面积等于大于 710mm² 的槽盒及导管进行内部封堵，从而有效阻止火势蔓延。

整改方案

严格按规范要求对梯架、托盘、槽盒穿越电气竖井及防火分区等处进行内部（图 8.2-3）及外部防火封堵（图 8.2-4）。

图 8.2-3

图 8.2-4

8.2.2　爆炸危险环境电力装置

检查部位

燃气锅炉间。

检查要点

1）爆炸危险环境电气设备的选型。

2）爆炸危险环境电气线路的安装。

问题描述

问题 1：燃气锅炉间等爆炸性环境内的灯具及火灾探测器等电气设备未选用合适的防爆电器。

问题 2：燃气锅炉间等爆炸性环境内电气线路保护管未采用低压流体输送用镀锌焊接钢管。

原因分析

（1）规范依据：

1）《建筑设计防火规范》GB 50016—2014（2018 年版）第 10.2.6 条：

10.2.6　爆炸危险环境电力装置的设计应符合现行国家标准《爆炸危险环境电力

装置设计规范》GB 50058 的规定。

2）《锅炉房设计标准》GB 50041—2020 第 15.2.2 条：

> 15.2.2 电动机、启动控制设备、灯具和导线型式的选择，应与锅炉房各个不同的建筑物和构筑物的环境分类相适应；燃油、燃气锅炉房的锅炉间、燃气调压间、燃油泵房、煤粉制备间、碎煤机间和运煤走廊等有爆炸危险场所的等级划分，应符合现行国家标准《爆炸危险环境电力装置设计规范》GB 50058 的有关规定。

3）《爆炸危险环境电力装置设计规范》GB 50058—2014 第 5.2.1 条、第 5.4.3 条：

> 5.2.1 在爆炸性环境内，电气设备应根据下列因素进行选择：
> 1 爆炸危险区域的分区；
> 2 可燃性物质和可燃性粉尘的分级；
> 3 可燃性物质的引燃温度；
> 4 可燃性粉尘云、可燃性粉尘层的最低引燃温度。
> 5.4.3 爆炸性环境电气线路的安装应符合下列规定：
> ……4 钢管配线可采用无护套的绝缘单芯或多芯导线。当钢管中含有三根或多根导线时，导线包括绝缘层的总截面不宜超过钢管截面的 40%。钢管应采用低压流体输送用镀锌焊接钢管。钢管连接的螺纹部分应涂以铅油或磷化膏。在可能凝结冷凝水的地方，管线上应装设排除冷凝水的密封接头。

（2）分析点评：

问题 1：燃气中如天然气的主要成分为甲烷，它与空气形成 5%～15% 浓度的混合气体时易着火爆炸，而电气设备产生的电火花及高温是引起爆炸的主要原因。虽然《城镇燃气设计规范》GB 50028—2006（2020 年版）附录 D 中将生产过程中使用明火的设备附近区域（如燃气锅炉房）的用电场所划分为非爆炸危险区域，但考虑到非生产时间（如非供暖季）存在燃气泄漏的可能性，故燃气锅炉间内应采用防爆电器。

问题 2：采用低压流体输送用镀锌焊接钢管及相应封堵措施，主要为将爆炸性气体或火焰隔离切断，防止传播到管子的其他部位。

📋 整改方案

问题 1：具体工程中，应首先根据《爆炸危险环境电力装置设计规范》GB 50058—2014 第 1.0.4 条，由负责生产工艺加工介质性能、设备和工艺性能的专业人员和安全、电气专业的工程技术人员共同商议完成爆炸危险区域的划分，确定适用的设备保护级别（EPL）及电气设备防爆结构型式，其次按照甲烷的爆炸性混合物分级（ⅡA）、引燃温度组别（T1）及确定适用的设备类别（ⅡA、ⅡB、ⅡC）、设备温度级别（T1～T6），最后按适用的要求合理选择防爆电器（图8.2-5）。

图 8.2-5

问题2：将普通钢管更换为低压流体输送用镀锌焊接钢管，并做好隔离密封（图8.2-6）。

图 8.2-6

8.3 火灾自动报警系统

8.3.1 控制中心报警系统控制及显示功能

🔧 检查部位

消防控制室。

🏛 检查要点

1）有多个分消防控制室的消防控制中心报警系统，其主消防控制室能否集中显示设置在各分消防控制室内的消防设备的状态信息，能否实现对整个系统中共同使用的水泵等重要的消防设备的统一控制；

2）分消防控制室的消防设备之间不应相互控制。

⏱ 问题描述

问题1：分消防控制室控制整个系统中共同使用的水泵等重要的消防设备（图8.3-1）。

问题2：分消防控制室的消防设备可相互控制（图8.3-2）。

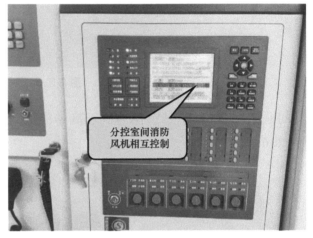

分控室控制消防泵

分控室间消防
风机相互控制

| 图8.3-1 | 图8.3-2 |

🔍 原因分析

（1）规范依据：

《火灾自动报警系统设计规范》GB 50116—2013 第3.2.4条：

> 3.2.4 控制中心报警系统的设计，应符合下列规定：
>
> 1 有两个及以上消防控制室时，应确定一个主消防控制室。
>
> 2 主消防控制室应能显示所有火灾报警信号和联动控制状态信号，并应能控制重要的消防设备；各分消防控制室内消防设备之间可互相传输、显示状态信息，但不应互相控制……

（2）分析点评：

一般情况下，当设置两个及两个以上消防控制室时，对于共用的消防设备，如多栋建筑共用的消防水泵设备，应由主消防控制室控制，不应由分消防控制室控制，对于仅供建筑单体使用的消防设备，如消防风机设备，应由该建筑内消防控制室控制；为了便于消防控制室之间的信息沟通和信息共享，各分消防控制室的消防设备之间可互相传输、显示状态信息，作为整个系统中共同使用的水泵等重要的消防设备，不应由分消防控制室控制，如果相互控制，这样容易引起各个分消防控制室的消防设备之间的指令冲突，造成联动故障，所以应根据消防安全的管理需求及实际情况，由最高级别的消防控制室（主消防控制室）统一控制。

📋 整改方案

严格按设计要求设置各个主、分消防控制室的联动逻辑关系，划分清楚主、分消防控制室的联动权限（图 8.3-3）。

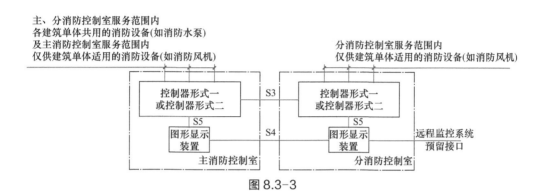

图 8.3-3

8.3.2　消防控制室布置

⚙️ 检查部位

消防控制室。

🏛 检查要点

消防控制室内消防设备布置及安装是否满足规范要求。

🕐 问题描述

消防控制室内设备布置盘前操作距离不满足规范要求（图 8.3-4），盘后维修距离不够，小于 1m（图 8.3-5）；与其他弱电设备合用房间时，没有明显的间隔。

🔍 原因分析

（1）规范依据：

《火灾自动报警系统设计规范》GB 50116—2013 第 3.4.8 条、第 6.1.3 条：

3.4.8　消防控制室内设备的布置应符合下列规定：

1 设备面盘前的操作距离，单列布置时不应小于 1.5m；双列布置时不应小于 2m。

2 在值班人员经常工作的一面，设备面盘至墙的距离不应小于3m。

3 设备面盘后的维修距离不宜小于1m。

4 设备面盘的排列长度大于4m时，其两端应设置宽度不小于1m的通道。

5 与建筑其他弱电系统合用的消防控制室内，消防设备应集中设置，并应与其他设备间有明显间隔。

6.1.3　火灾报警控制器和消防联动控制器安装在墙上时，其主显示屏高度宜为1.5m～1.8m，其靠近门轴的侧面距墙不应小于0.5m，正面操作距离不应小于1.2m。

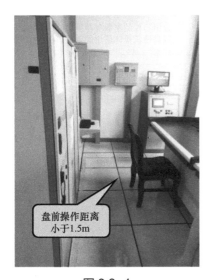

图 8.3-4

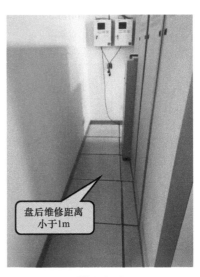

图 8.3-5

（2）分析点评：

消防控制室作为火灾报警系统各个消防设备执行各项联动设施、控制、显示的核心机房，其设备的布置应符合规范要求，便于工作人员对设备能有效管理和维护检修方便。

整改方案

设计人员在设计阶段建议结合消防设备的布置要求与建筑专业充分沟通，预留好足够的控制室的面积，对于与安防设备合用的控制室，建议结合规范及标准要求，合理做好安防、消防设备的分隔布置大样图，施工单位应该严格按照设计图纸及验收规范施工；消防控制室内控制器应安装牢固，不应倾斜；安装在轻质隔墙上时，应采取加固措施。控制器的接地应牢固，并有明显的永久性标志。控制器的主电源应有明显的永久性标志，并应直接与消防电源连接，严禁使用电源插头。控制器与其外接备用电源之间应直接连接（图8.3-6）。设备的布置与安装应严格遵照相关规范要求执行，例如设备面盘双列布置的消防控制室（图 8.3-7）。

图 8.3-6

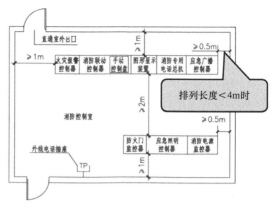

图 8.3-7

8.3.3　消防模块设置

🔩 检查部位

消防模块安装处。

🏛 检查要点

消防模块的安装位置是否满足规范要求。

⏱ 问题描述

问题 1：消防模块安装在配电箱及控制箱内（图 8.3-8）；

问题 2：未集中设置的模块附近未设置标识（图 8.3-9）。

🔍 原因分析

（1）规范依据：

《火灾自动报警系统设计规范》GB 50116—2013 第 6.8.2 条、第 6.8.4 条：

6.8.2　模块严禁设置在配电（控制）柜（箱）内。

6.8.4　未集中设置的模块附近应有尺寸不小于 100mm × 100mm 的标识。

《火灾自动报警系统施工及验收标准》GB 50166—2019 第 3.3.17 条：

3.3.17　模块或模块箱的安装应符合下列规定：

1 同一报警区域内的模块宜集中安装在金属箱内，不应安装在配电柜、箱或控制柜、箱内；

......

5 隐蔽安装时在安装处附近应设置检修孔和尺寸不小于 100mm×100mm 的永久性标识。

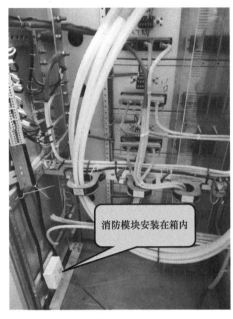

图 8.3-8

图 8.3-9

（2）分析点评：

由于模块工作电压通常为 24V，不应与其他电压等级的设备混装，因此严禁将模块设置在配电（控制）柜（箱）内。不同电压等级的模块、设备一旦混装，将可能相互干扰，影响模块可靠动作，造成报警系统联动设备失败。

整改方案

同一报警区域内的模块宜集中安装在本报警区域内的金属模块箱中（图 8.3-10）；未集中设置的模块附近应有尺寸不小于 100mm×100mm 的标识；模块应独立安装在不燃材料或墙体上，安装牢固，并应采取防潮、防腐蚀等措施；模块的连接导线应留有不小于 150mm 的余量，其端部应有明显的永久性标识；模块的终端部件（指与模块匹配的终端电阻等部件）应靠近连接部件安装（便于检测模块与连接部件连线的短路、断路）；隐蔽安装时在安装处附近应设置检修孔和尺寸不小于 100mm×100mm 的永久性标识（图 8.3-11）。

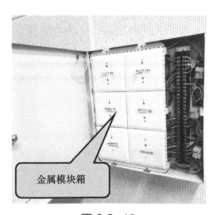

图 8.3-10

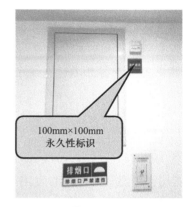

图 8.3-11

8.3.4 火灾探测器选型

检查部位

厨房、锅炉房等场所。

检查要点

探测器类型是否符合场所的环境要求。

问题描述

设置有火灾自动报警系统的建筑内,采用天然气的公共厨房、锅炉房除设置了可燃气体探测器外,经常漏设火灾探测器或选用感烟火灾探测器(图 8.3-12)。

图 8.3-12

原因分析

(1)规范依据:

《火灾自动报警系统设计规范》GB 50116—2013 第 5.2.5 条:

5.2.5 符合下列条件之一的场所,宜选择点型感温火灾探测器;且应根据使用场所的典型应用温度和最高应用温度选择适当类别的感温火灾探测器:

1 相对湿度经常大于 95%。

2 可能发生无烟火灾。

3 有大量粉尘。

4 吸烟室等在正常情况下有烟或蒸气滞留的场所。

5 厨房、锅炉房、发电机房、烘干车间等不宜安装感烟火灾探测器的场所。

6 需要联动熄灭"安全出口"标志灯的安全出口内侧。

7 其他无人滞留且不适合安装感烟火灾探测器，但发生火灾时需要及时报警的场所。

（2）分析点评：

可燃气体探测器与火灾探测器作用不同。可燃气体探测器用于可燃气体泄漏时发出报警信号并联动相关设备，避免形成爆炸危险环境；而火灾探测器则用于厨房用火不慎等与可燃气体泄漏无关的原因造成的火灾。由于厨房平时烟气较多，火灾发生会比较迅速，可能会产生大量热、烟和火焰辐射，容易引起感烟火灾探测器误报，因此采用感温探测器更适合厨房、锅炉房这类场所（图8.3-13）。

图 8.3-13

整改方案

施工时应认真阅读设计图纸，避免出现漏设、安装错误等情况，并选用场所适用的探测器类型。

8.3.5　火灾探测器设置与安装

检查部位

有结构梁、空调送风口、格栅式吊顶等处。

检查要点

探测器的安装位置是否满足规范要求。

问题描述

问题1：地下车库当梁突出顶棚的高度超过600mm时梁分隔的顶棚区域漏设探测器。

问题2：点型探测器安装距离墙、梁、多孔送风顶棚孔口的距离过小，小于0.5m（图8.3-14、图8.3-15）；至空调送风口边的水平距离过小，小于1.5m；探测器报警确认灯未朝向便于人员观察的主要入口方向。

问题3：火灾探测器在格栅吊顶场所设置不符合规范要求（图8.3-14）。

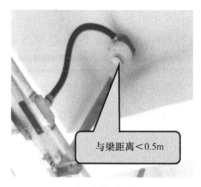

图 8.3-14　　　　　　　　　　　　图 8.3-15

🔍 **原因分析**

（1）规范依据：

1）《火灾自动报警系统设计规范》GB 50116—2013 第 6.2.3 条、第 6.2.5 条、第 6.2.6 条、第 6.2.8 条、第 6.2.18 条：

6.2.3　在有梁的顶棚上设置点型感烟火灾探测器、感温火灾探测器时，应符合下列规定：

……3 当梁突出顶棚的高度超过 600mm 时，被梁隔断的每个梁间区域应至少设置一只探测器。

6.2.5　点型探测器至墙壁、梁边的水平距离，不应小于 0.5m。

6.2.6　点型探测器周围 0.5m 内，不应有遮挡物。

6.2.8　点型探测器至空调送风口边的水平距离不应小于 1.5m，并宜接近回风口安装。探测器至多孔送风顶棚孔口的水平距离不应小于 0.5m。

6.2.18　感烟火灾探测器在格栅吊顶场所的设置，应符合下列规定：

1 镂空面积与总面积的比例不大于 15% 时，探测器应设置在吊顶下方。

2 镂空面积与总面积的比例大于 30% 时，探测器应设置在吊顶上方。

3 镂空面积与总面积的比例为 15%～30% 时，探测器的设置部位应根据实际试验结果确定。

4 探测器设置在吊顶上方且火警确认灯无法观察时，应在吊顶下方设置火警确认灯。

5 地铁站台等有活塞风影响的场所，镂空面积与总面积的比例为 30%～70% 时，探测器宜同时设置在吊顶上方和下方。

2）《火灾自动报警系统施工及验收标准》GB 50166—2019 第 3.3.14 条：

3.3.14　探测器报警确认灯应朝向便于人员观察的主要入口方向。

（2）分析点评：

探测器距离墙、梁等按照规范要求保持一定的水平距离，确保探测器能更有效地探测到火情；探测器报警确认灯朝向便于人员观察的主要入口方向，是为了保证值班人员能迅速找到哪只探测器报警，便于及时处理事故。

对于有格栅吊顶的场所，应结合吊顶的型式、镂空的面积大小，合理选择在吊顶上方、吊顶下方或上方及下方均布探测器的方式，才能有效及时的探测到火情的发生。

整改方案

问题1、2：施工时应认真阅读图纸，避免出现漏设、安装错误等情况，对于有梁、风口、灯具、格栅吊顶的场所，在安装探测器时，一定要严格按照规范的要求，保证与遮挡物的间距，避免影响探测器的探测效果（图8.3-16）。

问题3：有格栅吊顶的场所，应根据镂空面积与总面积的比例确定探测器的安装位置（图8.3-17）。

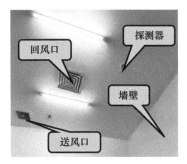

图8.3-16

序号	镂空面积与总面积的比例	感烟探测器设置位置
1	≤15%	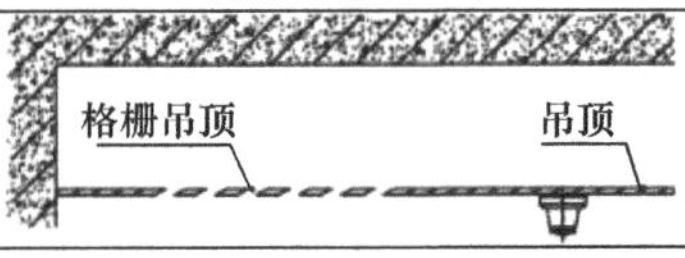 格栅吊顶　　　　　吊顶
2	>30%	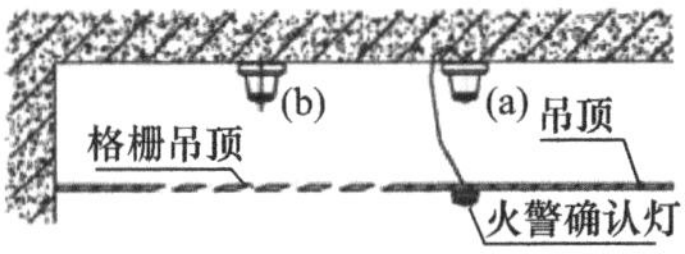 格栅吊顶 (b)　　(a) 吊顶　火警确认灯
3	15%~30%	应根据实际试验结果确定
4	30%~70% 注：有活塞风影响的场所。	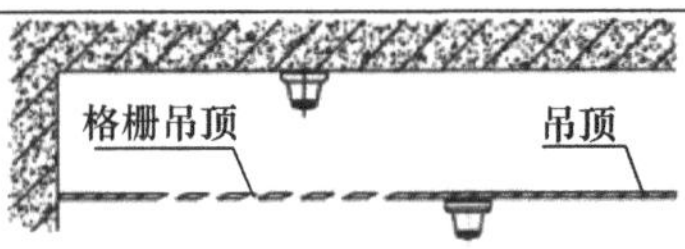 格栅吊顶　　　　　吊顶

图8.3-17

8.3.6　消防广播扬声器

检查部位

走道、楼梯间、前室、大厅等公共场所。

检查要点

1）走道、楼梯间、前室、大厅等公共场所是否设置扬声器；

2）消防应急广播扬声器的语音应清晰，声压级应满足规范要求。

问题描述

问题 1：疏散楼梯间（图 8.3-18）、前室等处漏设消防应急广播扬声器；

问题 2：对扩音机进行全负荷全楼广播试验时，广播的语音不清晰；在环境噪声大于 60dB 的场所，其播放范围内最远点的播放声压级不满足大于背景噪声 15dB 的要求（图 8.3-19）。

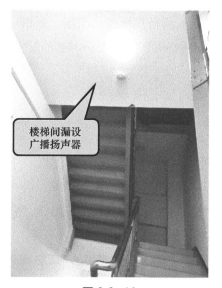

图 8.3-18

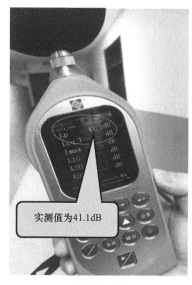

图 8.3-19

原因分析

（1）规范依据：

1）《民用建筑电气设计标准》GB 51348—2019 第 13.3.6 条：

13.3.6 消防应急广播系统设计应符合下列规定：

……5 电梯前室、疏散楼梯间内应设置应急广播扬声器；

2）《火灾自动报警系统设计规范》GB 50116—2013 第 6.6.1 条：

6.6.1 消防应急广播扬声器的设置，应符合下列规定：

1 民用建筑内扬声器应设置在走道和大厅等公共场所。每个扬声器的额定功率不应小于3W，其数量应能保证从一个防火分区内的任何部位到最近一个扬声器的直线距离不大于25m，走道末端距最近的扬声器距离不应大于12.5m。

2 在环境噪声大于60dB的场所设置的扬声器，在其播放范围内最远点的播放声压级应高于背景噪声15dB。

3 客房设置专用扬声器时，其功率不宜小于1W。

（2）分析点评：

问题1：电梯前室、疏散楼梯间都是人员疏散必经的场所，设置应急广播扬声器，能在火灾发生时，发挥扬声器语音播报的优势，起到有效疏散人员的作用；

问题2：由于火灾发生时，要求全楼广播动作，对于地下室，因为防排烟风机工作会产生环境噪声，影响扬声器播放效果；对于有些人员密集场所如商场、超市、客运站，人流较多，环境噪声较大，应结合这些特殊场所特点适当放大扬声器的配置功率，满足播放声压级应高于背景噪声15dB的要求。

整改方案

问题1：施工时应认真阅读图纸，避免出现电梯前室、疏散楼梯间漏设应急广播扬声器。除建筑高度大于250m的超高层建筑外，其他建筑可按三层设置一个扬声器，并应结合楼梯间空间的大小及背景噪声、环境情况复杂等因素的影响，合理选择扬声器的配置功率，满足消防广播扬声器播放声压级应高于背景噪声15dB的规范要求（图8.3-20）。

问题2：配置合适功率的扬声器，满足其播放范围内最远点的播放声压级高于背景噪声15dB的规范要求（图8.3-21）。

图8.3-20

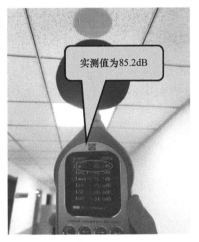

图8.3-21

8.4　消防应急照明和疏散指示系统

8.4.1　疏散路径与灯具设置

检查部位

疏散通道、疏散走道、疏散楼梯间等消防安全疏散设施处。

检查要点

灯具是否根据疏散指示方案进行布置。

问题描述

问题 1：消防应急照明灯未布置在疏散通道上或远离疏散通道，无法保证人员疏散的基本照度（图 8.4-1）；

问题 2：疏散指示标志灯具未按疏散路径进行布置，无法保证人员能够清晰辨识疏散方向等（图 8.4-2）。

图 8.4-1

图 8.4-2

原因分析

（1）规范依据：

《消防应急照明和疏散指示系统技术标准》GB 51309—2018 第 3.1.4 条、第 3.2.2 条：

3.1.4 系统设计前，应根据建、构筑物的结构形式和使用功能，以防火分区、楼层、隧道区间、地铁站台和站厅等为基本单元确定各水平疏散区域的疏散指示方案。疏散指示方案应包括确定各区域疏散路径、指示疏散方向的消防应急标志灯具（以下简称"方向标志灯"）的指示方向和指示疏散出口、安全出口消防应急标志灯具（以下简称"出口标志灯"）的工作状态，并应符合下列规定……

3.2.2 灯具的布置应根据疏散指示方案进行设计，且灯具的布置原则应符合下列规定：

1 照明灯的设置应保证为人员在疏散路径及相关区域的疏散提供最基本的照度；

2 标志灯的设置应保证人员能够清晰地辨识疏散路径、疏散方向、安全出口的位置、所处的楼层位置。

（2）分析点评：

疏散指示方案的制定应包括建、构筑物各防火分区（即水平疏散单元）疏散路径的确定、疏散路径流向的确定、系统标志灯具的设置和指示方案的制定等内容，消防应急灯具应结合疏散路径设置。对于图书馆、商场营业厅等敞开空间，由于没有明确的疏散通道作为疏散路径，在后期装修及实际使用过程中，疏散通道由于经营的需要被随意地变更，但原疏散通道上设置的消防应急照明灯和疏散指示标志灯（包括地面上设置的保持视觉连续的方向标志灯）却没有进行相应调整，从而导致原系统设置的消防应急灯具形同虚设，在火灾等紧急情况下，不光是疏散通道上最低水平照度无法满足，甚至还会因给人们提供错误的疏散导引信息而引发不必要的危害。

整改方案

对于敞开空间场所，应首先确定疏散路径及流向，按流向正确制定方向标志灯指示方向，并在疏散通道上布置消防应急照明灯具，保证人员清晰辨识疏散方向及提供基本的照度要求。内部装修及后期实际使用的平面布局需要改变疏散通道时，应按照上述原则重新调整消防应急灯具，避免出现此类问题（图8.4-3）。

8.4.2 地面水平最低照度

检查部位

疏散通道、疏散走道、疏散楼梯间等消防安全疏散设施处。

检查要点

设置照明灯的部位或场所是否满足地面水平最低照度规范要求。

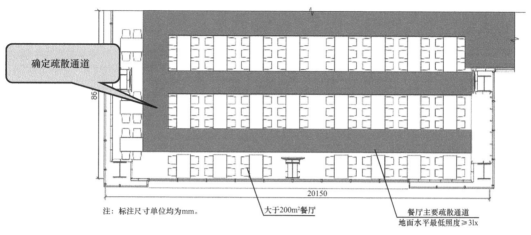

注：标注尺寸单位均为mm。　大于200m²餐厅　餐厅主要疏散通道
地面水平最低照度≥3lx

图 8.4-3

问题描述

问题 1：人员密集场所楼梯间地面水平最低照度低于 10.0lx（图 8.4-4）；人员密集场所的疏散走道地面水平最低照度低于 3.0lx。

问题 2：检测方法不正确，未测量到地面水平最低照度。

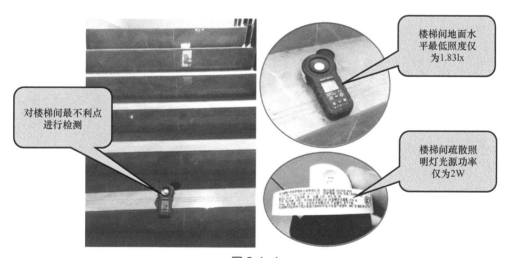

图 8.4-4

原因分析

（1）规范依据：

1）《消防应急照明和疏散指示系统技术标准》GB 51309—2018 第 3.2.5 条、第 5.4.9 条：

3.2.5 照明灯应采用多点、均匀布置方式，建、构筑物设置照明灯的部位或场所疏散路径地面水平最低照度应符合表3.2.5的规定。

照明灯的部位或场所及其地面水平最低照度表　　　　　表3.2.5

设置部位或场所	地面水平最低照度
…… I-3. 人员密集场所、老年人照料设施、病房楼或手术部内的楼梯间、前室或合用前室、避难走道 ……	不应低于10.0lx
…… III-2. 观众厅，展览厅，电影院，多功能厅，建筑面积大于200m² 的营业厅、餐厅、演播厅，建筑面积超过400m² 的办公大厅、会议室等人员密集场所 ……	不应低于3.0lx

……

5.4.9 手动操作应急照明控制器的一键启动按钮，对系统的手动应急启动功能进行检查并记录，系统的手动应急启动功能应符合下列规定：

……4 照明灯设置部位地面水平最低照度应符合本标准第3.2.5条的规定；

2)《建筑设计防火规范》GB 50016—2014（2018年版）第10.3.2条：

10.3.2 建筑内疏散照明的地面最低水平照度应符合下列规定：

1 对于疏散走道，不应低于1.0lx。

2 对于人员密集场所、避难层（间），不应低于3.0lx；对于老年人照料设施、病房楼或手术部的避难间，不应低于10.0lx。

3 对于楼梯间、前室或合用前室、避难走道，不应低于5.0lx；对于人员密集场所、老年人照料设施、病房楼或手术部内的楼梯间、前室或合用前室、避难走道，不应低于10.0lx。

（2）分析点评：

在《消防应急照明和疏散指示系统技术标准》GB 51309—2018颁布实施前，大多数设有火灾自动报警系统的项目会采用非集中控制型消防应急灯具（消防应急点亮由应急照明配电箱内接触器完成），且灯具类型也没有A、B型的区分。当时一般照明灯具厂家也会生产消防应急照明灯具，但产品形式较单一，且大多数为B型灯具，光源的功率一般也大于现行标准要求的A型灯具。同时，照明模拟计算软件也未得到广泛运用，较难实现逐点计算来判定地面水平最低照度。故形成了各场所选用的应急照明灯具不区分型号及光源功率的情况。

在《消防应急照明和疏散指示系统技术标准》GB 51309—2018 颁布实施后，设有火灾自动报警系统的项目按该标准第 3.1.2 条会选择集中控制型消防应急照明和疏散指示系统，此时消防应急照明灯具成为该系统的一部分，由系统厂家配套提供。各系统厂家根据 A、B 型灯具的特点均提供了丰富的产品形式及灯具功率选择。故不经过照明模拟计算，仅按照以往经验不加区分地选择和布置消防应急照明灯具将无法保障各场所不同地面水平最低照度的要求。

另外，由于规范规定的是最低照度值，故系统调试、系统检测与验收时，应选择各场所地面水平照度的最不利点进行检测。

整改方案

问题 1：根据各场所不同地面水平照度要求，通过照明模拟计算，合理选择和布置消防应急照明灯具。

问题 2：楼梯间及疏散走道按以下示例的检测方法检测：

1）楼梯间（楼梯宽度不大于 8m 时适用）（图 8.4-5）：

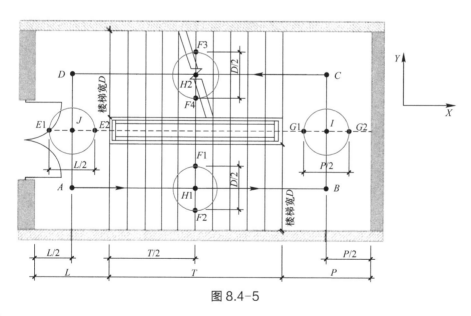

图 8.4-5

注：

1. 楼梯间的地面水平照度标准值以基本满足平台及踏步宽度的 50% 为原则进行设置及检验。

2. 图中 A、B、C、D、E1、E2、F1、F2、F3、F4、G1、G2 点均为最低地面水平照度检测点；设计及工程验收时（照度 × 灯具维护系数）不低于标准要求即判定为合格。

3. 当楼梯宽度 $D<3m$ 时，最低地面水平照度检测点可简化为楼梯中心线 A、B、C、D、H1、H2、I、J 点。

2）疏散走道（走道宽度不大于 8m 时适用）（图 8.4-6）：

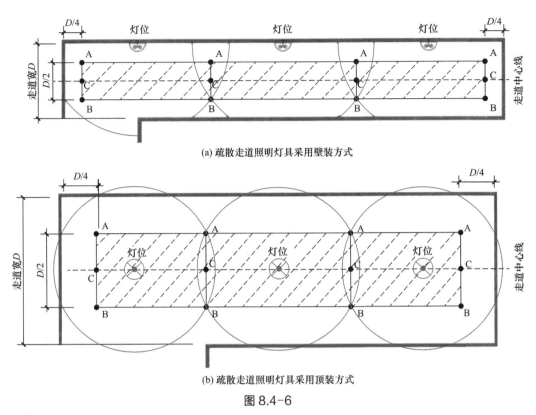

(a) 疏散走道照明灯具采用壁装方式

(b) 疏散走道照明灯具采用顶装方式

图 8.4-6

注：

1. 疏散走道的地面水平照度标准值以基本满足走道宽度的主要疏散线区的 50% 为原则进行设置及检验。

2. 图中 A 及 B 点均为最低地面水平照度检测点；设计及工程验收时（照度 × 灯具维护系数）不低于标准要求即判定为合格。

3. 当走道宽度 D<3m 时，最低地面水平照度检测点可简化为楼梯中心线 C 点。

8.4.3 标志灯设置

 检查部位

疏散通道、疏散走道、疏散楼梯间等消防安全疏散设施处。

检查要点

方向标志灯设置位置是否能保证人员能够清晰地辨识疏散路径、疏散方向。

问题描述

问题 1：地下车库方向标志灯被车辆遮挡（图 8.4-7）；

问题 2：方向标志灯距走廊转角处大于 1m（图 8.4-8）；

图 8.4-7

图 8.4-8

原因分析

（1）规范依据：

《消防应急照明和疏散指示系统技术标准》GB 51309—2018 第 3.2.7 条、第 4.5.11 条：

3.2.7　标志灯应设在醒目位置，应保证人员在疏散路径的任何位置、在人员密集场所的任何位置都能看到标志灯。

4.5.11　方向标志灯的安装应符合下列规定：

......

4 当安装在疏散走道、通道转角处的上方或两侧时，标志灯与转角处边墙的距离不应大于 1m。

......

《建筑设计防火规范》GB 50016—2014（2018 年版）第 10.3.5 条：

10.3.5　公共建筑、建筑高度大于 54m 的住宅建筑、高层厂房（库房）和甲、乙、丙类单、多层厂房，应设置灯光疏散指示标志，并应符合下列规定：

1 应设置在安全出口和人员密集的场所的疏散门的正上方。

2 应设置在疏散走道及其转角处距地面高度 1.0m 以下的墙面或地面上。灯光疏散指示标志的间距不应大于 20m；对于袋形走道，不应大于 10m；在走道转角区，不应大于 1.0m。

（2）分析点评：

在地下车库，当停车位布置突出柱面时（即结构柱不在疏散通道内），方向标志灯如果设置在该柱面 1m 以下位置时，易被车辆遮挡，故无法保证人员在疏散路径的任何位置都能看到标志灯。

标志灯安装在疏散走道、通道转角处的上方或两侧时，为了便于人员对疏散路径的快速识别，标志灯与转角处边墙的距离不应大于1m。

📋 整改方案

问题1：当出现方向标志灯被车辆遮挡情况，整改时可采用以下两种方法之一：方法一是安装高度不变，将方向标志灯调整到另一侧停车位布置未突出的柱面上（图8.4-9）；方法二是将该疏散路径上的方向标志灯调整到疏散通道的上方（处于储烟仓下方），灯具底边不低于车道的最低限高要求，且灯具整体不应有被遮挡的情况（图8.4-10）。另外，对于同一疏散单元，方向指示标志灯安装高度宜保持一致，以利于疏散人员能够清晰辨识疏散方向。

问题2：将标志灯位置调整至距离转角处边墙不大于1m处。

图8.4-9

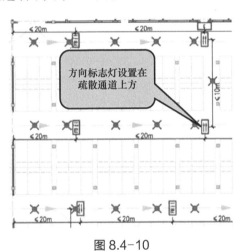

图8.4-10

8.4.4 标志灯选型

⚙️ 检查部位

疏散通道、疏散走道、疏散楼梯间等消防安全疏散设施处。

🏛 检查要点

标志灯选型是否满足现行规范要求。

⏱ 问题描述

问题1：疏散出口与安全出口标志灯混用（图8.4-11）；

问题2：标志灯规格未按照室内高度合理选择（图8.4-12）。

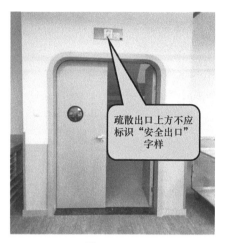
图 8.4-11

图 8.4-12

原因分析

（1）规范依据：

1）《建筑设计防火规范》GB 50016—2014（2018 年版）第 2.1.14 条（问题 1）：

2.1.14　安全出口 safety exit

供人员安全疏散用的楼梯间和室外楼梯的出入口或直通室内外安全区域的出口。

2）《消防应急照明和疏散指示系统技术标准》GB 51309—2018 第 3.2.8 条（问题 1）、第 3.2.1 条（问题 2）、第 4.5.10 条（问题 2）、第 4.5.11 条（问题 2）：

条文说明

3.2.8　本条规定了出口标志灯的设置要求。安全出口是直通室外安全区域的出口，疏散出口供人员安全疏散用的楼梯间的出入口或直通室内安全区域的出口，为了便于人员准确识别安全出口、疏散出口的位置，在进入安全出口、疏散出口的部位应设置出口标志灯；观众厅、展览厅、多功能厅和建筑面积大于 400m^2 的营业厅、餐厅、演播厅等人员密集场所疏散门是通向室内、外安全区域的必经出口，也属疏散出口范畴，其上方也应设置出口标志灯；安全出口和疏散出口上方设置的出口标志灯应有所区别，安全出口上方设置的标志灯的指示面板应有"安全出口"字样的文字标识，而疏散出口上方设置的标志灯的指示面板不应有"安全出口"字样的文字标识。

3.2.1　灯具的选择应符合下列规定：
……

6 标志灯的规格应符合下列规定：

1）室内高度大于 4.5m 的场所，应选择特大型或大型标志灯；

2）室内高度为 3.5m～4.5m 的场所，应选择大型或中型标志灯；

3）室内高度小于 3.5m 的场所，应选择中型或小型标志灯。

4.5.10　出口标志灯的安装应符合下列规定：

……

2 室内高度不大于 3.5m 的场所，标志灯底边离门框距离不应大于 200mm；室内高度大于 3.5m 的场所，特大型、大型、中型标志灯底边距地面高度不宜小于 3m，且不宜大于 6m。

4.5.11　方向标志灯的安装应符合下列规定：

……

3 安装在疏散走道、通道上方时：

1）室内高度不大于 3.5m 的场所，标志灯底边距地面的高度宜为 2.2m～2.5m；

2）室内高度大于 3.5m 的场所，特大型、大型、中型标志灯底边距地面高度不宜小于 3m，且不宜大于 6m。

（2）分析点评：

《建筑设计防火规范》GB 50016—2014（2018 年版）中第 2.1.14 条对安全出口做出了定义。其中"室内安全区域"包括建筑物内避难层、避难走道等；"室外安全区域"包括室外地面、符合疏散要求并具有直接到达地面设施的上人屋面、平台及满足《建筑设计防火规范》GB 50016—2014（2018 年版）相关要求的天桥、连廊等。由于楼梯间、避难层和避难走道等属于室内区域，其安全性能有别于室外地面，为了在灯具指示的信息上将通向室外安全区域的出口与其他出口明确区分，在《消防应急照明和疏散指示系统技术标准》GB 51309—2018 中对用于人员安全疏散的"出口"进行了重新定义：通向室外安全区域、室外楼梯的疏散门界定为"安全出口"，其余通向室内楼梯间、室内安全区域的疏散门界定为"疏散出口"。

目前，标志灯的规格分为特大型、大型、中型和小型四种类型。为了确保标志灯的安装高度处于人员正常视角范围内，同时考虑到火灾产生烟气沉降等因素，《消防应急照明和疏散指示系统技术标准》GB 51309—2018 中第 4.5.10 条及第 4.5.11 条对不同室内高度的场所中各种规格标志灯的安装高度做出了不同规定。这里的室内高度指室内净高 [《民用建筑设计术语标准》GB/T 50504—2009 中第 2.4.30 条：从楼、地面面层（完成面）至吊顶或楼盖、屋盖地面之间的有效使用空间的垂直距离]。同一场所内标志灯的规格宜统一。

整改方案

问题 1：将以下部位设置的出口标志灯改为"安全出口"标志灯：直通室外疏散门的上方；直通上人屋面、平台、天桥、连廊出口的上方；室外疏散楼梯出口的上方；地下或半地下建筑直通室外的竖向疏散楼梯开口的上方等（图 8.4-13）。将以下部位设置的出口标志灯改为"疏散出口"标志灯：敞开楼梯间、封闭楼梯间、防烟楼梯间、防烟楼梯间前室入口的上方；地下或半地下室与地上建筑共用楼梯间时，地下或半地下室楼梯通向地面层疏散门的上方；在首层采用扩大的封闭楼梯间或防烟楼梯间时，通向楼梯间疏散门的上方；需要借助相邻防火分区疏散的防火分区中，通向被借用防火分区甲级防火门的上方；步行街两侧商铺通向步行街疏散门的上方；避难层、避难间、避难走道防烟前室、避难走道入口的上方；观众厅、展览厅、多功能厅和建筑面积大于 $400m^2$ 的营业厅、餐厅、演播厅等人员密集场所疏散门的上方等（图 8.4-14）。

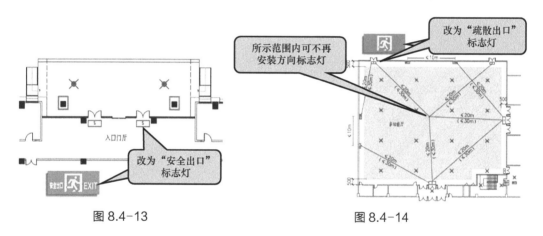

图 8.4-13 图 8.4-14

问题 2：为了有效保证人员对标志灯指示信息的清晰识别，应根据不同的室内高度及灯具的设置高度选购、更换适宜规格的标志灯。另外，须根据所选用标志灯的规格，复核并调整敞开空间场所疏散通道方向标志灯的设置间距，满足《消防应急照明和疏散指示系统技术标准》GB 51309—2018 中第 3.2.9 条第 2 款要求。

第9章

消 防 产 品

9.1 防火门窗、防火卷帘的安装

⚙ 检查部位

防火门、窗、防火卷帘。

🏛 检查要点

防火门、窗铭牌、闭门器、顺序器、防火卷帘耐火极限。

🕐 问题描述

1）防火门检验报告与实体不符，防火门无铭牌标识；闭门器、顺序器未安装（图 9.1-1）；

(a) 有铭牌、无闭门器

(b) 有铭牌、闭门器无顺序器

图 9.1-1

(c) 超大常开防火门
无铭牌、无联动控制器(1)

(d) 超大常开防火门
无铭牌、无联动控制器(2)

(e) 常开防火门有铭牌、
有闭门器、无顺序器

图 9.1-1（续）

2）设有电动闭门器的常开式防火门未安装顺序器；常闭式防火门未设置"保持防火门关闭"标识；

3）设置在防火分区分隔处的防火卷帘不能同时满足耐火完整性和耐火隔热性的要求。

🔍 原因分析

（1）规范依据：

1）《建筑设计防火规范》GB 50016—2014（2018 年版）第 6.5.1 条、第 6.5.3 条：

6.5.1　防火门的设置应符合下列规定：

1 设置在建筑内经常有人通行处的防火门宜采用常开防火门。常开防火门应能在火灾时自行关闭，并应具有信号反馈的功能。

2 除允许设置常开防火门的位置外，其他位置的防火门均应采用常闭防火门。常闭防火门应在其明显位置设置"保持防火门关闭"等提示标识。

3 除管井检修门和住宅的户门外，防火门应具有自行关闭功能。双扇防火门应具有按顺序自行关闭的功能……

6.5.3 防火分隔部位设置防火卷帘时，应符合下列规定：

2 防火卷帘应具有火灾时靠自重自动关闭功能。

3 除本规范另有规定外，防火卷帘的耐火极限不应低于本规范对所设置部位墙体的耐火极限要求。

当防火卷帘的耐火极限符合现行国家标准《门和卷帘的耐火试验方法》GB/T 7633 有关耐火完整性和耐火隔热性的判定条件时，可不设置自动喷水灭火系统保护。

当防火卷帘的耐火极限仅符合现行国家标准《门和卷帘的耐火试验方法》GB/T 7633 有关耐火完整性的判定条件时，应设置自动喷水灭火系统保护。自动喷水灭火系统的设计应符合现行国家标准《自动喷水灭火系统设计规范》GB 50084 的规定，但火灾延续时间不应小于该防火卷帘的耐火极限。

……

5 需在火灾时自动降落的防火卷帘，应具有信号反馈的功能。

6 其他要求，应符合现行国家标准《防火卷帘》GB 14102 的规定。

2)《防火卷帘、防火门、防火窗施工及验收规范》GB 50877—2014 第 4.2.1 条、第 4.3.1 条：

4.2.1 防火卷帘及与其配套的感烟和感温火灾探测器等应具有出厂合格证和符合市场准入制度规定的有效证明文件，其型号、规格及耐火性能等应符合设计要求。

4.3.1 防火门应具有出厂合格证和符合市场准入制度规定的有效证明文件，其型号、规格及耐火性能应符合设计要求。

3)《防火门》GB 12955—2008 第 8.1.1 条：

8.1.1 每樘防火门都应在明显位置固有永久性标牌……

4)《防火卷帘》GB 14102—2005 第 9.1 节：

9.1 标志

每樘防火卷帘都应在明显位置上安装永久性铭牌……

（2）分析点评：

为确保生产质量和便于监督，防火门必须要有钢铭牌，钢铭牌的信息应包含生产厂家、厂址、生产日期、规格型号以及防火门类别。防火门应设有闭门器，双扇防火门还应有顺序器，以确保防火门能够关闭严实。防火门安装时，门框四周与门洞、地面均应密实牢固。防火门根据安装位置的不同，又分为常开式防火门与常闭式防火门；安装在电梯厅等人员通行频繁部位的防火门，一般宜采用常开式防火门；除此以外，应采用常闭式防火门。常开式防火门一般均设电动闭门器，正常情况下保持常开状态，便于人员通行，火灾报警后联动关闭防火门；对于双扇常开式防火门，实际当中常常不安装顺序器，虽然有些电动闭门器具有延时按顺序闭门防火门的功能，似乎不用安装顺序器也可以，但常开式防火门在火灾报警联动关闭后，就变成了常闭式防火门，人员紧急疏散时会频繁打开，如无顺序器，双扇防火门就可能出现关闭顺序错误的现象，从而导致防火门无法关闭严实。常闭式防火门在实际安装中，经常会出现未安装闭门器、顺序器的问题，或者闭门器损坏、顺序器安装位置不当，起不到应有的作用；另外，常闭式防火门最常见的问题是未在门上设置"防火门保持关闭"等提示性标识。

实际工程应用中，最常见的防火卷帘有两种，一种为蓝色无机布双轨双帘的特级防火卷帘，一种为单片钢质防火卷帘。双轨双帘的特殊防火卷帘，一般能够满足耐火隔热性和完整性的要求；而单片钢质防火卷帘，一般仅能满足耐火完整性要求，隔热性达不到要求。在中庭部位、防火分区分界处设置的防火卷帘，均应为特级防火卷帘；只有在汽车库的车道上，可以设置耐火完整性符合要求的防火卷帘。在防火卷帘的采购与安装中，由于对卷帘耐火完整性和隔热性认识不够，采购到隔热性不符合要求的防火卷帘，而设计又未设自动喷水灭火保护系统，整改难度较大。对于耐火完整性满足要求的单片钢质防火卷帘，其检验报告的结论中通常也显示"耐火极限≥3.0h"，但此处的耐火极限仅指耐火完整性，一般在其检验报告的细项指标中，能够体现出是耐火完整性≥3.0h，耐火隔热性的时间是远远低于3.0h的。这一点，在采购施工和消防验收中要特别注意。

整改方案

1）对于现场安装的防火门与检验报告不符的，说明防火门不合格，应更换为合格的防火门。防火门如无钢铭牌，如果只是漏设，应补设；如果根本没有钢铭牌，说明防火门不合格，应更换防火门。对漏装闭门器及顺序器的防火门，应补装。

2）常开式双扇防火门未安装顺序的，应补装；常闭式防火门应设置"防火门保持关闭"等提示性标识。

3）除无防火分区分隔的汽车库内坡道外，其他部位安装的防火卷帘若为单片钢质防火卷帘时，应更换为双轨双帘的特级防火卷帘；也可以增设自动喷水保护系统，但喷水保护时间不应低于防火卷帘的耐火时间。如果在设计阶段未考虑自动喷水保护系统，在竣工验收阶段增设，难度极大，需要有独立的消防泵、给水管道和满足要求的水源；所以，出现此类问题，更换为特级防火卷帘是较为经济合理的方式。

9.2 消防水泵

检查部位

消防水泵。

检查要点

1）消防水泵的性能应符合设计要求，现场核查消防水泵的流量和压力与设计参数的一致性；消防水泵标牌应包含标示流量、扬程、气蚀余量、功率和效率等参数，同一泵组的消防水泵型号宜一致，现场进行核查。

2）消防水泵的主要材质在无特殊要求时，水泵外壳宜为球墨铸铁，叶轮宜为青铜或不锈钢，对产品质量文件进行核查。

3）消防水泵采用柴油机消防水泵时点火方式应采用压缩式点火型柴油机，且具有连续工作的性能，蓄电池应保证水泵的随时自动启泵要求。

问题描述

1）消防水泵现场无铭牌或铭牌内容标注缺失，不便于系统后期运维保障；

2）产品合格证检验报告与设计参数不一致，导致系统功能缺失或无法实现，消防水泵材质不符合规范要求，使设备的耐久性降低；

3）柴油机消防水泵的蓄电池电量不足，不能满足随时启泵要求。

原因分析

（1）规范依据：

违反了《消防给水及消火栓系统技术规范》GB 50974—2014第5.1.3条、第5.1.5条~第5.1.7条、第5.1.8条、第5.1.10条的规定：

5.1.3 消防水泵生产厂商应提供完整的水泵流量扬程性能曲线，并应标示流量、扬程、气蚀余量、功率和效率等参数。

5.1.5 当消防水泵采用离心泵时，泵的型式宜根据流量、扬程、气蚀余量、功率和效率、转速、噪声，以及安装场所的环境要求等因素综合确定。

5.1.6 消防水泵的选择和应用应符合下列规定：

1 消防水泵的性能应满足消防给水系统所需流量和压力的要求；

2 消防水泵所配驱动器的功率应满足所选水泵流量扬程性能曲线上任何一点运行所需功率的要求；

3 当采用电动机驱动的消防水泵时，应选择电动机干式安装的消防水泵；

4 流量扬程性能曲线应无驼峰、无拐点的光滑曲线，零流量时的压力不应超过设计压力的140%，且不宜小于设计额定压力的120%；

5 当出流量为设计流量的150%时，其出口压力不应低于设计压力的65%；

6 泵轴的密封方式和材料应满足消防水泵在低流量时运转的要求；

7 消防给水同一泵组的消防水泵型号宜一致，且工作泵不宜超过3台；

多台消防水泵并联时，应校核流量叠加对消防水泵出口压力的影响。

5.1.7 消防水泵的主要材质应符合下列规定：水泵外壳宜为球墨铸铁；叶轮宜为青铜或不锈钢。

5.1.8 当采用柴油机消防水泵时应符合下列规定：

1 柴油机消防水泵应采用压缩式点火型柴油机；

2 柴油机的额定功率应校核海拔高度和环境温度对柴油机功率的影响；

3 柴油机消防水泵应具备连续工作的性能，试验运行时间不应小于24h；

4 柴油机消防水泵的蓄电池应保证消防水泵随时自动启泵的要求；

5 柴油机消防水泵的供油箱应根据火灾延续时间确定，且油箱最小有效容积应按1.5L/kW配置，柴油机消防水泵油箱内储存的燃料不应小于50%的储量。

5.1.10 消防水泵应设置备用泵，其性能应与工作泵性能一致，但下列情况除外：

1 除建筑高度超过50m的其他建筑室外消防给水设计流量小于等于25L/s时；

2 室内消防给水设计流量小于等于10L/s时。

（2）分析点评：

消防水泵作为消防系统重要核心加压装置，发生火灾后设备运行稳定决定了施救环节的有效，材料进场验收时未能认真核验产品的各项参数指标，造成系统运行压力、流量、耐久性等不符合规范要求。设备的铭牌标识内容缺失易造成后期系统维护时备品备件的选备，导致系统部分功能瘫痪，设备无法正常启动。

📋 整改方案

1）材料设备进场验收时应严格控制，确保设计参数与进场材料设备型号的一致，质量证明文件齐全，对不符合要求的不得在施工中使用。

2）依据产品质量证明文件补充标志牌，内容符合规范要求。产品合格证检验报告（含水泵材质）与设计参数不一致，由设计单位对设备实际参数进行校核，如不符合需对设备进行更换。

3）对蓄电池进行跟踪检查，对电量不能满足随时启泵要求的设备进行更换或维护保养，确保随时启泵要求。

9.3 消火栓箱

检查部位

室内消火栓箱。

检查要点

1）室内消火栓箱的选用是否与设计要求相同，相关材料质量证明文件齐全、真实、有效。

2）消火栓箱内的配置应齐全，至少应配有室内消火栓、消防接口、消防水带、消防水枪及电气设备等消防器材，消火栓箱型号中带"Z"还应配置消防软管卷盘。

3）箱体厚度应使用厚度大于 1.2mm 的薄钢板材料制造，箱门玻璃厚度不应小于 4.0mm。

4）设置门锁的消火栓箱，应设置箱门紧急开启的手动机构，应保证在没有钥匙的情况下开启灵活、可靠。

5）消火栓箱箱门正面应以直观、醒目、匀整的字体标注中文"消火栓"和英文"FIRE HYDRANT"字样，文字应采用发光材料。

6）消火栓箱正面应设置铭牌，铭牌标注信息缺失。消火栓箱的明显部位应采用耐久性文字或图形标注其操作说明，应包含箱门的开启方法、消火栓按钮的开启方法、箱内消防器材的取出及连接步骤、室内消火栓的开启方法、操作消防软管卷盘时必要的动作、描述箱内消防器材使用时的操作程序等内容。

问题描述

1）消火栓箱选型与设计型号不符，产品无质量证明文件；

2）消火栓箱箱体薄钢板厚度小于 1.2mm，箱门玻璃厚度小于 4.0mm，且消火栓箱内配置缺失，箱门无紧急开启的手动机构（箱门设有钥匙，无法快速开启）；

3）消火栓箱箱门正面无直观、醒目、匀整的中英文文字体标注；

4）消火栓箱的明显部位无耐久性文字或图形标注其操作说明。

原因分析

（1）规范依据：

1）违反了《消防给水及消火栓系统技术规范》GB 50974—2014 第 7.4.2 条：

7.4.2　室内消火栓的选用应符合下列要求：

1　室内消火栓 SN65 可与消防软管卷盘一同使用；

2　SN65 的消火栓应配置公称直径 65 有内衬里的消防水带，每根水带的长度不宜超过 25m；消防软管卷盘应配置内径不小于 φ19 的消防软管，其长度宜为 30m；

3　SN65 的消火栓宜配当量喷嘴直径 16mm 或 19mm 的消防水枪，但当消火栓设计流量为 2.5L/s 时宜配当量喷嘴直径 11mm 或 13mm 的消防水枪；消防软管卷盘应配当量喷嘴直径 6mm 的消防水枪。

2）违反了《消火栓箱》GB/T 14561—2019 第 5.1 节、第 5.3.1 条～第 5.3.5 条、第 5.5 节、第 8.1 节～第 8.4 节：

5.1　消火栓箱内消防器材的配置

消火栓箱内至少应配有室内消火栓、消防接口、消防水带、消防水枪及电气设备等消防器材，消火栓箱型号中带"Z"还应配置消防软管卷盘。

5.3.1　箱体应使用厚度不小于 1.2mm 的薄钢板材料制造，也可使用符合 5.4 要求的其他材料。

5.3.2　消火栓箱箱门材料应采用全钢、钢框镶玻璃、铝合金框镶玻璃或其他材料。

5.3.3　镶玻璃箱门玻璃厚度不应小于 4.0mm。

5.3.4　消防水带挂架、托架和水带盘应用耐腐蚀材料制成，若用其他材料应进行耐腐蚀处理。

5.3.5　箱内配置的消防软管卷盘的开关喷嘴、卷盘轴、弯管及水路系统零部件，应用铜合金材料制造，也可用强度和耐腐蚀性能不低于上述材质的其他材料。

5.5　箱门

5.5.1　消火栓箱应设置门锁或箱门关紧装置。

5.5.2　设置门锁的消火栓箱，除箱门安装玻璃以及能被击碎的材料外，均应设置箱门紧急开启的手动机构，应保证在没有钥匙的情况下开启灵活、可靠。

5.5.3 箱门的开启角度不应小于160°。

5.5.4 箱门开启拉力不应大于50N。

8.1 消火栓箱箱门正面应以直观、醒目、匀整的字体标注中文"消火栓"和英文"FIRE HYDRANT"字样，文字应采用发光材料。中文字体高度不应小于100mm，宽度不应小于80mm。

8.2 箱体正面上应设置耐久性铭牌，铭牌至少应包括以下内容：

a）产品名称；

b）产品型号；

c）注册商标或生产厂名；

d）生产厂地址；

e）生产日期或产品批号；

f）执行标准编号。

8.3 消火栓箱的明显部位应采用耐久性文字或图形标注其操作说明。操作说明至少应包括以下内容：

a）箱门的开启方法；

b）消火栓按钮的开启方法；

c）箱内消防器材的取出及连接步骤；

d）室内消火栓的开启方法；

e）操作消防软管卷盘时必要的动作；

f）描述箱内消防器材使用时的操作程序。

8.4 说明中的文字高度不应小于5mm。

（2）分析点评：

消火栓箱具有给水、灭火和报警等功能，产品的各项性能的合规性决定了火灾救援期间生命、财产等的保障。消火栓箱内各项配置多为不同生产厂家组合产品，应提前对各类产品进行封样核验，在消火栓箱进场验收时应逐项进行核对，确保产品符合设计和规范的要求。消火栓箱的正确使用可以第一时间对火灾现场进行有效控制，因此在箱体准确标识操作程序，便于各类人群正确使用。

整改方案

1）材料设备进场验收时应严格控制，确保设计参数与进场材料设备型号的一致，质量证明文件齐全，对不符合要求的不得在施工中使用；

2）消火栓箱选型与设计型号不符的产品进行更换，核验产品质量证明文件，如有缺失需补充齐全；

3）对消火栓箱箱体薄钢板厚度小于 1.2mm，箱门玻璃厚度小于 4.0mm，箱门无紧急开启的手动机构（箱门设有钥匙，无法快速开启）的不合格产品进行更换。消火栓箱内配置缺失应进行补齐；

4）对消火栓箱箱门正面无直观、醒目、匀整的中英文字体标注进行补充修缮；

5）补充消火栓箱的明显部位无耐久性文字或图形标注其操作说明。

9.4 灭火器

检查部位

灭火器。

检查要点

1）灭火器的配置类型应与配置场所的火灾种类和危险等级相适应，相关材料质量证明文件齐全、真实、有效；

2）核查手提式灭火器生产单位名称和出厂时间，包括铭牌脱落、铭牌模糊、不能分辨生产单位名称，出厂时间钢印无法识别等；

3）核查推车式灭火器质量证明文件中有效喷射时间应符合规范要求，标志铭牌、操作说明、灭火用途代码符号等标识的完成性核查。

问题描述

1）现场核验灭火器选用类型与火灾种类和危险等级不符合，核查产品质量证明文件与实物存在差异；

2）手提式灭火器充装量、最小有效喷射时间、最小喷射距离、铭牌标识等不符合规范要求；

3）推车式灭火器瓶体铭牌、操作说明、灭火用途代码符号缺失。

原因分析

（1）规范依据：

1）违反了《手提式灭火器 第 1 部分：性能和结构要求》GB 4351.1—2005 第 6.1 节～第 6.3 节、第 6.13 节、第 9.1 节、第 9.2 节、第 9.3 节：

6.1 质量

6.1.1 灭火器的总质量不应大于20kg，其中二氧化碳灭火剂的总质量不应大于23kg。

6.1.2 灭火器的灭火剂充装总量误差应符合表1的规定。

表1

灭火器类型	灭火剂量	允许误差
水基型	充装量（L）	0%～-5%
洁净气体	充装量（kg）	0%～-5%
二氧化碳	充装量（kg）	0%～-5%
干粉	1（kg）	±5%
	>1～3（kg）	±3%
	>3（kg）	±2%

6.2 最小有效喷射时间

6.2.1 水基型灭火器在20℃时的最小有效喷射时间应符合表2的规定。

表2

灭火剂量/L	最小有效喷射时间/s
2～3	15
>3～6	30
>6	40

6.2.2 灭A类火的灭火器（水基型灭火器除外）在20℃时的最小有效喷射时间应符合表3的规定。

表3

灭火级别	最小有效喷射时间/s
1A	8
≥2A	13

6.2.3 灭B类火的灭火器（水基型灭火器除外）在20℃时的最小有效喷射时间应符合表4的规定。

表4

灭火级别	最小有效喷射时间/s
21B～34B	8
55B～89B	9

续表

灭火级别	最小有效喷射时间 /s
（113B）	12
≥144B	15

6.3 最小喷射距离

6.3.1 灭 A 类火的灭火器在 20℃时的最小有效喷射距离应符合表 5 的规定。

表 5

灭火级别	最小有效喷射距离 /m
1A～2A	3.0
3A	3.5
4A	4.5
6A	5.0

6.3.2 灭 B 类火的灭火器在 20℃时的最小有效喷射距离应符合表 6 的规定。

表 6

灭火器类型	灭火剂量	最小喷射距离 /m
水基型	2L	3.0
	3L	3.0
	6L	3.5
	9L	4.0
洁净气体	1kg	2.0
	2kg	2.0
	4kg	2.5
	6kg	3.0
二氧化碳	5kg	2.5
	7kg	2.5
灭火器类型	灭火剂量	最小喷射距离 /m
干粉	1kg	3.0
	2kg	3.0
	3kg	3.5
	4kg	3.5
	5kg	3.5
	6kg	4.0
	8kg	4.5
	≥9kg	5.0

6.13 灭火器压力指示器要求

6.13.1 贮压式灭火器（二氧化碳灭火器除外）应装有可显示其内部压力的压力

指示器（以下简称指示器）。

6.13.2 指示器的压力指示范围应能反映灭火器工作温度与压力的关系，其表盘刻度和指针应符合如下要求：

6.13.2.1 指示器的最大量程应为灭火器工作压力的 1.5～2.5 倍；指示器表盘上的零位、工作压力（指灭火器工和压力）、可工作的压力范围上下限和指示器的最大量程应用刻度和数值表示。用于指示灭火器工作压力的刻度线其宽度应在 0.6mm～1.0mm 之间。

6.13.2.2 指示器表盘上可工作的压力范围用绿色表示；从零位到可工作压力的下限的范围用红色表示，并在该范围的刻度线上标上"再充装"字样；从可工作压力的上限到指示器的量程的范围用黄色表示，并在该范围的刻度线上标上"超充装"字样。

6.13.2.3 指示器表盘上的数字、符号和"再充装""超充装"等字样应用白色或黑色表示。

6.13.2.4 指示器的指针可用黄色或黑色；指针的顶端应终止在指示点的弧线上；指针的顶端最大半径为 0.25mm；指针的长度当在零位测量时，从指针的旋转点到其顶端的长度：对用于灭火剂充装量大于 2kg（L）灭火器，不应小于 9mm；对用于充装量小于 2kg（L）灭火器，不应小于 6mm。

6.13.2.5 指示器的表盘上从零位到指示工作压力的弧线长度：对用于灭火剂充装量大于 2kg（L）的灭火器，不应小于 12mm；对用于灭火剂充装量小于 2kg（L）或洁净气体灭火器的不应小于 6mm。

6.13.2.6 指示器表盘上应标有指明其所适用的灭火剂的符号或文字（如干粉灭火剂的用符号"F"，水基型灭火剂用符号"S"，洁净气体灭火剂的符号"J"等表示）。

6.13.2.7 指示器表盘上应标有制造厂或商标。

9.1 灭火器筒体外表的颜色推荐采用红色；灭火器上应有发光标志，以便在黑暗中指示灭火器所处的位置。发光标志应采用无毒、无放射性等不危害人体的材料制造。

9.2 灭火器应有铭牌贴在筒体上或印刷在筒体上，并应包括下列内容：

a）灭火器的名称、型号和灭火剂的种类；

b）灭火器灭火级别和灭火种类（用图 2 所示代码表示），代码的尺寸应大于 16mm×16mm 但不能超过 32mm×32mm；

注：对不适应的灭火种类，其用途代码可以不标，但对于使用会造成操作者危

险的，则应用红线"×"去，并用文字明示在灭火器的铭牌上。

　　c）灭火器使用温度范围；

　　d）灭火器驱动气体名称和数量或压力；

　　e）灭火器水压试验压力（应用钢印打在灭火器不受内压的底圈或颈圈等处）；

　　f）灭火器认证等标志；

　　g）灭火器生产连续序号（可印刷在铭牌上，也可用钢印打在不受压的底圈上）；

　　h）灭火器生产年份；

　　注：灭火器生产年份应用钢印永久性地标志在灭火器上，在一年中最后 3 个月生产的灭火器可以标下一年生产的年份，而在一年中头 3 个月生产的灭火器可以标上一年生产的年份。

　　i）灭火器制造厂名称或代号；

　　j）灭火器的使用方法，包括一个或多个图形说明和灭火种类代码（图 2）。该说明和代码应在铭牌的明显位置，在筒体上不应超过 120° 弧度；对灭火器的直径大于80mm 的，说明内容部分的尺寸不应小于 75.0cm²；当灭火器直径小于或等于 80mm的，说明内容部分的尺寸不应小于 50.0cm²；

　　k）再充装说明和日常维护说明。

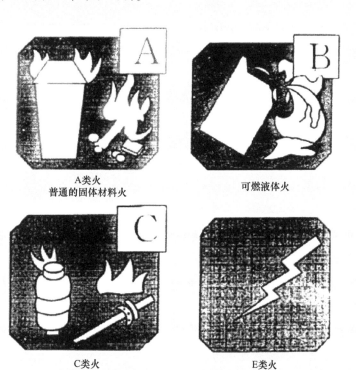

A类火
普通的固体材料火

可燃液体火

C类火
气体和蒸气火

E类火
带电物质火

图2　灭火种类代码符号

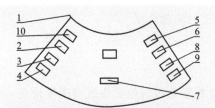

1-CO$_2$; 2- 瓶体编号; 3- 水压试验压力, MPa; 4- 空瓶质量; 5- 实际内容积, V; 6- 最大工作压力, MPa; 7- 制造代号或商标; 8- 制造年月; 9- 瓶体设计壁厚, mm; 10- 产品标准号

图 3

9.3 二氧化碳灭火器应在瓶体肩部打钢印。钢印应清晰、排列整齐。钢印的字体高度为 4mm～10mm; 深度为 0.3mm～0.5mm; 钢印的字体排列可呈扇面状排列如图 3, 也可在瓶肩部沿圆周线排列, 各项目的排列应按图 3 中指引号序。钢印标记应有下列内容:

a）二氧化碳化学符号 CO$_2$;

b）最大工作压力 P_w;

c）水压试验压力 P_t;

d）瓶体设计壁厚, mm;

e）瓶体内容积, L;

f）空瓶质量, kg;

g）制造年月;

h）瓶体编号;

i）制造厂代号或商标;

j）产品标准号。

2）违反了《推车式灭火器》GB 8109—2005 第 6.2.1 条、第 9.2 节、第 9.3 节:

6.2.1 有效喷射时间

6.2.1.1 推车式水基型灭火器的有效喷射时间不应小于 40s, 且不应大于 210s。

6.2.1.2 除水基型外的具有扑灭 A 类火能力的推车式灭火器的有效喷射时间不应小于 30s。

6.2.1.3 除水基型外的不具有扑灭 A 类火能力的推车式灭火器的有效喷射时间不应小于 20s。

9.2 标志

推车式灭火器的标志可采用刻蚀金属铭牌或箍带、或压敏铭牌的形式系（或贴）在推车式灭火器的筒体上, 并应包括下列内容:

a）推车式灭火器的名称、型号和灭火剂的类型;

b）灭火级别和灭火用途代码符号;

c）使用温度范围;

d）驱动气体名称和数量或压力;

e）水压试验压力;

f）生产连续序号；

g）生产年份；

h）生产厂名称或代号；

i）总质量；

j）操作说明；

k）再充装说明；

l）检查说明；

m）批准生产的标志。

9.3　操作说明

9.3.1　操作说明是为使用推车式灭火器和喷射灭火剂于火源所做出的必要的说明。

9.3.2　操作说明应面朝外，并且在推车式灭火器筒身上的覆盖面不大于120°弧度。说明所占有的最小面积不应小于100cm²。

9.3.3　操作说明应如下安排：

a）"说明"标题应在醒目的位置。字的最小高度为6.0mm。作为选择，在"说明"字义上可以加上"灭火器"等修饰字；

b）操作说明应采用连续的象形画的形式表示。每个象形画可包括2个说明；

c）画面的顺序应能阐明推车式灭火器操作所必需的动作，可以增加些文字。画面应如下：

——解脱保险装置和取出喷管；

——对准推车式灭火器于火源，包括推荐的起始向火源喷射的距离；

——开始操作推车式灭火器的必要的动作；

——描述喷射灭火剂于火源的方法。

用于画面内的字的高度不应小于5.0mm。

9.3.4　推车式洁净气体灭火器应包含下列的警告或相当的警告：

"警告：该浓缩的气体灭火剂当用于灭火时会产生有毒的副产品。由撤离和通风该区域来避免这些物质的吸入。每个推车式灭火器不能使用于小于×××立方米的狭小空间。"

（2）分析点评：

灭火器针对初发火情有遏制火灾发展的作用，更好的挽救生命和财产安全。灭火器的选型和布设应与布置区域火灾种类相匹配，才能更好地发挥功能。灭火器的正确使用可以第一时间对火灾现场进行有效控制，因此在灭火器瓶体上准确标识操作程序，便于各类人群正确使用。灭火器进场验收时对生产日期、使用年限和扑救的火灾种类等进行核验，确保产品的合规。

📋 整改方案

1）材料设备进场验收时应严格控制，确保设计参数与进场材料设备型号的一致，质量证明文件齐全，对不符合要求的不得在施工中使用；

2）对进场的手提式灭火器质量证明文件进行核查，对充装量、最小有效喷射时间、最小喷射距离、铭牌标识等不符合要求的灭火器进行更换；

3）材料进场验收时应进行核查更换推车式灭火器或补充推车式灭火器瓶体铭牌、操作说明、灭火用途代码符号等标识。

9.5 洒水喷头

⚙ 检查部位

自动喷水灭火系统设置的洒水喷头。

🏛 检查要点

1）洒水喷头的选用是否与设计要求相同，相关材料质量证明文件齐全、真实、有效；

2）喷头在其溅水盘或本体上至少应标记型号规格、生产厂商的名称（代号）或商标、生产年代、认证标记（如获得了认证）等；对于边墙型洒水喷头，还应标明水流方向。所有标记应为永久性标记且标志正确、清晰。

⏱ 问题描述

1）洒水喷头的选用类型与设计选型不符合，产品质量证明文件与实物存在差异；
2）喷头溅水盘或本体上标识缺失。

🔍 原因分析

（1）规范依据：

违反了《自动喷水灭火系统 第1部分：洒水喷头》GB 5135.1—2003 第5.2节、第6.2.3条、第9.1节、第9.2节：

5.2 公称动作温度和颜色标志

闭式洒水喷头的公称动作温度和颜色标志见表 2。

玻璃球洒水喷头的公称动作温度分为 13 档，应在玻璃球工作液中作出相应的颜色标志。

易熔元件洒水喷头的公称动作温度分为 7 档，应在喷头轭臂或相应的位置作出颜色标志。

公称动作温度和颜色标志 　　　表 2

玻璃球喷头		易容元件喷头	
公称动作温度 /℃	液体颜色	公称动作温度 /℃	轭臂色标
57	橙	57～77	无色
68	红		
79	黄	80～107	白
93	绿		
107	绿	121～149	蓝
121	蓝		
141	蓝	163～191	红
163	紫		
182	紫	204～246	绿
204	黑		
227	黑	260～302	橙
260	黑		
343	黑	320～343	橙

6.2.3 喷头在其溅水盘或本体上至少应标记型号规格、生产厂商的名称（代号）或商标、生产年代、认证标记（如获得了认证）等；对于边墙型洒水喷头，还应标明水流方向。所有标记应为永久性标记且标志正确、清晰。

9.1 标志

9.1.1 洒水喷头的标志应符合 6.2.3 的要求。

9.1.2 隐蔽式或嵌入式喷头的护筒或盖板如果可与喷头拆离，应在其上面标明与之配套的喷头的型号、规格。

9.1.3 隐蔽式喷头的盖板上应标有"不可涂覆"的字样。

9.2 使用说明书

洒水喷头产品在其基础包装中应附有使用说明书，使用说明书中至少应包括产品名称、型号规格、动作元件的类型和规格、使用的环境条件、贮存的环境条件、生产年代、产品生产所依据的标准、必要的使用参数、使用说明、注意事项、生产厂商的名称、地址和联络信息等。

（2）分析点评：

洒水喷头生产企业的喷头框架、密封机构（球座、顶紧螺丝等）未按相关规范要求的材质进行生产，会增加玻璃球自爆的概率，对后期运维过程中造成不必要的损失。另外，加工精度有缺陷，密封元件（橡胶圈、不锈钢弹垫等）质量有瑕疵，装配技术落后，使用不能控制装配力的简易螺丝刀装配或专用设备的装配载荷过小，喷头都会出现渗漏。应提前对产品进行封样核验，产品进场核验时应严格按照国家规范规定的要求进行产品质量文件和实物（与封样产品）的对比验收。

📋 整改方案

1）材料设备进场验收时应严格控制，确保进场材料设备型号与设计参数一致，质量证明文件齐全，对不符合要求的不得在施工中使用；

2）喷头在其溅水盘或本体上至少应标记型号规格、生产厂商的名称（代号）或商标、生产年代、认证标记（如获得了认证）等；对于边墙型洒水喷头，还应标明水流方向。所有标记应为永久性标记且标志正确、清晰。

9.6 湿式水力报警阀组

⚙️ 检查部位

湿式报警阀组。

🏛 检查要点

1）湿式水力报警阀组的选用是否与设计要求相同，相关材料质量证明文件及型式检验报告齐全、真实、有效；

2）湿式报警阀、延迟器、水力警铃是否在显著位置有清晰、永久性标注，且标注内容齐全；

3）水力警铃启动时，警铃声强度是否小于70dB；

4）安装在湿式报警阀报警口和延迟器之间的控制阀，是否有启闭状态的标识。

⏱ 问题描述

湿式水力报警阀组的选用与设计不符，相关材料质量证明文件、型式检验报告未提供；水力警铃声强度小于 70dB 或不响。

🔍 原因分析

（1）规范依据：

1）违反了《自动喷水灭火系统施工及验收规范》GB 50261—2017 第 5.4.4 条：

"水力警铃应安装在公共通道或值班室附近的外墙上，且应安装检修、测试用的阀门。水力警铃和报警阀的连接应采用热镀锌钢管，当镀锌钢管的公称直径为 20mm时，其长度不宜大于 20m；安装后的水力警铃启动时，警铃声强度应不小于 70dB。"

2）违反了《自动喷水灭火系统 第 2 部分：湿式报警阀、延迟器、水力警铃》GB 5135.2—2003 第 4.1.2 条、第 6.1.1 条：

4.1.2　标志

4.1.2.1　湿式报警阀、延迟器、水力警铃应在明显位置清晰、永久性标注下述内容：

a）产品名称及规格型号；

b）生产单位名称或商标；

c）额定工作压力；

d）生产日期及产品编号；

e）湿式报警阀安装的水流方向。

4.1.2.2　安装在湿式报警阀报警口和延迟器之间的控制阀，应明显标志出其启闭状态。

6.1.1　型式检验

6.1.1.1　各种类型和规格的湿式报警阀、延迟器、水力警铃，在新品投产前，必须对各项性能进行全面的检验。

有下列情况者，应进行湿式报警阀、延迟器、水力警铃的型式检验：

a）新产品试制定性鉴定；

b）正式生产后，如结构、材料、工艺等有较大改变，可能影响产品性能时；

c）发生重大质量事故时；

d）产品停产一年以上，恢复生产时；

e）正常生产时，三年应进行一次型式检验；

f）监督机构提出进行型式检验要求。

6.1.1.2　产品型式检验应按本部分规定进行全部项目检验。

（2）分析点评：

应提前对产品进行封样核验，产品进场核验时应严格按照国家规范规定的要求进行产品质量文件和实物（与封样产品）的对比验收。产品铭牌标识内容缺失易造成后期系统维护时备品备件的选备，导致产品使用功能瘫痪，无法正常启动。

整改方案

1）材料设备进场验收时应严格控制，确保设计参数与进场材料设备型号的一致，质量证明文件、型式检验报告齐全，资料真实、有效；

2）材料进场验收时湿式报警阀、延迟器、水力警铃在显著位置有清晰、永久性标注，且标注内容齐全，符合规范要求，对不符合要求的不得在施工中使用；

3）调试时应在水力警铃启动时，按照《自动喷水灭火系统 第2部分：湿式报警阀、延迟器、水力警铃》GB 5135.2—2003 第5.10.3条，对警铃声强度进行测试，确保警铃声强度不小于70dB。

9.7 信号阀

检查部位

信号阀。

检查要点

1）信号阀的选用是否与设计要求相同，相关材料质量证明文件齐全、真实、有效；

2）信号阀应标志清晰，表面平整光洁，无加工缺陷及碰伤划痕，涂层均匀色泽美观。

3）信号阀标志应包括：产品名称及规格型号；生产厂名称；额电工作压力；电性能指标；生产日期及出厂编号；执行标准等。

4）信号阀手轮上应铸出或打上指示关闭方向的箭头及"关"字，或开关方向的箭头和"开""关"字，也可以在手轮的螺母下面用标牌表示；

5）如设计无特殊规定外，信号阀的额定工作压力应不低于1.2MPa。

问题描述

1）信号阀的选用与设计要求不相同，相关材料质量证明文件缺失；

2）信号阀标志牌标注内容缺失；

3）信号阀手轮无指示关闭方向的箭头和状态标注；

4）信号阀的额定工作压力低于1.2MPa。

原因分析

（1）规范依据：

违反了《自动喷水灭火系统 第 6 部分：通用阀门》GB 5135.6—2003 第 7.1 节、第 7.2 节、第 7.12.1 条：

7.1 外观

自动喷水灭火系统阀门应标志清晰，表面平整光洁，无加工缺陷及碰伤划痕，涂层均匀色泽美观。

标志应包括：产品名称及规格型号；生产厂名称；额电工作压力；电性能指标；生产日期及出厂编号；执行标准等。

7.2 额定工作压力

自动喷水灭火系统阀门的额定工作压力应不低于 1.2 MPa。

7.12.1 采用闸阀结构的信号阀应满足 7.7 规定的要求，采用截止阀结构的信号阀应满足 7.11 规定的要求。采用其他类型结构的信号阀应满足本部分同类阀门所规定的要求。

（2）分析点评：

应提前对产品进行封样核验，产品进场核验时应严格按照国家规范规定的要求进行产品质量文件和实物（与封样产品）的对比验收。产品铭牌标识内容缺失易造成后期系统维护时备品备件的选备，导致产品使用功能瘫痪，无法正常启动。

整改方案

1）材料设备进场验收时应严格控制，确保设计参数与进场材料设备型号的一致，质量证明文件齐全，对不符合要求的不得在施工中使用；

2）信号阀的选用按设计要求进行选择更换，更换真实、有效的质量证明文件；

3）信号阀标志牌更换补充；

4）信号阀手轮增设指示关闭方向的箭头和"开""关"状态标注的内容；

5）对信号阀的额定工作压力低于 1.2MPa 的阀门进行更换。

9.8 防排烟风管及安装

检查部位

防排烟系统风管。

检查要点

1）防排烟系统风管材质是否满足设计和规范要求（应为不燃材料）；

2）防排烟系统风管耐火极限是否满足设计和规范要求（查验产品有效期内型式检验报告、风管制作施工方案及制作影像资料、隐蔽工程施工影像资料等）；

3）防排烟系统风管与风机的连接是否采用法兰连接，与平时通风空调系统共用的风管采用柔性短管连接时，柔性短管是否为不燃材料（查验产品有效期内型式检验报告及合格证书）；

4）防排烟系统风管表面是否平整、无损坏，现场安装是否缩小了接口的有效截面（查验隐蔽工程施工影像资料）；

5）防排烟系统风管防火保护措施是否满足设计和规范要求（查验隐蔽工程施工影像资料）；

6）当防烟、排烟、供暖、通风和空气调节系统中的管道及建筑内的其他管道穿越防火隔墙、楼板和防火墙时，防火封堵是否满足设计和规范要求；

7）防排烟系统风管板材的连接方式是否满足设计和规范要求（查验隐蔽工程施工影像资料）；

8）防排烟系统风管吊、支架的安装是否按现行国家标准有关规定执行（查验隐蔽工程施工影像资料）；

9）大尺寸风管加工、制作是否满足要求，是否对大尺寸风管进行加固（查验风管制作施工方案及制作影像资料、隐蔽工程施工影像资料等）；

10）风管穿越需要封闭的防火、防爆的墙体或楼板时是否按要求设置防护套管（查验隐蔽工程施工影像资料）；

11）排烟风机是否设在混凝土或钢架基础上；若排烟系统与通风空调系统共用且需要设置减振装置时，是否使用满足设计和规范要求的减振装置；

12）防火阀安装方向、位置是否满足设计和规范要求，是否单独设置支吊架（查验隐蔽工程施工影像资料）；

13）排烟风管法兰垫片是否满足设计和规范要求（查验合格证及实物应为不燃材料）。

问题描述

1）机械加压送风风管、排烟风管耐火极限不满足要求；

2）风管穿越防火墙、防火隔墙所设防火阀两侧2m内未采用耐火风管或做满足耐火极限要求的防火包覆；

3）防排烟的风道，在穿越防火隔墙、楼板和防火墙处的孔隙未采用防火封堵材料封堵；

4）采用《建筑防烟排烟系统技术标准》GB 51251—2017 设计的项目，加压送风土建管道井、机械排烟土建管道井内未按要求设置竖向风道；

5）风管加固不到位，大尺寸防烟排烟风管未按规范要求采取加固措施；

6）风管穿越防火墙、防火隔墙处设置的防火阀距墙距离及支吊架安装不符合规范要求；

7）风管穿越需要封闭的防火、防爆的墙体或楼板时未设置防护套管；

8）与平时通风空调系统共用的排烟风管采用柔性短管连接时，柔性短管未采用不燃材料；

9）排烟风机采用橡胶减振装置。

9.8.1　机械加压送风风管、排烟风管耐火极限不满足要求

分析点评

根据《建筑防烟排烟系统技术标准》GB 51251—2017 第 3.3.8 条、第 4.4.8 条的规定：

3.3.8　机械加压送风管道的设置和耐火极限应符合下列规定：

1 竖向设置的送风管道应独立设置在管道井内，当确有困难时，未设置在管道井内或与其他管道合用管道井的送风管道，其耐火极限不应低于 1.00h；

2 水平设置的送风管道，当设置在吊顶内时，其耐火极限不应低于 0.50h；当未设置在吊顶内时，其耐火极限不应低于 1.00h。

4.4.8　排烟管道的设置和耐火极限应符合下列规定：

1 排烟管道及其连接部件应能在 280℃时连续 30min 保证其结构完整性。

2 竖向设置的排烟管道应设置在独立的管道井内，排烟管道的耐火极限不应低于 0.50h。

3 水平设置的排烟管道应设置在吊顶内，其耐火极限不应低于 0.50h；当确有困难时，可直接设置在室内，但管道的耐火极限不应小于 1.00h。

4 设置在走道部位吊顶内的排烟管道，以及穿越防火分区的排烟管道，其管道的耐火极限不应小于 1.00h，但设备用房和汽车库的排烟管道耐火极限可不低于 0.50h。

当机械加压送风管道未采用满足耐火极限要求的材料和防火保护措施时，会在风

管外部受到烟火侵袭时变形和损坏，导致加压送风系统在火灾时不能发挥其作用；而当排烟管道未采用满足耐火极限要求的材料防火保护措施时，一旦热烟气烧坏或烧毁排烟管道，不仅影响排烟效果还会导致火灾的迅速蔓延。

在实际工程中，往往未能按要求提供施工采用的风管材质的产品检验报告，特别是处于隐蔽位置不便于查看的风管，既无法提供对应的产品检验报告，也缺少隐蔽工程影像资料、隐蔽工程验收记录等，无法保证机械加压送风风管、排烟风管耐火极限满足设计和规范的要求。

📋 分析原因

1）设计图纸中只罗列规范条文，对管道耐火极限未明确具体要求（如选用标准图或绘制大样图等）；

2）施工单位未理解设计要求，仅凭过往经验施工；

3）施工单位未选择满足设计和规范要求的产品进行施工安装；

4）施工单位未获取相关产品的型式检验报告，隐蔽工程未留存施工过程影像资料，在隐蔽前未按相关要求进行验收。

📋 整改方案

1）设计图纸应给出管道具体选材和施工要求，以满足管道耐火极限要求；

2）施工阶段严格按规范和设计要求进行施工，并留存相关产品检测报告和施工验收过程的影像等资料；

3）对已完成安装的不满足规范要求的管道采取防火保护措施，以满足管道的耐火极限要求（图9.8-1、图9.8-2）。

(a) 排烟风管耐火极限不满足要求（错误）　　　(b) 排烟风管耐火极限满足要求（正确）

图 9.8-1

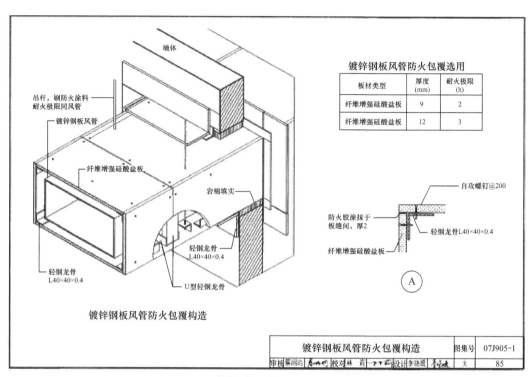

(a) 镀锌钢板防火包覆构造范例

(b) 某耐火风管型式检验报告

图 9.8-2

9.8.2 风管穿越防火墙、防火隔墙所设防火阀两侧 2m 内未采用耐火风管或做满足耐火极限要求的防火包覆

分析点评

根据《建筑设计防火规范》GB 50016—2014（2018 年版）第 6.3.5 条规定：

"风管穿过防火隔墙、楼板和防火墙时，穿越处风管上的防火阀、排烟防火阀两侧各 2.0m 范围内的风管应采用耐火风管或风管外壁应采取防火保护措施，且耐火极限不应低于该防火分隔体的耐火极限。"（此条款是强制性条文，必须严格执行）。

穿越墙体、楼板的风管或排烟管道设置防火阀、排烟防火阀，就是要防止烟气和火势蔓延到不同的区域。在实际工程中，在阀门之间的管道未采用满足耐火极限要求的耐火风管或做满足耐火极限要求的防火包覆时，管道会因受热变形而破坏整个分隔的有效性和完整性。

在实际工程中，往往未能按要求提供所采用耐火风管的产品型式检验报告，特别是处于隐蔽位置不便于查看的风管，既无法提供风管对应的产品检验报告，也缺少隐蔽工程影像资料、隐蔽工程验收记录等，无法查验此位置风管耐火极限是否满足设计和规范的要求。

分析原因

1）设计图纸中只罗列规范条文，对于采用何种耐火风管或对风管外壁采取的防火保护措施未给出具体施工要求；

2）施工单位对相关风管防火保护措施未理解或不够重视，仅考虑成本等问题，未选择满足设计和规范要求的产品进行施工；

3）施工单位未按要求保留选用产品的检验报告，隐蔽工程未留存施工过程影像资料，在隐蔽前未按相关要求进行验收。

整改方案

1）设计图纸中应明确耐火风管选型或对风管外壁采取防火保护措施的具体施工要求（或标准图）；

2）施工单位严格按照规范及设计要求进行施工，并保持相关产品型式检验报告及隐蔽工程过程的影像资料等；

3）施工单位根据规范要求对已完成安装的管道增设防火保护措施（图 9.8-3）。

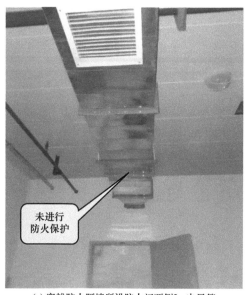 

(a) 穿越防火隔墙所设防火阀两侧2m内风管
未进行防火保护(错误)　　(b) 穿越防火隔墙所设防火阀两侧2m内风管
进行防火保护(正确)

图 9.8-3

9.8.3 防排烟的风道，在穿越防火隔墙、楼板和防火墙处的孔隙未采用防火封堵材料封堵

分析点评

根据《建筑设计防火规范》GB 50016—2014（2018 年版）第 6.3.5 条规定：

"防烟、排烟、供暖、通风和空气调节系统中的管道及建筑内的其他管道，在穿越防火隔墙、楼板和防火墙处的孔隙应采用防火封堵材料封堵。"

在实际工程中，对管道穿越防火隔墙、楼板和防火墙处的孔隙未进行封堵或随意塞堵，会导致火灾从防火墙任意一侧蔓延至另外一侧，削弱或破坏了防火墙阻断火灾蔓延的作用，因建筑内的防火分隔处的缝隙未封堵或封堵不当导致人员伤亡的火灾在国内外均发生过。

分析原因

1）施工单位忽视防火封堵的重要性，管道安装随意；

2）施工单位忽视防火封堵的重要性，只堵塞孔隙而忽略了封堵材料的安全性的要求。

📋 **整改方案**

施工单位应严格按规范和设计要求进行施工，对未按规范要求进行封堵的孔隙按要求进行防火封堵（图9.8-4）。

(a) 排烟的风道，在穿越防火隔墙处的孔隙未采用
防火封堵材料封堵(错误)

(b) 排烟的风道，在穿越防火隔墙处的孔隙采用
防火封堵材料封堵(正确)

图9.8-4

9.8.4 采用《建筑防烟排烟系统技术标准》GB 51251—2017设计的项目，加压送风土建管道井、机械排烟土建管道井内未按要求安装风道

👆 **分析点评**

根据《建筑防烟排烟系统技术标准》GB 51251—2017第3.3.7条、第4.4.7条的规定：

3.3.7 机械加压送风系统应采用管道送风，且不应采用土建风道。送风管道应采用不燃材料制作且内壁应光滑。当送风管道内壁为金属时，设计风速不应大于20m/s；当送风管道内壁为非金属时，设计风速不应大于15m/s；送风管道的厚度应符合现行国家标准《通风与空调工程施工质量验收规范》GB 50243的规定。

4.4.7 机械排烟系统应采用管道排烟，且不应采用土建风道。排烟管道应采用不燃材料制作且内壁应光滑。当排烟管道内壁为金属时，管道设计风速不应大于20m/s；当排烟管道内壁为非金属时，管道设计风速不应大于15m/s；排烟管道的厚度应按现行国家标准《通风与空调工程施工质量验收规范》GB 50243的有关规定执行。

在以往的实际工程中设置竖向风道，仅采用土建风道，会导致风量延程损耗较大，由于土建风道施工本身存在着不可预见的因素，一直存在漏风情况，导致机械防排烟系统失效。《建筑防烟排烟系统技术标准》GB 51251—2017 于 2018 年 8 月 1 日起实施，设计单位已经改变了原先的设计思路，完全按照规范要求进行设计，但施工单位的技术更新应对不足，还是按照传统做法，带来了许多后期无法整改的隐患，从而造成返工和浪费。

分析原因

1）设计图纸中表达不够清晰，未明确竖向土建管道井内防排烟管道的材料、尺寸和做法；

2）设计图纸中未考虑竖向土建管道井内防排烟管道所需的安装距离；

3）施工单位未认真识图，仅凭过往经验施工；

4）施工单位偷工减料，未按设计和规范要求施工；

5）施工单位未按要求留取隐蔽工程影像资料，在隐蔽前未按相关要求进行验收。

整改方案

1）设计图纸应明确竖向防排烟管道的材料、尺寸，并预留合理的施工安装尺寸；

2）施工单位应严格按规范和设计要求进行施工，留取隐蔽工程影像资料，在隐蔽前应相关要求进行验收；

3）施工单位应对未按设计要求在竖向土建管道井内安装防排烟管道的，应按设计和规范要求重新安装风道（图 9.8-5）。

(a) 土建管道井内未按要求安装风道(错误)　　　　(b) 土建管道井内按要求安装风道(正确)

图 9.8-5

9.8.5 风管加固不到位，大尺寸防排烟风管未按规范采取加固措施

分析点评

根据《通风与空调工程施工质量验收规范》GB 50243—2016 第 4.2.3 条第 3 款：

"金属风管加固应符合下列规定：

1）直咬缝圆形风管直径大于或等于 800mm，且管道长度大于 1250mm 或总面积大于 4m² 时，均应采取加固措施。用于高压系统的螺旋风管，直径大于 2000mm 时应采取加固措施。

2）矩形风管边长大于 630mm，或矩形保温风管边长大于 800mm，管道长度大于 1250mm，或中高压风管大于 1.0m²，均应有加固措施。"

在实际工程中，存在超大金属风管未进行加固的情况，往往会导致风管变形，从而影响机械防排烟系统正常工作。

分析原因

1）暖通设计图纸上对防排烟管道的加工要求并未详细的说明，施工单位对规范、图纸要求掌握不明确，往往在风管加工时，将防排烟风管按照常规通风空调管道一样进行加工处理，对于需加固的风管尺寸界线掌握不足，忽略风管加固问题。

2）施工单位未配备风管起筋的施工设备，无法进行大尺寸风管加固作业，因此为方便施工，会取消风管加固工序，蒙混过关。

3）施工单位未按要求留取隐蔽工程的影像资料，对隐蔽部位在隐蔽前未按相关要求进行验收。

整改方案

1）在防排烟管道施工前，结合施工图纸确定大尺寸分管安装区域，并根据尺寸大小，提前确定加固方案，在风管加工前，由方案编制人员对施工班组进行技术交底，加强施工单位掌握对风管制作的要求。

2）加强样品管控，提前制作加固的风管样品，组织进行样品验收，强化风管加固措施的落实，在大批量加工过程中，加强过程管控，严格控制在风管安装前完成风管加工质量验收。

3）加强对施工现场大尺寸防排烟风管系统安装完成成品的检查，查漏补缺，针对未按规范要求进行加固的防排烟风管，严格要求返工，确保风管安装质量（图 9.8-6）。

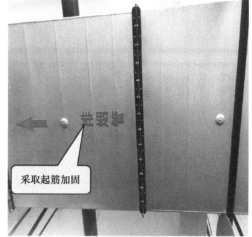

(a) 大尺寸排烟风管未采取加固措施(错误)　　(b) 大尺寸排烟风管采取起筋等加固措施(正确)

图 9.8-6

9.8.6　风管穿越防火墙、防火隔墙处设置的防火阀距墙距离及支吊架安装不符合规范要求

分析点评

1）根据《建筑防烟排烟系统技术标准》GB 51251—2017 第 6.4.1 条的规定：

6.4.1　排烟防火阀的安装应符合下列规定：

1 型号、规格及安装的方向、位置应符合设计要求；

2 阀门应顺气流方向关闭，防火分区隔墙两侧的排烟防火阀距墙端面不应大于 200mm；

3 手动和电动装置应灵活、可靠，阀门关闭严密；

4 应设独立的支、吊架，当风管采用不燃材料防火隔热时阀门安装处应有明显标识。

检查数量：各系统按不小于 30% 检查。

检查方法：尺量检查、直观检查及动作检查。

2）根据《通风与空调工程施工质量验收规范》GB 50202—2016 第 6.2.7 条第 5 款、第 6.3.8 条第 2 款规定：

第 6.2.7 条：

5 防火阀、排烟阀（口）的安装位置、方向应正确。位于防火分区隔墙两侧的防火阀，距墙表面不应大于 200mm。

第 6.3.8 条：

> 2 直径或长边尺寸大于或等于 630mm 的防火阀，应设独立支、吊架。

分析原因

1）在防火阀安装过程中，未能识别气流方向，导致防火阀安装方向错误。

2）施工技术交底不到位，施工单位对施工质量验收规范要求没有掌握，不清楚需安装独立支吊架防火阀尺寸界线，导致漏设独立支、吊架。

3）施工技术交底不到位，施工单位对施工质量验收规范要求没有掌握，未提前进行防火阀安装距离尺寸复核，在风管施工安装时无法保证防火阀的安装距离。

整改方案

1）根据规范、工艺标准要求，做好施工技术交底，在施工前，对施工现场安装尺寸在 630mm 以上的防火阀，提前在图纸中进行标注，在施工交底过程中，重点强调。

2）根据施工现场实际情况，明确不同规格型号的防火阀数量，根据防火阀尺寸，对于大于 630mm 的防火阀，按数量提前考虑独立支吊架的制作，确保施工完成后支吊架无剩余。

3）对已安装完成的防火阀，加强巡视检查，提前在风阀附近标注气流方向，提醒防火阀安装方向，对于安装错误的防火阀，拆除不符合要求的防火阀及相连接的通风管道，重新进行安装。

4）在综合排布时，针对穿墙部位，提前设定防火阀安装距离，确定后再进行风管加工，保证防火阀距墙表面的距离不大于 200mm（图 9.8-7）。

 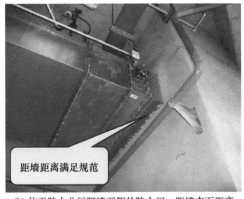

(a) 位于防火分区隔墙两侧的防火阀，距墙表面距离
不满足规范要求(错误)

(b) 位于防火分区隔墙两侧的防火阀，距墙表面距离
满足规范要求(正确)

图 9.8-7

(c) 防火阀未设置独立支、吊架(错误) (d) 防火阀设置独立支、吊架(正确)

图 9.8-7（续）

9.8.7 风管穿越需要封闭的防火、防爆的墙体或楼板时未设置防护套管

🖱 分析点评

根据《通风与空调工程施工质量验收规范》GB 50202—2016 第 6.2.2 条规定：

"当风管穿过需要封闭的防火、防爆的墙体或楼板时，必须设置厚度不小于 1.6mm 的钢制防护套管；风管与防护套管之间应采用不燃柔性材料封堵严密。

检查数量：全数。

检查方法：尺量、观察检查。"

（此条款是强制性条文，必须严格执行。）

防火、防爆的墙体或楼板是建筑物防止火灾扩散的安全防护结构，当风管穿越时墙体或楼板上设置钢板厚度不应小于 1.6mm 的防护套管，风管与防护套管之间应采用不燃柔性材料封堵严密，才能有效保证其相应的结构强度和可靠阻火功能，不会破坏墙体或楼板相应的性能。

📋 分析原因

1）在机械防排烟系统风管穿越的墙体部位漏设套管。

2）防护套管在加工过程中采用一般风管加工材料进行制作，未单独进行套管材料的采购，未提前进行尺寸复核，导致安装后与风管尺寸间距过小，无法进行封堵。

3）封堵施工只是表面填充，未能做到严密填塞。

📋 **整改方案**

1）施工单位在图纸上明确标注机械防排烟系统风管穿越墙体的部位，对现场加工的套管材料厚度进行检查验收，对套管的加工尺寸与设计图纸进行对照，确保套管尺寸满足风管穿越及封堵要求。

2）查看封堵材料质量合格证明文件和性能检测报告，现场可抽取密封填塞材料进行点燃试验，确保封堵材料为非燃材料。

3）在管道穿墙处，提前进行管线综合排布时应明确穿越部位，提前预埋风管穿越套管，对未设置套管或未封堵的风管穿墙处，要求进行返工处理，按规范要求设置套管或封堵（图9.8-8）。

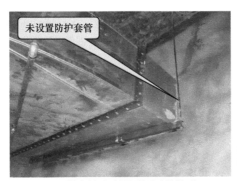
(a) 风管穿越需要封闭的防火墙体时
未设置防护套管(错误)

(b) 风管穿越需要封闭的防火墙体时
设置防护套管(正确)

图9.8-8

9.8.8 与平时通风空调系统共用的排烟风管采用柔性短管连接时，柔性短管未采用不燃材料

📡 **分析点评**

根据《建筑防烟排烟系统技术标准》GB 51251—2017第4.4.5条第3款、第4.4.8条第1款、第6.2.2条第3款规定：

第4.4.5条：

3 排烟风机与排烟管道的连接部件应能在280℃时连续30min保证其结构完整性。

第4.4.8条：

1 排烟管道及其连接部件应能在280℃时连续30min保证其结构完整性。

第 6.2.2 条：

3 防烟、排烟系统柔性短管的制作材料必须为不燃材料。

在实际工程中，排烟系统与通风空气调节系统共用的系统较为普遍，通风空气调节系统的风管同时还要兼做排烟风管使用。排烟风机与合用风管之间通常需要做软连接，如果柔性短管的制作材料不满足耐火性能的要求，则无法保证在高温环境下排烟系统的正常运行。

分析原因

1）设计图纸中未对此类柔性短管的制作材料提出明确要求。

2）施工单位忽视柔性短管需在高温环境下运行，仅考虑平时通风空气调节系统使用，按过往经验进行安装。

整改方案

更换柔性短管，排烟风管的柔性短管应采用消防专用不燃帆布，长度 150～300mm（图 9.8-9）。

(a) 排烟风管的柔性短管未采用消防
专用不燃帆布(错误)　(b) 排烟风管的柔性短管采用消防
专用不燃帆布(正确)

图 9.8-9

9.8.9 排烟风机采用橡胶减振装置

分析点评

根据《建筑防烟排烟系统技术标准》GB 51251—2017 第 6.5.3 条规定：

"风机应设在混凝土或钢架基础上，且不应设置减振装置；若排烟系统与通风空调系统共用且需要设置减振装置时，不应使用橡胶减振装置。

检查数量：全数检查。

检查方法：依据设计图核对、直观检查。

防排烟风机是特定情况下的应急设备，发生火灾紧急情况，并不需要考虑设备运行所产生的振动和噪声。而减振装置大部分采用橡胶、弹簧或两者的组合，如果在排烟系统设置了橡胶减振装置，当设备在高温下运行时，橡胶会变形溶化、弹簧会失去弹性或性能变差，影响排烟风机安全运行。

📋 分析原因

1）设计图纸中未对防排烟风机的减振装置提出明确要求；

2）施工单位未意识到防排烟风机的特殊性，即排烟风机需在高温环境下运行，按过往经验进行施工安装。

📑 整改方案

1）拆除防排烟风机的减振装置，直接安装于基础上。

2）对确需设置减振装置的防排烟风机，更换为满足要求的减振装置（图 9.8-10）。

(a) 排烟风机采用橡胶减振装置(错误)   (b) 排烟风机直接安装于基础上(正确)

图 9.8-10

9.9 防火阀、排烟防火阀及消防风机

⚙ 检查部位

通风空调及防排烟系统。

🏛 检查要点

1）属于消防产品的通风空调及防排烟系统使用的风阀（风口），应现场查验其产

品国家质量监督检验测试中心的检测报告、产品出厂合格证等相关资料。明确阀体执行机构是经国家认可授权的检测机构检测合格的产品并与国家质量监督检验测试中心的检测报告一致。

消防产品的通风空调及防排烟系统的风阀（风口）有：

① 防火阀：安装在通风、空气调节系统的送、回风管道上，平时呈开启状态，火灾时当管道内烟气温度达到 70℃时关闭，并在一定时间内能满足漏烟量和耐火完整性要求，起隔烟阻火作用的阀门（具备温感器自动关闭、手动关闭、电控电机关闭方式和风量调节功能）。

防火阀一般由阀体、叶片、执行机构和温感器等部件组成。防火阀的名称符号为 FHF。

② 排烟防火阀：安装在机械排烟系统的管道上，平时呈开启状态，火灾时当排烟管道内烟气温度达到 280℃时关闭，并在一定时间内能满足漏烟量和耐火完整性要求，起隔烟阻火作用的阀门（具有温感器自动关闭、手动关闭、电控电磁铁关闭方式和距离复位功能）。

排烟防火阀一般由阀体、叶片、执行机构和温感器等部件组成。排烟防火阀的名称符号为 PFHF。

③ 排烟阀：安装在机械排烟系统各支管端部（烟气吸入口）处，平时呈关闭状态并满足漏风量要求，火灾或需要排烟时手动和电动打开，起排烟作用的阀门。带有装饰口或进行过装饰处理的阀门称为排烟口（具有手动开启、电控电磁铁开启方式和阀门开启位置信号反馈功能）。

排烟阀一般由阀体、叶片、执行机构等部件组成。排烟阀的名称符号为 PYF。

④ 多叶送风口：安装在机械加压送风系统中，常用于前室（合用前室、消防电梯前室、共用前室）内。多叶送风口属于常闭风口，平时呈关闭状态并满足漏风量要求。火灾时可手动或火灾报警系统联动着火层及相邻上下两层多叶送风口并加压送风机开启，给前室加压送风。

⑤ 排烟口（带有装饰风口的排烟阀）：安装在机械排烟系统中，常用于走廊或安装在机械排烟系统各支管端部（烟气吸入口）处，排烟口属于常闭风口，平时呈关闭状态并满足漏风量要求，火灾时可手动开启或火灾报警系统联动并排烟风机开启，起排烟作用。常用的有板式排烟口、多叶排烟口。

⑥ 防火风口（带有装饰风口的防火阀）：在通风空调防排烟系统中，安装在风管上或防火墙、防火隔墙上，当通过气体温度达到 70℃（或 280℃）时自动关闭，或可按要求通过火灾报警系统联动关闭的风口。

2）防排烟工程中使用的风机按用途有排烟和送风（补风）两类。无论作为送风还是排烟用风机，工作原理上又分离心式风机和轴流式风机两种。

①机械加压送风风机和补风风机宜采用轴流（斜流、混流）风机或中、低压离心风机。机械加压送风系统和机械补风系统的风压要求通常在中、低压范围，故轴流风机或中、低压离心风机基本可以满足其性能要求。

②排烟风机应满足280℃时连续工作30min的要求。作为排烟风机应有一定的耐温要求，国内生产的普通中、低压离心风机或排烟专用轴流风机都能满足要求。

问题描述

1）设计图纸中选用排烟口（带有装饰风口的排烟阀）同时具备280℃重新关闭的功能，实际不存在此类产品，且不符合规范要求。

2）防排烟风机未设置在专用风机房不满足规范要求。

3）实际施工安装的属于消防产品的通风空调及防排烟系统的风阀（风口）及防排烟风机产品缺少国家质量监督检验测试中心的检测报告或型式检验报告，缺少铭牌标识、缺少产品合格证等资料。

4）实际工程中缺少防烟、排烟系统中的送风口、排风口、排烟防火阀、送风风机、排烟风机、固定窗等明显永久标识。

9.9.1 设计图纸中选用排烟口（带有装饰风口的排烟阀）同时具备280℃重新关闭的功能，实际不存在此类产品，且不符合规范要求

分析点评

1）根据《建筑防烟排烟系统技术标准》GB 51251—2017第4.4.10条规定：

"一个排烟系统负担多个防烟分区的排烟支管上应设置排烟防火阀。设计要求防烟分区机械排烟的排烟口应处于常闭状态，当火灾发生时，对应防烟分区的排烟口开启排烟，当排烟温度达到280℃时能自动关闭该区的排烟。"

2）根据《建筑通风和排烟系统用防火阀门》GB 15930—2007第3.2节规定：

"安装在机械排烟系统的管道上，平时呈开启状态，火灾时当排烟管道内烟气温度达到280℃时关闭，并在一定时间内能满足漏烟量和耐火完整性要求，起隔烟阻火作用的阀门。"

3）根据《建筑通风和排烟系统用防火阀门》GB 15930—2007第3.3节规定：

"安装在机械排烟系统各支管端部（烟气吸入口）处，平时呈关闭状态并满足漏

风量要求，火灾或需要排烟时手动和电动打开，起排烟作用的阀门。带有装饰口或进行过装饰处理的阀门称为排烟口。"

在有些设计图纸中注明要求常闭排烟阀打开后，同时满足 280℃时能自动关闭的功能。但实际目前常闭排烟阀只具有弹簧驱动的功能，只能实现一次打开动作，无法实现 280℃时能自动关闭。根据国家现行标准只有排烟阀和排烟防火阀串联安装才能实现此功能要求。

分析原因

1）某些消防产品风阀（风口）的产品说明及相关设计手册等存在错误和误导，使得一些设计人员长期误认为实际存在此类产品，甚者编入地方标准及设计院的标准说明；

2）某些施工单位和产品企业采购和提供的产品不能满足设计要求，仅以排烟阀（口）替代。显然满足不了设计要求，造成排烟系统无法正常使用。

整改方案

按标准要求在防烟分区排烟支管增设排烟防火阀（图 9.9-1～图 9.9-3）。

(a) 防火阀(1) (b) 排烟防火阀(1)

图 9.9-1

(c) 防火阀(2)

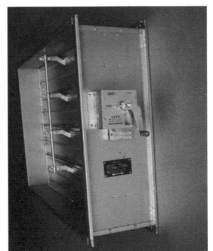

(d) 排烟防火阀(2)

图 9.9-1（续）

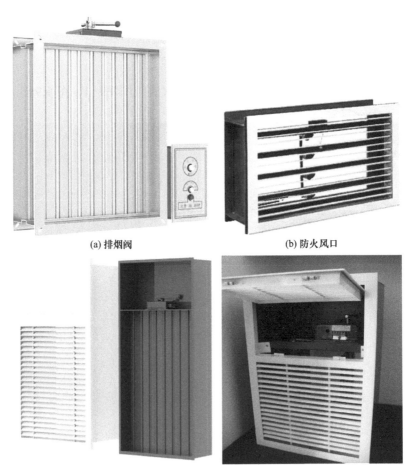

(a) 排烟阀

(b) 防火风口

(c) 多叶送风口

(d) 多叶排烟口

图 9.9-2

(a) 风口执行机构

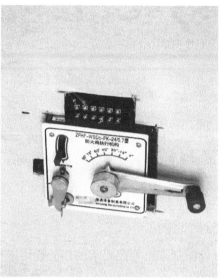

(b) 风阀执行机构

(c) 风阀远程执行机构装置

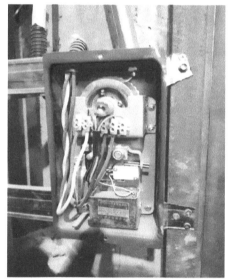

(d) 风阀远程执行机构控制装置

图 9.9-3

9.9.2 防排烟风机未设置在专用风机房不满足规范要求

分析点评

1）根据《建筑设计防火规范》GB 50016—2014（2018 年版）第 8.1.9 条规定：

"设置在建筑内的防排烟风机应设置在不同的专用机房内……"

2）根据《建筑防烟排烟系统技术标准》GB 51251—2017 第 3.3.5. 条第 5 款规定：

"送风机应设置在专用机房内，送风机房并应符合现行国家标准《建筑设计防火规范》GB 50016 的规定。"

3）根据《建筑防烟排烟系统技术标准》GB 51251—2017（2018 年版）第 4.4.5 条规定：

"排烟风机应设置在专用机房内，……"和第 4.5.3. 条规定："补风风机应设置在专用机房内"。但实际工程中存在消防用防、排烟用风机及补风风机未设置在专用机房内，甚至将排烟风机与正压送风机或补风机设置在同一机房内的情况。

📋 分析原因
设计图纸未按规范要求的相关规定进行设计。

📑 整改方案
增设专用风机房，并满足标准的相关要求（图 9.9-4）。

注：满足《陕西省建筑防火设计、审查、验收疑难问题技术指南》第 7.2.12 条情况除外。

(a) 排烟风机安装在室外　　　　　　(b) 排烟风机安装在专用机房内

图 9.9-4

9.9.3 实际施工安装的属于消防产品的通风空调及防排烟系统的风阀（风口）及防排烟风机产品缺少国家质量监督检验测试中心的检测报告或型式检验报告，缺少铭牌标识、缺少产品合格证等资料

👆 分析点评
根据《建筑防烟排烟系统技术标准》GB 51251—2017 第 6.1.4 条第 1 款、第 6.1.7

条及附录 E 规定：

第 6.1.4 条：

1 施工前，应对设备、材料及配件进行现场检查，检验合格后经监理工程师签证方可安装使用；

第 6.1.7 条：

防烟、排烟系统工程质量控制资料应按本标准附录 E 的要求填写。

附录 E：

<h3 style="text-align:center">防烟、排烟系统工程质量控制资料检查记录　　　　　表 E</h3>

工程名称		施工单位		
分部工程名称	资料名称	数量	核查意见	核查人
防烟、排烟系统	1.施工图、设计说明、设计变更通知书和设计审核意见书、竣工图			
	2.施工过程检验、测试记录			
	3.系统调试记录			
	4.主要设备、部件的国家质量监督检验测试中心的检测报告和产品出厂合格证及相关资料			
结论	施工单位项目负责人：（签章）　　　　　年　月　日	监理工程师：（签章）　　　　　年　月　日		建筑单位项目负责人：（签章）　　　　　年　月　日

实际工程中，施工单位不重视属于消防产品的通风空调及防排烟系统的风阀（风口）及防排烟风机等的产品质量证明文件，现场查验时缺少产品国家质量监督检验测试中心的检测报告或型式检验报告，缺少铭牌标识、缺少产品合格证等资料，从根本上无法保证防排烟系统、通风空调系统在火灾事故状态下正常发挥作用。

分析原因

施工单位未按规范要求的相关规定进行过程控制，对产品质量要求不严。

整改方案

1）更换掉三无产品。

2）完善符合国家标准的产品质量证明文件的整理、留存。

3）完善防烟、排烟系统工程质量控制资料的整理、留存（图 9.9-5）。

(a) 执行机构铭牌标识　　　　　　　　(b) 阀体铭牌标识

(c) 型式检验报告示例

图 9.9-5

9.9.4　实际工程中缺少防烟、排烟系统中的送风口、排风口、排烟防火阀、送风风机、排烟风机、固定窗等明显永久标识

🖐 **分析点评**

根据《建筑防烟排烟系统技术标准》GB 51251—2017 第 6.1.5 条的规定：

　　"防烟、排烟系统中的送风口、排风口、排烟防火阀、送风风机、排烟风机、固定窗等应设置明显永久标识。"

　　实际工程中，施工单位不重视防烟、排烟系统中的送风口、排风口、排烟防火阀、送风风机、排烟风机、固定窗等设置明显永久标识，现场查验时大部分都缺少设置明显永久标识，在建筑投入使用后，施工单位将消防设施转交使用方，无法保证使用方准确了解消防设施的情况，不利于消防设施的维护管理。

分析原因

　　施工单位未按规范要求对相关消防设施设置明显永久标识，对工程质量要求不严。

整改方案

　　1）按规范要求对相关消防设施设置明显永久标识。

　　2）完善防烟、排烟系统工程质量控制资料的整理、留存（图 9.9-6）。

(a) 排烟口未设置明显永久标识(错误)　　(b) 排烟口设置明显永久标识(正确)

(c) 加压送风口未设置明显永久标识(错误)　　(d) 加压送风口设置明显永久标识(正确)

图 9.9-6

9.10 消防应急照明和疏散指示系统集中电源

⚙ 检查部位

集中电源箱。

🏛 检查要点

蓄电池组容量是否满足持续工作时间的要求。

⏱ 问题描述

对于医疗、老年人照料设施、超高层等类型建筑，消防应急照明和疏散指示系统采用集中电源集中控制型系统时，部分产品蓄电池供电时的持续工作时间不满足规范要求（图 9.10-1）。

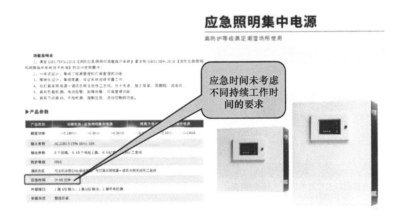

图 9.10-1

🔍 原因分析

（1）规范依据：

《消防应急照明和疏散指示系统技术标准》GB 51309—2018 第 3.2.4 条、第 3.6.6 条：

3.2.4 灯具应急启动后，在蓄电池电源供电时的持续工作时间应满足下列要求：

1 建筑高度大于 100m 的民用建筑，不应小于 1.5h。

2 医疗建筑、老年人建筑、总建筑面积大于 100000m² 的公共建筑和总建筑面积大于 20000m² 的地下、半地下建筑，不应少于 1.0h。

3 其他建筑，不应少于 0.5h。

4 城市交通隧道应符合下列规定：

1）一、二类隧道不应小于 1.5h，隧道端口外接的站房不应小于 2.0h；

2）三、四类隧道不应小于 1.0h，隧道端口外接的站房不应小于 1.5h。

5 本条 1～4 款规定场所中，当按照本标准第 3.6.6 条的规定设计时，持续工作时间应分别增加设计文件规定的灯具持续应急点亮时间。

6 集中电源的蓄电池组和灯具自带蓄电池达到使用寿命周期后标称的剩余容量应保证放电时间满足本条第 1 款～第 5 款规定的持续工作时间。

🕐 条文说明

蓄电池（组）在正常使用过程中要不断地进行充放电，蓄电池（组）的容量会随着充放电的次数成比例衰减，不同类别蓄电池（组）的使用寿命、在使用寿命周期内允许的充放电次数和衰减曲线不尽相同。在系统设计时，应按照选用蓄电池（组）的衰减曲线确定集中电源的蓄电池组或灯具自带蓄电池的初装容量，并应保证在达到使用寿命周期时蓄电池标称的剩余容量的放电时间仍能满足设置场所所需的持续应急工作时间要求。

3.6.6 在非火灾状态下，系统主电源断电后，系统的控制设计应符合下列规定：

1 集中电源或应急照明配电箱应连锁控制其配接的非持续型照明灯的光源应急点亮、持续型灯具的光源由节电点亮模式转入应急点亮模式；灯具持续应急点亮时间应符合设计文件的规定，且不应超过 0.5h……

（2）分析点评：

国家标准《消防应急照明和疏散指示系统》GB 17945—2010 颁布实施时，各厂家的集中电源均采用铅酸蓄电池，而当时的《建筑设计防火规范》GB 50016—2006（2018 年版）对设置场所系统持续供电时间统一规定为不应小于 30min，综合考虑了铅酸蓄电池的衰减系数后，《消防应急照明和疏散指示系统》GB 17945—2010 统一规定系统的初装容量应保障系统的持续应急时间不小于 90min。《建筑设计防火规范》GB 50016—2014（2018 年版）和《消防应急照明和疏散指示系统技术标准》GB 51309—2018 则根据不同场所人员安全疏散的难易程度，对不同场所提出了不同的系统持续应急时间要求。另外，随着近年来化学储能技术的飞速发展，集中电源采用了锂电等不同类别的蓄电池，其衰减系数也不尽相同。

根据《消防应急照明和疏散指示系统技术标准》GB 51309—2018，医疗建筑的消防应急照明和疏散指示系统要求蓄电池电源供电时，火灾状态下的持续工作时间不应小于 1.0h，再加上非火灾状态下最大 0.5h（参见 19D702-7 中第 82 页）的应急点亮时间，蓄电池电源供电时的持续工作时间最大为 1.5h（即 90min），若仅按照现行产品技术标准要求的 90min 持续应急时间去配套集中电源，而不考虑集中电源额定的配接功率及蓄电池的衰减系数，则无法达到使用寿命周期后标称的剩余容量应保证放电时间 1.5h 的要求。

整改方案

对于特定型号的应急照明集中电源，生产者应在铭牌、产品使用说明书和设计手册中标注其在不同场所（持续时间为 30min、60min、90mim、120min 等）应用时，所能配接灯具的初装额定功率总和 $P_初$；同时，生产者应在产品使用说明书和设计手册中提供集中电源所采用蓄电池（组）的容量衰减曲线。

在进行系统设计时，应根据衰减曲线及使用寿命周期确定最大的容量衰减系数 d，计算配接灯具的实际额定功率总和 $P_实 = P_初 \times (1-d)$，实际配接灯具的总功率不应大于 $P_实$。

第 10 章

消防联动运行常见问题及防治

10.1 室内消防给水系统联动

检查部位

消防水泵房、消防控制室。

检查要点

1）依据施工验收规程，对室内消防给水系统的启泵方式进行逐一测试，确保在不同消防用水工况下消火栓加压泵的正常启动；

2）现场核验消防控制室内能准确显示消火栓加压泵、水箱储水设备等的正常工作状态；

3）室内消火栓栓口压力和消防水枪充实水柱符合规范要求。

问题描述

1）从接到启泵信号到水泵正常运转的时间，当为自动启动时在 2min 内未正常工作；

2）消火栓加压泵应由水泵出水干管上设置的低压压力开关、高位消防水箱出水管上的流量开关等输出动作信号后水泵不能正常启动；

3）建筑消防控制中心或建筑值班室无法通过设置的启泵装置进行水泵的正常启动；

4）建筑消防控制中心或建筑值班室无法显示消防水泵和稳压泵的运行状态；

5）消火栓加压泵设置就地强制启停泵按钮，无法正常对水泵的启停操作；

6）室内消火栓栓口压力和消防水枪充实水柱不符合规范要求。

原因分析

（1）规范依据：

违反了《消防给水及消火栓系统技术规范》GB 50974—2014 第 7.4.12 条、第 11.0.3 条、第 11.0.4 条、第 11.0.7 条、第 11.0.8 条、第 11.0.12 条、第 13.1.8 条：

7.4.12 室内消火栓栓口压力和消防水枪充实水柱，应符合下列规定：

1 消火栓栓口动压力不应大于 0.50MPa，但当大于 0.70MPa 时应设置减压装置；

2 高层建筑、厂房、库房和室内净空高度超过 8m 的民用建筑等场所的消火栓栓口动压，不应小于 0.35MPa，且消防水枪充实水柱应按 13m 计算；其他场所的消火栓栓口动压不应小于 0.25MPa，且消防水枪充实水柱应按 10m 计算。

11.0.3 消防水泵应保证在火灾发生后规定的时间内正常工作，从接到启泵信号到水泵正常运转的时间，当为自动启动时应在 2min 内正常工作。

11.0.4 消防水泵应由水泵出水干管上设置的低压压力开关、高位消防水箱出水管上的流量开关，或报警阀压力开关等信号直接自动启动消防水泵。消防水泵房内的压力开关宜引入控制柜内。

11.0.7 在建筑消防控制中心或建筑值班室应设置消防给水设施的下列控制和显示功能：

1 控制柜或控制盘应设置开关量或模拟信号手动硬拉线直接启泵的按钮；

2 控制柜或控制盘应有显示消防水泵和稳压泵的运行状态；

3 控制柜或控制盘应有显示消防水池、高位消防水箱等水源的高水位、低水位报警信号，以及正常水位。

11.0.8 消防水泵、稳压泵应设置就地强制启停泵按钮，并应有保护装置。

11.0.12 消防水泵控制柜应设置手动机械启泵功能，并应保证在控制柜内的控制线路发生故障时由有管理权限的人员在紧急时启动消防水泵。手动时应在报警 5min 内正常工作。

13.1.8 消火栓的调试和测试应符合下列规定：

1 试验消火栓动作时，应检测消防水泵是否在本规范规定的时间内自动启动；

2 试验消火栓动作时，应测试其出流量、压力和充实水柱的长度；并应根据消防水泵的性能曲线核实消防水泵供水能力；

3 应检查旋转型消火栓的性能能否满足其性能要求；

4 应采用专用检测工具，测试减压稳压型消火栓的阀后动静压是否满足设计要求。

（2）分析点评：

消火栓加压泵应具有手动和自动启动控制的基本功能要求，以确保消防水泵的可靠控制和适应消防水泵灭火和灾后控制，以及维修的要求。需要根据规范的相关规定，对不同模拟启泵需求指令下达时，系统均能正常运行，在联动调试期间应逐台逐点进行合规性检测。

📋 **整改方案**

启停泵信号应能准确传达到消防水泵控制柜，消火栓加压泵能够正常启停，保障最不利点室内消防给水系统供水压力和流量符合规范要求。

10.2　室外消防给水系统联动

⚙️ **检查部位**

室外消防给水设施。

🏛 **检查要点**

1）室外消防给水系统联动前，依据相关规范、设计文件等对系统合规性进行核验；

2）联动测试室外消防给水系统的供水压力和流量是否符合规范要求。

⏱ **问题描述**

室外消火栓加压泵启动后，室外消火栓供水管网工作压力小于0.14MPa，最不利室外消火栓的出流量小于15L/s。

🔍 **原因分析**

（1）规范依据：

违反了《消防给水及消火栓系统技术规范》GB 50974—2014第7.2.8条、第7.3.2条：

7.2.8　设有市政消火栓的给水管网平时运行工作压力不应小于0.14MPa，消防时水力最不利消火栓的出流量不应小于15L/s，且供水压力从地面算起不应小于0.10MPa。

7.3.2　建筑室外消火栓的数量应根据室外消火栓设计流量和保护半径经计算确定，保护半径不应大于150m，每个室外消火栓的出流量宜按10L/s～15L/s计算。

（2）分析点评：

室外消防给水系统确保火灾救援时消防用水的供给，检验测试阶段主要针对供水系统的有无进行核验，供水压力、供水量等数据的测试缺失，易造成扑救时供水量不足，导致火灾救援时贻误最佳时机。

整改方案

室外消火栓加压泵应进行联动测试，保障在消防时供水压力和流量符合规范要求，即工作压力不应小于 0.14MPa，消防时水力最不利消火栓的出流量不应小于 15L/s，且供水压力从地面算起不应小于 0.10MPa。

10.3 自动喷水灭火系统联动

检查部位

消防水泵房、消防控制室、末端试水装置。

检查要点

1）依据施工验收规程，对自动喷水灭火系统的启泵方式进行逐一测试，确保在不同消防用水工况下自喷系统加压泵的正常启动；

2）现场核验消防控制室内能准确显示自喷系统加压泵、水箱储水设备等的正常工作状态；

3）系统最不利处洒水喷头的工作压力应符合规范要求。

问题描述

1）末端试水装置放水试验时，自放水开始至水泵启动时间超过 5min；

2）自喷系统加压泵应由水泵出水干管上设置的低压压力开关、高位消防水箱出水管上的流量开关，或报警阀压力开关等输出动作信号后水泵不能正常启动；

3）建筑消防控制中心或建筑值班室无法通过设置的启泵装置进行水泵的正常启动；

4）建筑消防控制中心或建筑值班室无法显示消防水泵和稳压泵的运行状态；

5）自喷系统加压泵设置就地强制启停泵按钮，无法正常对水泵的启停操作；

6）系统最不利处洒水喷头的工作压力不符合规范要求。

原因分析

（1）规范依据：

违反《自动喷水灭火系统设计规范》GB 50084—2017 第 11.0.1 条～第 11.0.4 条：

11.0.1　湿式系统、干式系统应由消防水泵出水干管上设置的压力开关、高位消防水箱出水管上的流量开关和报警阀组压力开关直接自动启动消防水泵。

11.0.2　预作用系统应由火灾自动报警系统、消防水泵出水干管上设置的压力开关、高位消防水箱出水管上的流量开关和报警阀组压力开关直接自动启动消防水泵。

11.0.3 雨淋系统和自动控制的水幕系统，消防水泵的自动启动方式应符合下列要求：

1 当采用火灾自动报警系统控制雨淋报警阀时，消防水泵应由火灾自动报警系统、消防水泵出水干管上设置的压力开关、高位消防水箱出水管上的流量开关和报警阀组压力开关直接自动启动；

2 当采用充液（水）传动管控制雨淋报警阀时，消防水泵应由消防水泵出水干管上设置的压力开关、高位消防水箱出水管上的流量开关和报警阀组压力开关直接启动。

11.0.4 消防水泵除具有自动控制启动方式外，还应具备下列启动方式：

1 消防控制室（盘）远程控制；

2 消防水泵房现场应急操作。

（2）分析点评：

自喷系统加压泵应具有手动和自动启动控制的基本功能要求，以确保消防水泵的可靠控制和适应消防水泵灭火和灾后控制，以及维修的要求。需要根据规范的相关规定，对不同模拟启泵需求指令下达时，系统均能正常运行，在联动调试期间应逐台逐点进行合规性检测。

整改方案

启停泵信号应能准确传达到消防水泵控制柜，自喷系统加压泵能够正常启停，保障最不利处洒水喷头工作压力符合规范要求。

10.4 稳压泵控制

检查部位

稳压泵设置场所。

检查要点

1）稳压泵控制应由消防给水管网或气压水罐上设置的稳压泵自动启停泵压力开关或压力变送器进行控制；

2）稳压泵应设置就地强制启停泵按钮；

3）在设计工况下稳压泵应具备自动启停功能，当消防主泵启动情况下，稳压泵应联动停止运行；

4）稳压泵在正常工作时每小时的启停次数应符合设计要求，且不应大于 15 次 /h。

问题描述

1）消防给水管网或气压水罐上设置的稳压泵自动启停泵压力开关或压力变送器无法正常控制稳压泵的启停；

2）稳压泵未设置就地强制启停泵按钮；

3）当消防主泵启动情况下，稳压泵不能联动停止运行；

4）稳压泵在正常工作时每小时的启停次数大于 15 次 /h。

原因分析

（1）规范依据：

《消防给水及消火栓系统技术规范》GB 50974—2014 第 11.0.6 条、第 11.0.8 条、第 13.1.5 条：

> 11.0.6 稳压泵应由消防给水管网或气压水罐上设置的稳压泵自动启停泵压力开关或压力变送器控制。
>
> 11.0.8 消防水泵、稳压泵应设置就地强制启停泵按钮，并应有保护装置。
>
> 13.1.5 稳压泵应按设计要求进行调试，并应符合下列规定：
>
> 1 当达到设计启动压力时，稳压泵应立即启动；当达到系统停泵压力时，稳压泵应自动停止运行；稳压泵启停应达到设计压力要求；
>
> 2 能满足系统自动启动要求，且当消防主泵启动时，稳压泵应停止运行；
>
> 3 稳压泵在正常工作时每小时的启停次数应符合设计要求，且不应大于 15 次 /h；
>
> 4 稳压泵启停时系统压力应平稳，且稳压泵不应频繁启停。

（2）分析点评：

稳压装置在调试阶段应结合规范的要求进行不同工况的逐项调试检测，确保系统各项启泵和停泵需求指令下达时，系统应正常运行。

整改方案

1）对现场安装的稳压泵自动启停泵压力开关或压力变送器进行调试，确保信号传输正常，保障自动启停功能实现；

2）稳压泵未设置就地强制启停泵按钮；

3）当消防主泵启动情况下，稳压泵不能联动停止运行；

4）当出现稳压泵在正常工作时每小时的启停次数大于 15 次 /h，应对系统进行核查，确保系统管线无渗漏；同时在保障系统管网的压力要求下，对稳压泵启泵压力和停泵压力进行调整。

10.5　机械防烟系统

 检查部位

机械防烟系统。

检查要点

1）加压送风机是否具备以下启动方式：

① 能够就地手动启动；

② 能够通过火灾自动报警系统自动启动；

③ 能够通过消防控制室手动启动；

④ 系统中任一常闭加压送风口开启时，风机能自动启动。

2）独立前室、消防电梯前室、共用前室及合用前室设置的常闭加压送风口是否满足以下要求：

① 具备现场手动启闭及手动复位装置；

② 通过火灾自动报警系统自动开启着火层及其相邻上下层的加压送风口。

3）机械加压送风系统超压控制设施设置是否符合设计要求。

问题描述

1）建筑内消防联动测试时，手动开启常闭加压送风口时，加压风机未能启动；

2）机械加压送风系统超压控制设施未与加压送风系统旁通管上的电动调节阀联动；

3）地下车库借用住宅楼梯间及前室疏散，其加压送风系统未与地下车库的火灾自动报警系统联动。

10.5.1　建筑内消防联动测试时，手动开启常闭加压送风口时，加压风机未能启动

分析点评

根据《建筑防烟排烟系统技术标准》GB 51251—2017 第 5.1.2 条第 4 款的规定：

"系统中任一常闭加压送风口开启时，加压风机应能自动启动。"

（此条款是强制性条文，必须严格执行）

在实际工程中，手动开启常闭加压送风口时，加压风机未能启动，如果着火层的火灾自动报警系统出现故障，则无法就地独立控制加压送风系统的启动，这样将直接影响人员的安全疏散。

分析原因

1）设计文件中加压送风口的性能及参数未表达准确或有误；

2）安装的加压送风口的性能及参数与设计文件不符，没有联动触发功能；

3）加压送风口的联动触发信号未与相关的消防联动控制器相连接或连接有误，导致加压风机无法启动；

4）加压风机的控制柜未设置在自动状态。

整改方案

1）由设计单位核对设计文件中加压送风口的性能及参数是否准确，必要时出具变更设计文件；

2）施工单位核对现场安装的加压送风口性能及参数是否符合设计文件的要求，必要时更换设备；

3）施工单位需落实火灾报警系统是否按暖通专业所提联动要求编程，具体实施方式详见本章第12节"防排烟系统控制"；

4）施工单位将现场的加压送风机控制柜设置在自动状态。

10.5.2 机械加压送风系统超压控制设施未与加压送风系统旁通管上的电动调节阀联动

分析点评

1）根据《建筑防烟排烟系统技术标准》GB 51251—2017 第 3.4.4 条规定：

"机械加压送风量应满足走廊至前室至楼梯间的压力呈递增分布，余压值应符合下列规定：

1 前室、封闭避难层（间）与走道之间的压差应为 25Pa～30Pa；

2 楼梯间与走道之间的压差应为 40Pa～50Pa；

3 当系统余压值超过最大允许压力差时应采取泄压措施。最大允许压力差应由本标准第 3.4.9 条计算确定。"

2）根据《建筑防烟排烟系统技术标准》GB 51251—2017 第 5.1.4 条规定：

"机械加压送风系统宜设有测压装置及风压调节措施。"

◎ 条文说明

机械加压送风系统设置测压装置，既可作为系统运作的信息掌控，又可作为超压后启动余压阀、风压调节措施的动作信号。由于疏散门的方向是朝疏散方向开启，而加压送风作用方向与疏散方向恰好相反。若风压过高则会引起开门困难，甚至不能打开门，影响疏散。

在实际工程中，机械加压送风系统设置了测压装置但未能与机械加压送风系统的旁通管电动阀联动或超压后启动余压阀，无法实现超压泄压的目的，影响疏散安全。不符合《建筑防烟排烟系统技术标准》GB 51251—2017 第 3.4.4 条及第 5.1.4 条的规定。

◎ 分析原因

1）原设计图纸未明确楼梯间和前室的机械加压送风系统超压控制设施联动要求；

2）施工阶段未严格按规范进行系统调试及验收。

◎ 整改方案

1）设计单位出具的图纸中应明确楼梯间和前室的机械加压送风系统超压控制设施联动要求。

2）应按规范要求进行系统调试及验收。

3）在复验时发现楼梯间和前室的机械加压送风系统超压控制设施联动不符合要求的，需落实火灾报警系统是否按暖通专业所提联动要求编程，具体实施方式详见本章第 12 节"防排烟系统控制"，重新检查设置保证联动正常。

10.5.3　地下车库借用住宅楼梯间及前室疏散，其加压送风系统未与地下车库的火灾自动报警系统联动

◎ 分析点评

在实际工程中，地下车库往往借用住宅的楼梯间及前室进行疏散，如该楼梯间及前室的加压送风系统未与其对应地下车库的防火分区火灾自动报警系统联动，会造成该区域的烟气蔓延至住宅的楼梯间及前室，无法保证地下车库人员从该住宅的楼梯间

及前室的疏散安全。

目前规范中对于上述问题没有明确的对应条款。但根据《汽车库、修车库、停车场设计防火规范》GB 50067—2014 第 6.0.3 条第 1 款的规定：

"建筑高度大于 32m 的高层汽车库、室内地面与室外出入口地坪的高差大于 10m 的地下汽车库应采用防烟楼梯间，其他汽车库、修车库应采用封闭楼梯间；"

◉ 条文说明

"汽车库、修车库内的人员疏散主要依靠楼梯进行，因此要求室内的楼梯必须安全可靠。为了确保楼梯间在火灾情况下不被烟气侵入，避免因"烟囱效应"而使火灾蔓延，所以在楼梯间入口处应设置乙级防火门使之形成封闭楼梯间。

如今建筑的开发在高度和深度上都有很大的突破，建筑高度越高，地下深度越深，其疏散要求也越高，故将地下深度大于 10m 的地下汽车库与高度大于 32m 的高层汽车库的疏散楼梯间要求进一步提高，要求设置防烟楼梯间。

火灾情况下，安全出口是保证人员能够安全疏散到室外的关键设施，所以将本条确定为强制性条文。汽车库、修车库内设置的疏散楼梯间应该按照有关国家消防技术标准设置防烟设施。"

又根据《汽车库、修车库、停车场设计防火规范》GB 50067—2014 第 6.0.7 条规定：

"与住宅地下室相连通的地下汽车库、半地下汽车库，人员疏散可借用住宅部分的疏散楼梯；当不能直接进入住宅部分的疏散楼梯间时，应在汽车库与住宅部分的疏散楼梯之间设置连通走道，走道应采用防火隔墙分隔，汽车库开向该走道的门均应采用甲级防火门。"

◉ 条文说明

"在大型住宅小区中，建筑间的独立大型地下、半地下汽车库均有地下通道与住宅相通，如按地下汽车库的防火分区内设置疏散楼梯，将使小区内地面的道路和绿化受到较大影响。所以，允许利用地下汽车库通向住宅的楼梯间作为汽车库的疏散楼梯是符合实际的，这样，既可以节省投资，同时，在火灾情况下，人员的疏散路径也与人们平时的行走路径相一致。

该走道的设置类似于楼梯间的扩大前室，同时，考虑到汽车库与住宅地下室之间分别属于不同防火分区，所以，连通门采用甲级防火门。"

根据对以上规范条文相关内容的理解，当地下车库借用住宅的楼梯间及前室进行疏散，该楼梯间及前室的加压送风系统应与其对应地下车库的防火分区火灾自动报警系统进行联动是合理的，而且未带来资金的重复投入。

具体在实际工程中分为下面两种情况确定加压送风系统与其对应地下车库的防火分区设置火灾自动报警系统是否进行联动：

1）如果住宅楼梯间及前室直接开向车库，其楼梯间及前室加压送风系统需要设置联动；

2）如果车库通过甲级防火门进入通道后，再进入住宅楼梯间，可以不设置联动。

📋 分析原因

"地下车库借用住宅楼梯间及前室疏散，其加压送风系统未与地下车库的火灾自动报警系统联动"的根本原因，规范中没有明确的对应条款，设计人员没有设计。在实际工程中，为保证地下车库借用住宅楼梯间及前室疏散的安全性，特别对此进行分析讨论，从保证人员疏散安全的原理上，当地下车库借用住宅楼梯间及前室疏散，其加压送风系统与地下车库的火灾自动报警系统联动是必要的。

📋 整改方案

1）设计图纸中应明确当采用地下车库借用住宅的楼梯间及前室进行疏散时，该楼梯间及前室的加压送风系统与其对应地下车库的防烟分区火灾自动报警系统进行联动要求，并与电气专业协调；

2）完善当地下车库借用住宅的楼梯间及前室进行疏散，该楼梯间及前室的加压送风系统与其对应地下车库的防烟分区火灾自动报警系统进行联动的逻辑关系，落实火灾报警系统是否按暖通专业所提联动要求编程，具体实施方式详见本章第 12 节"防排烟系统控制"，完成系统调试及验收。

10.6　自然排烟设施

⚙️ 检查部位

自动排烟窗（口）。

🏛️ 检查要点

1）自动排烟窗（口）是否具备以下启动方式：

① 现场是否能够手动启动；

② 是否能够通过火灾自动报警系统自动启动；

③ 消防控制室是否能够手动启动。

2）自动排烟窗（口）的控制要求：

① 将同一防烟分区内且位于自动排烟窗（口）附近的两只独立的感烟火灾探测器作为电动排烟窗（口）的联动触发信号，60s内全部排烟窗（口）的开启角度是否达到设计要求；

② 自动排烟窗（口）开启及关闭的动作状态信号应反馈到消防控制室。

问题描述

消防联动测试时，自动排烟窗（口）未与烟感联动。

10.6.1　消防联动测试时，自动排烟窗未与烟感联动

分析点评

1）根据《建筑防烟排烟系统技术标准》GB 51251—2017 第 5.2.6 条的规定：

"自动排烟窗可采用与火灾自动报警系统联动和温度释放装置联动的控制方式。当采用与火灾自动报警系统自动启动时，自动排烟窗应在60s内或小于烟气充满储烟仓时间内开启完毕。带有温控功能自动排烟窗，其温控释放温度应大于环境温度30℃且小于100℃。"

2）根据《建筑防烟排烟系统技术标准》GB 51251—2017 第 7.3.3 条的规定：

"自动排烟窗的联动调试方法及要求应符合下列规定：

1 自动排烟窗应在火灾自动报警系统发出火警信号后联动开启到符合要求的位置；

2 动作状态信号应反馈到消防控制室。"

在实际工程中常常出现自动排烟窗与烟感联动失效，自动排烟窗没有开启成功，排烟失效。

分析原因

1）设计图纸中自动排烟窗的性能及参数未表达准确或有误；

2）现场安装的自动排烟窗与设计不符；

3）自动排烟窗的联动触发信号未与相关的消防联动控制器相连接或连接有误，导致排烟窗无法动作；

4）自动排烟窗的控制柜未设置在自动状态。

整改方案

1）由设计单位复核设计文件中自动排烟窗的性能及参数是否准确，必要时出具变更设计文件；

2）由施工单位核对现场安装的自动排烟窗的性能及参数是否符合设计文件的要求，必要时更换设备；

3）检查并保证电动排烟窗的联动触发信号与相关的消防联动控制器连接的正确性，落实火灾报警系统是否按暖通专业所提联动要求编程；

4）将核对现场的电动排烟窗控制柜设置在自动状态。

10.7　机械排烟系统

检查部位

机械排烟系统。

检查要点

1）排烟风机、补风机是否具备以下启动方式：

① 现场是否能够手动启动；

② 是否能够通过火灾自动报警系统自动启动；

③ 消防控制室是否能够手动启动；

④ 机械排烟系统中任一排烟阀或排烟口开启时，排烟风机、补风机是否能够自动启动；

⑤ 排烟风机入口处的排烟防火阀应连锁关闭排烟风机和补风机。

2）排烟防火阀及排烟阀（口）是否符合以下规定：

① 排烟防火阀及排烟阀（口）是否具备现场手动启动及手动复位装置；

② 消防控制室是否能够手动开启排烟防火阀及排烟阀（口）；

③ 排烟风机入口处的总管上设置的280℃排烟防火阀在关闭后应直接联动控制风机停止，排烟防火阀及风机的动作信号应反馈至消防联动控制器；

④ 排烟防火阀关闭应连锁关闭排烟风机和补风机。

3）机械排烟系统的控制要求：

① 当火灾确认后，火灾自动报警系统应在15s内联动开启相应防烟分区的全部排

烟阀、排烟口、排烟风机和补风设施，并应在30s内自动关闭与排烟无关的通风、空调系统；

②担负两个及以上防烟分区的排烟系统，应仅打开着火防烟分区的排烟阀或排烟口，其他防烟分区的排烟阀或排烟口应呈关闭状态。

4）活动挡烟垂壁的控制要求：

将同一防烟分区内且位于活动挡烟垂壁附近的两只独立的感烟火灾探测器作为该活动挡烟垂壁降落的联动触发信号，观察15s内是否能够联动该防烟分区的全部电动挡烟垂壁，60s内的全部活动挡烟垂壁是否降落到位，动作状态信号应反馈到消防控制室。

🕐 问题描述

1）地下车库排烟兼排风系统，采用双速（高速、低速）风机，要求平时风机低速启动、停运，火灾报警时低速运行的风机不能按要求自动转为高速运转的排烟工况；

2）消防联动测试时排烟系统对应的补风机未启动；

3）一个排烟系统负担多个防烟分区，联动测试排烟口不能按分区开启；

4）活动挡烟垂壁未与烟感联动。

10.7.1 地下车库排烟兼排风系统，采用双速（高速、低速）风机，要求平时风机低速启动、停运，火灾报警时低速运行的风机不能按要求自动转为高速运转的排烟工况

👆 分析点评

1）根据《建筑防烟排烟系统技术标准》GB 51251—2017第5.2.3条的规定：

"机械排烟系统中的常闭排烟阀或排烟口应具有火灾自动报警系统自动开启、消防控制室手动开启和现场手动开启功能，其开启信号应与排烟风机联动。当火灾确认后，火灾自动报警系统应在15s内联动开启相应防烟分区的全部排烟阀、排烟口、排烟风机和补风设施，并应在30s内自动关闭与排烟无关的通风、空调系统。"

2）根据《建筑防烟排烟系统技术标准》GB 51251—2017第7.3.2.4项的规定：

"排烟系统与通风、空调系统合用，当火灾自动报警系统发出火警信号后，由通风、空调系统转换为排烟系统的时间应符合本标准第5.2.3条的规定。"

3）另根据《西安市汽车库、停车场设计防火规范》DBJ61/T 77—2013第8.1.3条的规定：

"机械通风系统与排烟系统可合用，以节约投资，但应做好通风与排烟系统的转换。"

如果设计中平时通风与排烟共用一台风机，且风机选用双速风机，那么当火灾确认后，火灾自动报警系统应联动风机自动切换至高速运转，以满足该防烟分区的排烟需求。

分析原因

1）设计图纸中未明确排风兼排烟风机的运行方式及控制要求；

2）现场安装非双速风机与设计文件不符；

3）排风兼排烟风机的联动触发信号未与相关的消防联动控制器相连接或连接有误，导致风机无法切换至高速；

4）风机的控制柜未设置在自动状态。

整改方案

1）由设计单位核对设计文件中排风兼排烟风机的性能及参数是否准确，对风机是否明确了控制要求，必要时出具变更设计文件；

2）由施工单位核对现场安装的排风兼排烟风机的性能及参数是否符合设计文件的要求，必要时更换设备；

3）检查并保证风机的联动触发信号与相关的消防联动控制器连接的正确性，落实火灾报警系统是否按暖通专业所提联动要求编程，具体实施方式详见本章第 12 节"防排烟系统控制"；

4）将现场的风机控制柜设置在自动状态。

10.7.2　消防联动测试时排烟系统对应的补风机未启动

分析点评

根据《建筑防烟排烟系统技术标准》GB 51251—2017 第 4.5.5 条的规定：

"补风系统应与排烟系统联动开启或关闭。"

根据《建筑防烟排烟系统技术标准》GB 51251—2017 第 5.2.2 条第 4 款的规定：

"系统中任一排烟阀或排烟口开启时，排烟风机、补风机自动启动。"（此条款是强制性条文，必须严格执行）

火灾时，根据烟气的流动及风平衡原理，补风是为了将烟气形成合理的气流组织及满足风量平衡需求，更加有效、快速地排出烟气，因此排烟系统中的补风系统的联动是保证人员的安全疏散必不可少的措施。

📋 分析原因

1）设计图纸中未明确补风机与排烟风机联动控制要求；

2）补风机的联动触发信号未与相关的消防联动控制器相连接或连接有误，导致补风机无法启动；

3）补风机的控制柜未设置在自动状态。

📋 整改方案

1）由设计单位核对设计文件中是否对补风机明确了控制要求，必要时出具变更设计文件；

2）由施工单位核对现场，落实火灾报警系统是否按暖通专业所提联动要求编程，具体实施方式详见本章第 12 节"防排烟系统控制"；

3）将补风机控制柜设置在自动状态。

10.7.3 一个排烟系统负担多个防烟分区，联动测试排烟口不能按分区开启

🖐 分析点评

根据《建筑防烟排烟系统技术标准》GB 51251—2017 第 4.4.12 条第 4 款的规定：

"火灾时由火灾自动报警系统联动开启排烟区域的排烟阀或排烟口，应在现场设置手动开启装置。"

根据《建筑防烟排烟系统技术标准》GB 51251—2017 第 7.3.2 条第 2 款的规定：

"应与火灾自动报警系统联动调试。当火灾自动报警系统发出火警信号后，机械排烟系统应启动有关部位的排烟阀或排烟口、排烟风机；启动的排烟阀或排烟口、排烟风机应与设计和标准要求一致，其状态信号应反馈到消防控制室。"

在实际工程中经常采用一个排烟系统负担多个防烟分区的系统形式，火灾时，为了保证着火的区域排烟，非着火区域形成正压以阻止火灾蔓延，所有必须要求仅打开着火的防烟分区的排烟口，其他区域的排烟口必须常闭，此措施应严格执行。

📋 分析原因

1）设计图纸中未明确排烟系统中排烟口的控制要求；

2）施工安装的排烟口性能与设计文件不符；

3）排烟口的联动触发信号未与相关的消防联动控制器相连接或连接有误，导致排烟口无法按区域开启。

整改方案

1）设计单位核对设计文件中是否对各分区的排烟口（阀）提出明确的控制要求，必要时出具变更设计文件；

2）由施工单位核查现场安装的排烟口（阀）性能是否符合设计要求，必要时更换设备；

3）保证排烟口（阀）的联动触发信号与相关的消防联动控制器连接的正确性，落实火灾报警系统是否按暖通专业所提联动要求编程，具体实施方式详见本章第 12 节"防烟排烟系统控制"。

10.7.4　活动挡烟垂壁未与烟感联动

分析点评

1）根据《建筑防烟排烟系统技术标准》GB 51251—2017 第 5.2.5 条的规定：

"活动挡烟垂壁应具有火灾自动报警系统自动启动和现场手动启动功能，当火灾确认后，火灾自动报警系统应在 15s 内联动相应防烟分区的全部活动挡烟垂壁，60s 以内挡烟垂壁应开启到位。"

2）根据《火灾自动报警系统设计规范》GB 50116—2013 第 4.5.1 条第 2 款的规定：

"应由同一防烟分区内且位于电动挡烟垂壁附近的两只独立的感烟火灾探测器的报警信号，作为电动挡烟垂壁降落的联动触发信号，并应由消防联动控制器联动控制电动挡烟垂壁降落。"

3）根据《建筑防烟排烟系统技术标准》GB 51251—2017 第 7.3.4 条的规定：

"活动挡烟垂壁的联动调试方法及要求应符合下列规定：

1 活动挡烟垂壁应在火灾报警后联动下降到设计位置；

2 动作状态信号应反馈到消防控制室。"

挡烟垂壁是划分防烟分区的主要措施，火灾时活动挡烟垂壁的联动及是否降落到位，是防止烟气蔓延、保证防排烟系统效果的重要措施。

分析原因

1）设计文件中活动挡烟垂壁的性能及参数未表达准确或有误；

2）现场安装的活动挡烟垂壁性能及参数与设计文件不符；

3）活动挡烟垂壁的运行构件有故障或下降空间内有遮挡物及障碍物。

4）活动挡烟垂壁的联动触发信号未与相关的消防联动控制器相连接或连接有误，导致无法启动。

整改方案

1）由设计单位核对设计文件中活动挡烟垂壁的性能及参数是否准确，必要时出具变更设计文件；

2）由安装单位核对现场安装的活动挡烟垂壁的性能及参数是否符合设计文件的要求，必要时更换设备；

3）核查活动挡烟垂壁的运行构件并疏通活动挡烟垂壁的下降空间的遮挡物及障碍；

4）保证活动挡烟垂壁的联动触发信号与相关的消防联动控制器连接的正确性，落实火灾报警系统是否按暖通专业所提联动要求编程，具体实施方式详见本章第 12 节"防烟排烟系统控制"。

10.8 通风空调系统

检查部位

通风与空调系统。

检查要点

1）当火灾确认后，火灾自动报警系统应在 30s 内自动关闭与排烟无关的通风、空调系统，启动切换兼用的排烟系统。

2）设有气体灭火系统、泡沫灭火系统的区域联动控制信号应包括下列内容：

① 关闭防护区域的送（排）风机及送（排）风阀门；

② 停止通风和空气调节系统及关闭设置在该防护区域的电动防火阀。

问题描述

设有气体全淹没灭火场所的平时通风系统，其电动密闭阀不能联动关闭。

10.8.1　设有气体全淹没灭火场所的平时通风系统，其电动密闭阀不能联动关闭

分析点评

1）根据《火灾自动报警系统设计规范》GB 50116—2013 第 4.4.2 条第 3 款规定：

"联动控制信号应包括下列内容：

1）关闭防护区域的送（排）风机及送（排）风阀门；

2）停止通风和空气调节系统及关闭设置在该防护区域的电动防火阀"；

2）根据《气体灭火系统设计规范》GB 50370—2005 第 5.0.6 条规定：

"气体灭火系统的操作与控制，应包括对开口封闭装置、通风机械和防火阀等设备的联动操作与控制。"

分析原因

1）设计图纸中未明确通风系统中风阀的设置及控制要求；

2）现场安装的风阀性能与设计文件不符；

3）电动密闭风阀的联动触发信号未与相关的消防联动控制器相连接或连接有误，导致该阀无法关闭。

整改方案

1）由设计单位核对设计文件中是否对通风系统的风阀明确了控制要求，必要时出具变更设计文件；

2）由施工单位核对现场安装的风阀性能是否符合设计要求；

3）检查电动密闭风阀的联动触发信号与相关的消防联动控制器连接是否正确，落实火灾报警系统是否按暖通专业所提联动要求编程，具体实施方式详见本章第 11 节"变电所通风系统联动"。

10.9　电气设备及防火分隔设施的消防联动

10.9.1　非消防电源切断

检查部位

非消防电源配电装置。

🏛 检查要点

具有切断火灾区域及相关区域的非消防电源的功能。

问题描述

检查过程中出现非消防电源未切断的情况（图 10.9-1）。

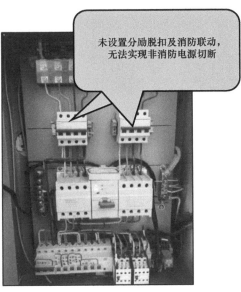

> 未设置分励脱扣及消防联动，无法实现非消防电源切断

图 10.9-1

🔍 原因分析

（1）规范依据：

《火灾自动报警系统设计规范》GB 50116—2013 第 4.10.1 条：

> 4.10.1 消防联动控制器应具有切断火灾区域及相关区域的非消防电源的功能，当需要切断正常照明时，宜在自动喷淋系统、消火栓系统动作前切断。

（2）分析点评：

根据上述条文规定，在火灾确认后，为保障人身安全，火灾自动报警系统应能切断火灾区域及相关区域的非消防电源。理论上讲，只要是能确认不是供电线路发生的火灾，都可以先不切断电源，尤其是正常照明电源，如果发生火灾时正常照明正处于点亮状态，则应予以保持，因为正常照明的照度较高，有利于人员的疏散。正常照明、生活水泵供电等非消防电源只要在水系统动作前切断，就不会引起触电事故及二次灾害；其他在发生火灾时没必要继续工作的电源，或切断后也不会带来损失的非消防电源，可以在确认火灾后立即切断。

可能引起该问题的原因：

1）消防切非模块处接线存在错误或模块本身故障；

2）断路器跳闸线圈接线处存在错误或跳闸线圈损坏。

整改方案

1）检查消防切非模块接线是否正确，模块本身是否存在故障；

2）检查断路器分励脱扣线圈接线是否正确，替换损坏分励脱扣线圈。

10.9.2　出入口控制

检查部位

疏散通道上的门禁。

检查要点

具有打开疏散通道上由门禁系统控制的门和庭院电动大门的功能。

问题描述

检查过程中消防联动控制器未能打开疏散通道上的门禁系统（图 10.9-2）。

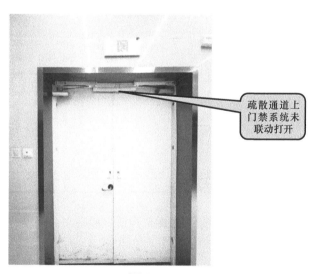

疏散通道上
门禁系统未
联动打开

图 10.9-2

原因分析

（1）规范依据：

《火灾自动报警系统设计规范》GB 50116—2013 第 4.10.1 条：

> 4.10.1 消防联动控制器应具有打开疏散通道上由门禁系统控制的门和庭院电动大门的功能，并应具有打开停车场出入口挡杆的功能。

（2）分析点评：

根据上述条文规定，火灾发生后，为便于火灾现场及周边人员逃生，有必要打开疏散通道上由门禁系统控制的门和庭院的电动大门，并及时打开停车场出入口的挡杆，以便于人员的疏散、火灾救援人员的装备进出火灾现场。

可能引起该问题的原因：

1）消防联动模块接线存在错误或模块本身故障，导致门禁控制箱电源未切断；

2）门禁控制箱未调整到失去主电后可手动开启状态。

📋 整改方案

1）检查消防联动模块接线是否正确，模块本身是否存在故障；

2）检查门禁控制箱是否调整到失去主电后可手动开启模式。

10.10 消防水池水位显示装置

⚙️ 检查部位

消防水池。

🏛 检查要点

消防水池的水位显示功能。

🕹 问题描述

问题1：消防控制室无水位显示装置，消防水池无就地水位显示装置（图10.10-1、图10.10-2）。

问题2：消防水池水位的显示装置无最高和最低报警水位。

🔍 原因分析

（1）规范依据：

《消防给水及消火栓系统技术规范》GB 50974—2014 第4.3.9条第2款：

> 4.3.9 消防水池的出水、排水和水位应符合下列规定：

2 消防水池应设置就地水位显示装置，并应在消防控制中心或值班室等地点设置显示消防水池水位的装置，同时应有最高和最低报警水位。

图 10.10-1

图 10.10-2

（2）分析点评：

消防水池（箱）设置水位显示装置的目的是保证消防控制室值班人员及在就地的维护、检修人员能够了解消防水池（箱）的水位状态，及时处理故障情况，从而保证消防水池不因放空或各种因素漏水而造成有效灭火水源不足的技术措施，同时在进水液位控制阀损坏导致水位不断上升，达到最高报警水位时报警，提醒管理人员维修，避免水资源的浪费，当消防水池水位小于正常水位时报警，提醒管理人员去现场查看，保证消防水池的有效储水量。

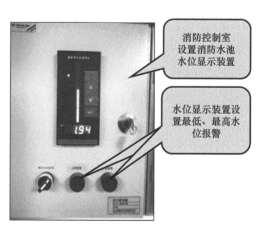
图 10.10-3

整改方案

1）消防控制室设置水位显示装置（图 10.10-3）；

2）水位显示装置设置最低、最高水位报警（图 10.10-3）。

10.11　变电所通风系统联动

检查部位

变电所。

检查要点

1）气体灭火时联动风口关闭；

2）事故通风的手动控制装置。

问题描述

问题1：配电室气体灭火系统防护区开口部位未设置可与气体灭火系统联动关闭的措施（图 10.11-1）；

问题2：未设置事故通风的手动控制装置（图 10.11-2）。

风口无法与气体灭火系统联动关闭

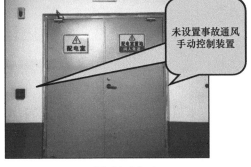

未设置事故通风手动控制装置

图 10.11-1   图 10.11-2

原因分析

（1）规范依据：

1）《火灾自动报警系统设计规范》GB 50116—2013 第 4.4.2 条：

> 4.4.2 气体灭火控制器、泡沫灭火控制器直接连接火灾探测器时，气体灭火系统、泡沫灭火系统的自动控制方式应符合下列规定：
>
> ……3 联动控制信号应包括下列内容：
>
> 1）关闭防护区域的送（排）风机及送（排）风阀门；
>
> 2）停止通风和空气调节系统及关闭设置在该防护区域的电动防火阀；
>
> 3）联动控制防护区域开口封闭装置的启动，包括关闭防护区域的门、窗；
>
> 4）启动气体灭火装置、泡沫灭火装置，气体灭火控制器、泡沫灭火控制器，可设定不大于 30s 的延迟喷射时间。

2）《民用建筑供暖通风与空气调节设计规范》GB 50736—2012 第 6.3.9 条：

> 6.3.9 事故通风应符合下列规定：

1 可能突然放散大量有害气体或有爆炸危险气体的场所应设置事故通风……

2 事故通风应根据放散物的种类，设置相应的检测报警及控制系统。事故通风的手动控制装置应在室内外便于操作的地点分别设置；

（2）分析点评：

发生火灾时，气体灭火控制器接收到第一个火灾报警信号后，启动防护区内的火灾声光警报器，警示处于防护区域内的人员撤离；接收到第二个火灾报警信号后，联动关闭排风机、防火阀、空气调节系统、启动防护区域开口封闭装置。为了保证灭火气体在房间里的浓度以及保护其他区域的空气不被灭火气体影响，因此关闭除泄压口以外的开口。

另外，目前大量公用变电所采用 SF_6 作为绝缘介质的环网柜，SF_6 虽然无毒，但是，由于产品不纯，含有高毒性的低氟化硫、氟化氢等有毒气体，在大功率电弧、火花放电和电晕放电作用下，SF_6 气体能分解和游离出多种对人体有害物质，故采用此类电器的变电所均设置事故通风，当发生气体泄漏报警后，人员无法进入，须在室内外便于操作的地点设置事故通风的手动控制装置。

整改方案

1）检查与气体灭火系统联动控制相关的阀门是否接入气体灭火控制器或火灾报警控制器输出模块，并调试正常工作。

2）检查事故通风的手动控制装置，保证在室、内外便于操作的地点（设在变电所内或变电所门口的风机控制箱或启动按钮）均可开启事故风机（图10.11-3）。

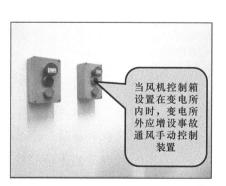

图 10.11-3

10.12 防排烟系统控制

10.12.1 手动直接控制

⚙ 检查部位

消防控制室。

🏛 检查要点

防排烟风机具有在消防控制室手动直接控制的功能。

⏱ 问题描述

正压送风机、排烟风机在消防控制室多线控制盘直接启动不成功（图 10.12-1）。

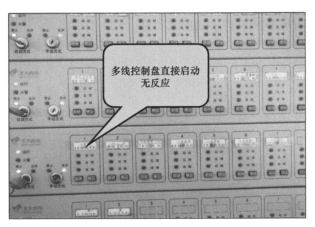

多线控制盘直接启动无反应

图 10.12-1

🔍 原因分析

（1）规范依据：

《火灾自动报警系统设计规范》GB 50116—2013 第 4.5.3 条：

> 4.5.1 防烟系统、排烟系统的手动控制方式，应能在消防控制室内的消防联动控制器上手动控制送风口、电动挡烟垂壁、排烟口、排烟窗、排烟阀的开启或关闭及防烟风机、排烟风机等设备的启动或停止，防烟、排烟风机的启动、停止按钮应采用专用线路直接连接至设置在消防控制室内的消防联动控制器的手动控制盘，并应直接手动控制防烟、排烟风机的启动、停止。

（2）分析点评：

当防烟系统、排烟系统的联动控制方式因故障不动作时，应能在消防控制室内消防联动控制器的手动控制盘上手动控制。

整改方案

检查正压送风机、排烟风机的二次原理，是否设置自保回路，以保证消防联动控制器手动控制盘启动信号采用脉冲、电平信号时均能可靠启动防烟、排烟系统风机（图 10.12-2、图 10.12-3）。

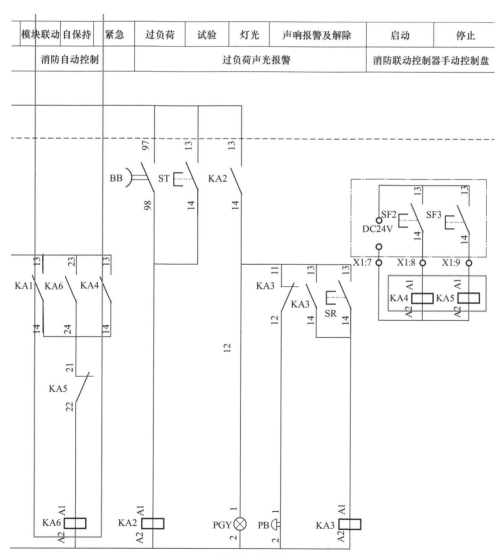

图 10.12-2

10.12.2　双速风机控制

🔧 检查部位

双速风机控制箱。

🏛 检查要点

火灾报警联动风机进入高速排烟运行状态。

⏱ 问题描述

消防状态时双速风机无法切换到高速运行模式（图 10.12-4）。

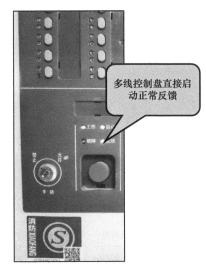

多线控制盘直接启动正常反馈

图 10.12-3

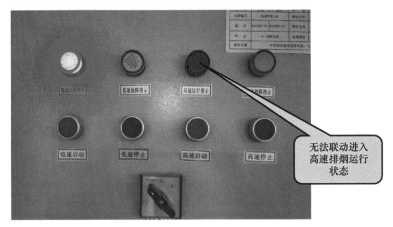

无法联动进入高速排烟运行状态

图 10.12-4

🔍 原因分析

（1）规范依据：

《火灾自动报警系统设计规范》GB 50116—2013 第 4.5.2 条：

> 4.5.2　排烟系统的联动控制方式应符合下列规定：
>
> 1 应由同一防烟分区内的两只独立的火灾探测器的报警信号，作为排烟口、排烟窗或排烟阀开启的联动触发信号，并应由消防联动控制器联动控制排烟口、排烟窗或排烟阀的开启，同时停止该防烟分区的空气调节系统。
>
> 2 应由排烟口、排烟窗或排烟阀开启的动作信号，作为排烟风机启动的联动触发信号，并应由消防联动控制器联动控制排烟风机的启动。

（2）分析点评：

排烟系统在自动控制方式下，同一防烟分区内两只独立的火灾探测器或一只火灾探测器与一只手动报警按钮报警信号的"与"逻辑联动启动排烟口或排烟阀，并作为排烟风机的联动触发信号，将双速风机切换为高速运行模式。

可能引起该问题的原因：

1）消防联动模块接线存在错误或模块本身故障；

2）双速风机控制箱内继电器或接触器损坏，无法驱动高速模式；

3）双速风机二次控制回路选择有误。

整改方案

1）检查消防联动模块接线是否正确，模块本身是否存在故障；

2）检查手自动转换开关位置是否在自动运行模式（图 10.12-5 转换开关）；

3）检查双速风机控制箱内继电器或接触器是否损坏，无法驱动高速模式（图 10.12-5 继电器或接触器）；

4）双速风机接线有 YD 系列 △/YY 接线、YDT 系列 Y/YY 接线、YDT 系列 Y/Y 接线，YDT 系列 3Y+Y/3Y 接线等形式，应按照风机的接线形式相应选择双速风机控制原理，附图为 YD 系列 △/YY 接线、YDT 系列 Y/YY 接线双速风机在火灾发生时启动高速运行模式部分示例（图 10.12-5 接线组别）。

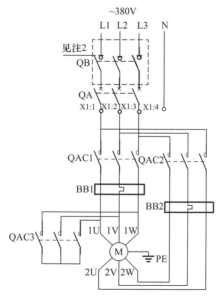

YD系列　△YY接线、YDT系列Y/YY接线
双速风机一次接线

图 10.12-5

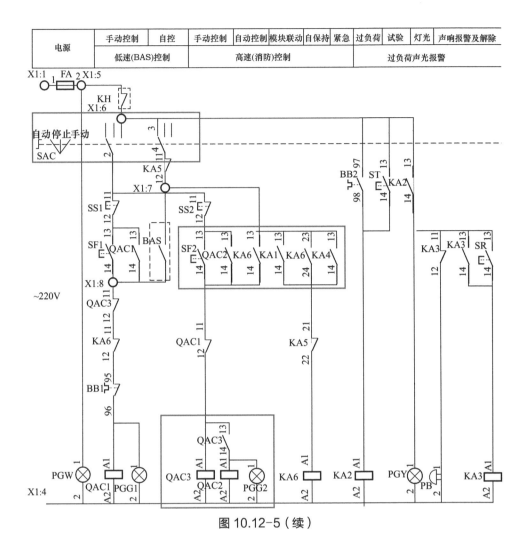

图 10.12-5（续）

10.12.3 机械加压送风系统超压控制设施与旁通管电动调节阀的联动控制

检查部位

加压送风系统旁通管电动调节阀。

检查要点

机械加压送风系统设置的测压装置是否与机械加压送风系统的旁通管电动阀联动，在余压值超压后启动余压阀。

问题描述

机械加压送风系统设置了测压装置但未能与机械加压送风系统的旁通管电动阀联

动或超压后启动余压阀。

🔍 原因分析

（1）规范依据：

《建筑防烟排烟系统技术标准》GB 51251—2017 第 3.4.4 条及第 5.1.4 条规定：

　　3.4.4　机械加压送风量应满足走廊至前室至楼梯间的压力呈递增分布，余压值应符合下列规定：

　　1 前室、封闭避难层（间）与走道之间的压差应为 25Pa～30Pa；

　　2 楼梯间与走道之间的压差应为 40Pa～50Pa；

　　3 当系统余压值超过最大允许压力差时应采取泄压措施。最大允许压力差应由本标准第 3.4.9 条计算确定。

　　5.1.4　机械加压送风系统宜设有测压装置及风压调节措施。

◎ 条文说明

　　5.1.4　机械加压送风系统设置测压装置，既可作为系统运作的信息掌控，又可作为超压后启动余压阀、风压调节措施的动作信号。由于疏散门的方向是朝疏散方向开启，而加压送风作用方向与疏散方向恰好相反。若风压过高则会引起开门困难，甚至不能打开门，影响疏散。

（2）分析点评：

机械加压送风系统设置了测压装置及旁通管电动阀，是为了在加压送风系统启动后，系统超压时能够启动余压阀，实现泄压，疏散门能够顺利打开以保证疏散安全。如不能实现该功能将导致因风压过高引起开门困难，甚至不能打开疏散门。

可能引起该问题的原因：

1）原设计图纸未明确楼梯间和前室的机械加压送风系统超压控制设施联动要求；

2）施工阶段未严格按规范进行系统调试及验收。

📋 整改方案

1）设计单位出具的图纸中应明确楼梯间和前室的机械加压送风系统超压控制设施联动要求；

2）应按规范要求进行系统调试及验收；

3）在复验时发现楼梯间和前室的机械加压送风系统超压控制设施联动不符合要求的，重新检查设置保证联动正常（图 10.12-6～图 10.12-8）。

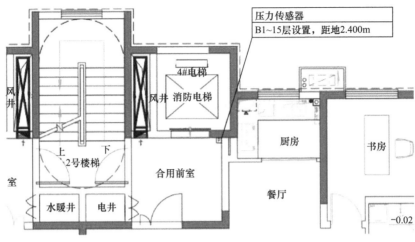

图 10.12-6

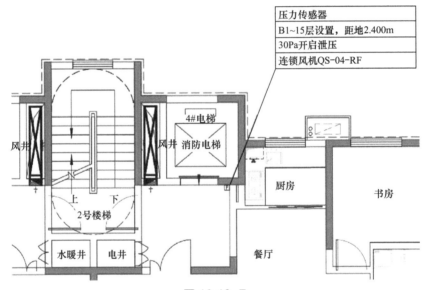

图 10.12-7

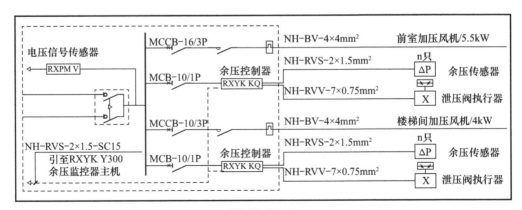

图 10.12-8

10.12.4 地下车库借用住宅楼梯间及前室疏散时加压送风系统的联动控制

检查部位

地下车库借用住宅楼梯间的加压送风系统。

检查要点

楼梯间及前室的加压送风系统应与其对应地下车库的防火分区火灾自动报警系统进行联动。

问题描述

地下车库借用住宅楼梯间的机械加压送风系统未能与其对应地下车库的防火分区火灾自动报警系统进行联动（图 10.12-9、图 10.12-10）。

图 10.12-9

图 10.12-10

原因分析

（1）规范依据：

根据《汽车库、修车库、停车场设计防火规范》GB 50067—2014 第 6.0.3 条、第 6.0.7 条规定：

6.0.3 汽车库、修车库的疏散楼梯应符合下列规定：

1 建筑高度大于 32m 的高层汽车库、室内地面与室外出入口地坪的高差大于 10m 的地下汽车库应采用防烟楼梯间，其他汽车库、修车库应采用封闭楼梯间；

2 楼梯间和前室的门应采用乙级防火门，并应向疏散方向开启；

3 疏散楼梯的宽度不应小于 1.1m。

◎ 条文说明

　　汽车库、修车库内的人员疏散主要依靠楼梯进行，因此要求室内的楼梯必须安全可靠。为了确保楼梯间在火灾情况下不被烟气侵入，避免因"烟囱效应"而使火灾蔓延，所以在楼梯间入口处应设置乙级防火门使之形成封闭楼梯间。

　　如今建筑的开发在高度和深度上都有很大的突破，建筑高度越高，地下深度越深，其疏散要求也越高，故将地下深度大于10m的地下汽车库与高度大于32m的高层汽车库的疏散楼梯间要求进一步提高，要求设置防烟楼梯间。

　　火灾情况下，安全出口是保证人员能够安全疏散到室外的关键设施，所以将本条确定为强制性条文。汽车库、修车库内设置的疏散楼梯间应该按照有关国家消防技术标准设置防烟设施。

　　6.0.7　与住宅地下室相连通的地下汽车库、半地下汽车库，人员疏散可借用住宅部分的疏散楼梯；当不能直接进入住宅部分的疏散楼梯间时，应在汽车库与住宅部分的疏散楼梯之间设置连通走道，走道应采用防火隔墙分隔，汽车库开向该走道的门均应采用甲级防火门。

◎ 条文说明

　　6.0.7　在大型住宅小区中，建筑间的独立大型地下、半地下汽车库均有地下通道与住宅相通，如按地下汽车库的防火分区内设置疏散楼梯，将使小区内地面的道路和绿化受到较大影响。所以，允许利用地下汽车库通向住宅的楼梯间作为汽车库的疏散楼梯是符合实际的，这样，既可以节省投资，同时，在火灾情况下，人员的疏散路径也与人们平时的行走路径相一致。

　　该走道的设置类似于楼梯间的扩大前室，同时，考虑到汽车库与住宅地下室之间分别属于不同防火分区，所以，连通门采用甲级防火门。

　　（2）分析点评：

　　在实际工程中，地下车库往往借用住宅的楼梯间及前室进行疏散，如该楼梯间及前室的加压送风系统未与其对应地下车库的防烟分区火灾自动报警系统联动，会造成该区域的烟气蔓延至住宅的楼梯间及前室，无法保证地下车库人员从该住宅的楼梯间及前室的疏散安全。当地下车库借用住宅的楼梯间及前室进行疏散，该楼梯间及前室的加压送风系统与其对应地下车库的防火分区火灾自动报警系统进行联动是合理的，而且未带来资金的重复投入。具体在实际工程中分为下面两种情况确定加压送风系统与其对应地下车库的防火分区设置火灾自动报警系统是否进行联动：

1）如果住宅楼梯间及前室直接开向车库，其楼梯间及前室加压送风系统需要设置联动；

2）如果车库通过甲级防火门进入通道后，再进入住宅楼梯间，可以不设置联动。

整改方案

1）暖通专业设计图纸中应明确当采用地下车库借用住宅的楼梯间及前室进行疏散时，该楼梯间及前室的加压送风系统与其对应地下车库的防烟分区火灾自动报警系统进行联动要求，并与电气专业协调；

2）完善当地下车库借用住宅的楼梯间及前室进行疏散，该楼梯间及前室的加压送风系统与其对应地下车库的防烟分区火灾自动报警系统进行联动的逻辑关系，完成系统调试及验收（图 10.12-11、图 10.12-12）。

图 10.12-11

图 10.12-12